LES CONIFÈRES

LES CONIFÈRES

MONOGRAPHIE DESCRIPTIVE ET RAISONNÉE

CLASSÉE PAR ORDRE ALPHABÉTIQUE

DE LA

COLLECTION COMPLÈTE DES CONIFÈRES

TANT INDIGÈNES QU'EXOTIQUES

CULTIVÉS DANS L'ÉTABLISSEMENT HORTICOLE

DE

ADRIEN SÉNÉCLAUZE

A BOURG-ARGENTAL (Loire)

PARIS

IMPRIMERIE GÉNÉRALE DE CH. LAHURE

9, RUE DE FLEURUS, 9

1867

LES CONIFÈRES

COLLECTION GÉNÉRALE

DE

ADRIEN SÉNÉCLAUZE.

Si la faveur et l'attention spéciales des planteurs ¡sont aujourd'hui complétement fixées sur la préférence à donner aux arbres résineux de la famille des CONIFÈRES, il faut en attribuer les causes à l'appréciation bien constatée de leur valeur et d leurs mérites, autant sous le rapport de l'utilité de leurs produits, que pour la distinction de leur élégance ornementale.

En effet, cette riche et innombrable famille, distribuée à profusion, par une prévoyante providence, sur tous les points du globe, principalement sur les montagnes élevées et jusqu'aux confins des neiges éternelles, occupe sans conteste le premier rang après les végétaux alimentaires. Elle produit des arbres gigantesques, d'une verdure éternelle, dont le bois presque incorruptible est de plus en plus recherché pour les besoins croissants de la marine, des arts et des constructions civiles. La facilité de leur culture sur les terrains les plus arides et les plus pauvres, et surtout la promptitude de leur croissance, sont d'un intérêt tout spécial, à une époque où les mutations et le morcellement, hélas! trop fréquents de la propriété, ont rendu presque impossible la culture du Chêne, cet ancien monarque de nos forêts, mais si difficile sur la nature du sol, et dont on ne peut retirer des produits avantageux qu'après une quatrième génération.

Sous le rapport de l'ornement et de la décoration de nos jardins, aucun autre genre ne peut être comparé à celui des Conifères : la perfection et la régularité de leur port, la délicatesse et l'élégance du feuillage, la variété surprenante de teintes, de formes et de grandeurs, depuis le plus humble arbrisseau, jusqu'à l'arbre de structure colossale, rendent son emploi des plus universels et à la portée de tous, autant pour les forêts et les parcs les plus grandioses que pour les jardins les plus modestes.

Pourrions-nous passer sous silence l'assainissement de l'air atmosphérique et l'absorption des miasmes, transformés par les feuilles en pur oxygène, l'attraction multiple du fluide électrique, soutiré et divisé par d'innombrables aiguilles végétales comme par autant de paratonnerres, et l'adoucissement de la température à l'abri des plantations d'arbres résineux?

Convaincu et pénétré, depuis les longues années de notre carrière horticole, des mérites distingués de cette précieuse famille, nous lui avons voué une prédilection toute spéciale et en avons fait l'objet de nos études et de nos soins les plus assidus.

Notre premier maître dans cette partie, fut le baron de Tschoudy, dont nous avons étudié avec le plus vif intérêt les descriptions si poétiques et les judicieux préceptes, auxquels nous devons en bonne partie nos succès.... Il nous a aussi enseigné la greffe herbacée, la meilleure méthode de multiplication, après les semis.

Depuis près de cinquante ans (1819), nous avons fondé nos premières collections de Conifères.... Elles étaient bien pauvres alors et comptaient un nombre bien restreint d'espèces et de variétés, seules connues à cette époque.... Nous nous émerveillions devant un Cèdre du Liban, un Mélèze d'Europe, un Pin de Lord Weymouth ou de Corse, tout chétifs encore. L'ombre balsamique d'une forêt de sapins voisine était souvent notre refuge et notre remède contre les douleurs de l'esprit et du corps; un penchant irrésistible nous entraînait dès lors vers la culture des arbres verts et leur propagation.

Nous avons donc assisté, nous, vétéran de l'horticulture, à l'introduction d'innombrables et magnifiques espèces des contrées les plus éloignées; les bienfaits de la paix et l'emploi de la vapeur ont facilité l'introduction successive d'une foule de précieux végétaux. Nous nous sommes empressé d'en enrichir nos collections, de les étudier et de les multiplier sans relâche par les procédés les plus avantageux. Des semis établis sur la plus vaste échelle, de graines tirées directement de tous les pays, et entourés de soins tout particuliers, nous ont donné des résultats remarquables, dans lesquels nous avons recueilli et recueillons chaque jour des variétés bien distinctes et très-recommandables, dont un certain nombre n'ont pas encore été décrites et publiées.

Aussi notre collection de Conifères, singulièrement enrichie par les introductions toutes récentes d'une foule de merveilleuses nouveautés originaires de la Chine, du Japon, de la Mandchourie et du Caucase, ainsi que du Chili, des terres Australes, du Mexique et de la Californie, et de variétés des plus remarquables, obtenues dans le commerce ou dans nos cultures, est actuellement réputée comme la plus riche et la plus nombreuse qui soit connue. C'est donc pour divulguer les succès de nos travaux et de nos acquisitions que nous publions cette monographie, résumé d'expériences et d'observations amassées depuis de longues années.

Déjà en 1854, nous avons présenté un premier essai de classification des Conifères, par ordres et par familles, avec quelques descriptions nécessairement incomplètes, à défaut d'un guide sûr et autorisé.

Peu de temps après, en 1855, parut le *Traité général des Conifères*, par M. E. A. Carrière, chef des pépinières du Muséum d'histoire naturelle de Paris, ouvrage classique et consciencieux, véritable guide des amateurs de Conifères, lequel a singulièrement contribué à répandre les connaissances et le goût de ces beaux arbres. C'est à ce traité, dont une nouvelle édition plus complète vient de paraître, et à celui des Conifères d'Endlicher, que nous avons emprunté en bonne partie la nomenclature et les descriptions des genres et des espèces; les autres sont tirées de divers auteurs ou établies par nous sur des sujets de nos cultures.

Dès l'année 1854, et dans le but d'étudier plus spécialement et de faire apprécier par les amateurs notre collection de Conifères, nous avons établi en plein champ un *Pinetum* de l'étendue d'un hectare, susceptible d'agrandissement à mesure de nouvelles introductions, dans lequel nous avons disposé à demeure, après de nombreuses expériences préparatoires, toutes les espèces de Conifères qui nous ont paru devoir supporter la rigueur de nos hivers, eu égard à l'isothermie de leur habitat et à l'altitude supra-marine de leur station originaire.

Malgré la nature sèche et rocailleuse du sol, composé de détritus granitiques, exposé en pente au midi, nous avons obtenu dans cette création un succès vraiment prodigieux, dépassant même nos espérances. La plupart des espèces de toutes les contrées y prospèrent également. Là, croissent ensemble des plantes provenant de contrées voisines des pôles, originaires de la Sibérie, du Caucase, des Alpes, de la Mandchourie, des Montagnes-Rocheuses, du Chili austral et de la Patagonie, avec celles de l'Atlas, de la Chine, du Japon, de la Californie et du Mexique. Nous y avons réuni, en 1863 et 1864, la collection des magnifiques Pins nouveaux à très-longues feuilles, découverts récemment par M. Roelz, sur les montagnes du Mexique, à une élévation de trois à quatre mille mètres. Tous ont supporté sans dommage les froids des derniers hivers; leurs flèches vigoureuses et robustes atteignent la longueur de près d'un mètre, portant de larges touffes de feuilles, de 40 à 60 centimètres de longueur, d'un effet admirable.

Un certain nombre d'arbres rares et exotiques ont déjà atteint ou dépassé la hauteur de dix à douze mètres avec une vigueur toujours croissante. Plusieurs portent en quantité des semences fécondes servant à leur reproduction. C'est là que le planteur peut juger, en connaissance de cause, de la rusticité, de la vigueur et de la distinction spéciale de chaque espèce ou variété parvenue en liberté à un certain développement, et déterminer ses choix en conséquence, selon ses goûts et ses besoins. Nous invitons donc tous les amateurs à visiter cette création, unique en son genre.

Les espèces de provenance intertropicale, ne pouvant supporter une basse température, sont également cultivées dans notre établissement; mais rentrées pour l'hiver dans nos conservatoires dont elles sont le plus bel ornement. Si leur utilité et leur propagation ne présentent pour nous qu'un intérêt de pur agrément, il n'en est pas de même pour des contrées voisines : la Provence maritime, l'Algérie, l'Italie, l'Espagne et le Levant, où elles pourront trouver une nouvelle patrie plus hospitalière et devenir un jour des sujets précieux de reboisement.

Les espèces sensibles à la gelée dans le centre et le nord de la France sont indiquées par un astérisque *.

Loin d'adopter de nouvelles classifications et nomenclatures, dont l'utilité nous paraît peu justifiée, nous avons pensé que ce serait bouleverser trop brusquement les connaissances acquises et causer la confusion et le découragement dans l'étude et le classement des Conifères.

Nous avons donc suivi autant que possible la nomenclature latine la plus rationnelle, celle d'Endlicher ; à quelques synonymes des plus usités, nous avons joint des dénominations françaises ou vulgaires. Les genres sont disposés par ordre alphabétique, avec désignation de la classe à laquelle ils appartiennent et description sommaire des caractères généraux. Chaque espèce ou variété est accompagnée d'une description tirée des principaux auteurs ou établie par nous-même.

La nomenclature latine est suivie des noms abrégés des auteurs. Les lettres *C. S.* (Collection Sénéclauze) désignent les variétés obtenues dans nos semis, ou de variations fixées par la greffe et que nous avons dû nommer et décrire nous-même, à défaut d'autres documents. Ces descriptions ont été minutieusement étudiées sur des sujets vivants pris dans nos cultures, ou sur des notes recueillies dans nos albums.

Loin de nous la prétention d'offrir au public un traité complet et exempt d'erreurs ou d'omissions. Au milieu des difficultés sans nombre qu'il nous a fallu vaincre et surmonter isolément, par nos propres forces, nous nous sommes borné, dans cet essai de monographie, à résumer les notions établies et adoptées par la science, et nos observations particulières, dans le but de répandre et de vulgariser le goût de l'étude et de la culture des Conifères.

Cet espoir et celui de faire connaître aux amateurs notre riche collection, nous a guidé et encouragé dans ces pénibles travaux.... Heureux qu'ils puissent paraître de quelque utilité et contribuer ainsi au progrès et à l'extension des plantations de Conifères, nous les livrons à la bienveillante indulgence de nos lecteurs.

Bourg-Argental, le 1ᵉʳ janvier 1868.

ADRIEN SÉNÉCLAUZE.

CONIFERÆ. CONIFÈRES.

Arbres ou arbrisseaux de diverses grandeurs, — la plupart d'une grande élévation, — couvrant de vastes forêts les montagnes froides ou tempérées de la surface du globe, affectant ordinairement une forme pyramidale, en général résineux. Tige rameuse, cylindrique. Rameaux épars, opposés ou verticillés. Bois dépourvu de vaisseaux, composé de fibres et d'une ou plusieurs séries de ponctuations disciformes. Feuilles le plus souvent persistantes, éparses, opposées ou verticillées, dépourvues de stipules, la plupart très-entières, souvent aciculaires ou linéaires et généralement sans aucune nervure.

ABIES. *Link.* SAPIN.

ABIÉTINÉES–SAPINÉES.

Écailles du cône minces, coriaces, dépourvues d'apophyse. Feuilles alternes, solitaires, planes ou subtétragones, aciculaires, persistantes, très-rarement caduques, dépourvues de gaînes, rarement réunies en fascicules par l'avortement des rameaux et dans ce cas seulement, portant quelques courtes écailles à la base des fascicules.

PREMIER GENRE.

ABIES. SAPIN.

Feuilles planes, solitaires, subdistiques. Cônes dressés, à écailles caduques, à aile des graines adhérente.

Abies amabilis. *Forbes.*

SAPIN GRACIEUX.

Feuilles nombreuses, courtes, rapprochées, roides, couvrant souvent toute la partie supérieure des ramules, épaisses, obtuses, entières, quelquefois légèrement bifides; d'un

vert foncé en dessus, marquées en dessous de deux lignes très-glauques souvent farinacées. Cônes résineux, longs de 14—18 centimètres, larges de 5—7, cylindriques, un
peu ventrus, légèrement rétrécis au sommet, obtus, dressés, à écailles minces largement
arrondies sur les bords. Très-bel arbre, habitant le nord-ouest de l'Amérique boréale,
où il s'élève à 30 mètres et plus sur 1 mètre 50 centimètres de large. — Espèce très-rare,
très-rustique. — Introduit vers 1831.

Abies Apollinis. *Link.*

SAPIN D'APOLLON.

Feuilles planes, vertes et légèrement sillonnées en dessus, carénées et glaucescentes
en dessous, épaissies, légèrement réfléchies sur les bords. Cônes solitaires, dressés.
Arbres très-rameux de 20—25 mètres de hauteur. Habite les montagnes de la Grèce, où
il constitue de vastes forêts à une altitude de 1000 à 1300 mètres. Très-rustique. Introduit
en 1850.

Abies balsamea. *Mill.*

SAPIN BAUMIER.

Feuilles subdistiques, planes, linéaires, obtuses, glauques en dessous. Cônes dressés,
ovales, cylindriques. Bractées incluses, suborbiculaires, cuspidées. Écailles étroitement
cunéiformes dès la base, très-caduques. Arbre de 15—20 mètres, de l'Amérique septentrionale, très-rustique, préférant les situations froides et élevées. Introduit en 1696.

Abies balsamea albicans. *Hort.*

SAPIN BAUMIER BLANCHATRE.

Variété naine et peu vigoureuse. Feuilles toutes blanches au moment de la pousse.

Abies balsamea cærulescens. *C. S.*

SAPIN BAUMIER BLEUATRE.

Belle variété obtenue dans nos cultures, aussi vigoureuse que l'espèce. Feuilles très-
serrées, couvrant tout le rameau, droites ou subfalquées, épaisses, obtuses, longues de
6—10 millimètres, larges de 2, toutes recouvertes en dessus d'une poussière bleuâtre-
argentée, le dessous d'un blanc argenté, traversé par une nervure assez saillante.

Abies balsamea elegans. *C. S.*

SAPIN BAUMIER ÉLÉGANT.

Feuilles disposées en spirales, droites ou recourbées, vertes en dessus, argentées en
dessous, longues de 8—10 millimètres, larges de 2. Rameaux gros, courts, très-rapprochés.

Abies balsamea variegata. *Knight.*

SAPIN BAUMIER A FEUILLES PANACHÉES.

Variété naine, s'élevant à 1 mètre au plus. Feuilles subdistiques, linéaires, obtuses, à
peine bifides, longues de 5—8 millimètres, larges de 1, d'un jaune pâle en dessus, glauques
en dessous. Assez fréquent dans les semis.

Abies Bracteata. *Hook et Arntt.*

SAPIN A BRACTÉES.

Feuilles subdistiques, linéaires, planes, mucronées, argentées en dessous, longues de 4—7 millimètres, larges de 2. Cônes ovales, dressés, solitaires, ovoïdes, résineux, de 9 centimètres de longueur sur 4—5 de diamètre. Bractées saillantes, cunéiformes, linéaires bilobées. Écailles réniformes, arrondies, concaves, de consistance épaisse. Tronc droit comme une flèche. Bourgeons coniques, allongés en pointe aiguë, recouverts d'écailles sèches et coriaces, d'un blanc jaunâtre. Branches inférieures défléchies; les supérieures courtes et confuses, ce qui donne à l'arbre une forme pyramidale et un aspect insolite et remarquable.

Habite les montagnes Rocheuses aux environs du fleuve Columbia, à 1800—2000 mètres d'altitude sur un sol rocailleux.

Arbre magnifique et d'une grande vigueur, formant le plus bel ornement des forêts de la Californie, où il s'élève à 35—50 mètres et plus, sur 40—60 centimètres de diamètre. Il résiste aux froids les plus rigoureux; nous avons même éprouvé qu'une situation trop chaude et exposée au soleil lui est préjudiciable. Introduit en 1853.

Abies Cephalonica. *Link.*

SAPIN DE CÉPHALONIE.

Feuilles planes, linéaires, acuminées, piquantes, rapprochées, alternes, étalées, longues de 12—20 millimètres, larges de 2, roides, coriaces, d'un vert sombre, luisantes, sillonnées en dessus, carénées en dessous avec 2 larges bandes glauques et rétrécies à la base en un court pétiole arrondi, acuminées au sommet en une pointe scarieuse blanchâtre, très-aiguë. Cônes dressés, longs de 12—18 centimètres, larges de 3—4, atténués aux deux bouts; écailles larges, bractées saillantes.

Bel arbre droit, à cime pyramidale, de 20 mètres de hauteur, ayant quelques rapports avec l'A. Pinsapo. Habite le mont Enos en Céphalonie, à une altitude de 1400—1600 mètres. Très-rustique. Introduit en 1824.

Abies Cephalonica acicularis. *C. S.*

SAPIN DE CÉPHALONIE ACICULAIRE.

Feuilles très-fines, très-ténues, longues de 5—10 millimètres, larges de 1/2—1 millimètre, éparses, étalées, sur les rameaux, rapprochées, d'un vert glaucescent sur les deux faces, quelquefois falciformes, éparses, roides, coriaces, planes en dessus, faiblement canaliculées, arrondies et carénées en dessous, subsessiles, portées sur un coussinet très-saillant, un peu atténuées à la base et terminées au sommet en un aiguillon très-fin. Écorce d'un roux pâle. Variété très-jolie et très-distincte trouvée dans nos cultures en 1867.

Abies Cephalonica aurea. *C. S.*

SAPIN DE CÉPHALONIE DORÉ.

Belle variété obtenue dans nos semis. Tige droite, rameaux étalés. Feuilles linéaires-elliptiques, disposées en spirales, un peu tordues à la base, planes sur les deux faces, longues de 10—20 millimètres, larges de 1—2, d'un très-beau jaune d'or, traversées des deux côtés par une bande verte, se rétrécissant du milieu à la base et terminées au sommet par un court mucron.

Abies Cilicica. *Carrière.*

SAPIN DE CILICIE.

Feuilles subdistiques, échancrées au sommet, vertes en dessus, argentées en dessous excepté sur les bords et sur les nervures médianes, longues d'environ 3—5 centimètres, larges de 3 millimètres. Cônes dressés, longs de 22—28 centimètres, larges de 4—5, cylindriques, arrondis à la base, obtus ou déprimés au sommet.

Arbre pyramidal, d'une croissance rapide et d'une grande beauté; il croît dans l'Asie Mineure, en Cilicie, où il s'élève à 12—14 mètres sur 50—60 centimètres et plus de diamètre, garni de branches à partir de la base, remarquable par son port élancé, par ses rameaux couverts de longues feuilles très-rapprochées et l'abondance de ses cônes.

Ce bel arbre supporte bien nos hivers; mais sa végétation étant hâtive, il est quelquefois atteint à ses sommités par les gelées printanières. Introduit en 1854.

Abies firma. *Sieb. et Zucc.*

SAPIN ROIDE.

Feuilles exactement linéaires, subdistiques, planes, obtuses, souvent bifides, rapprochées, glabres, coriaces, d'un vert foncé en dessus, à nervure médiane carénée en dessous et marquée de chaque côté de plusieurs lignes blanches, longues d'environ 3 centimètres, atténuées à la base en un pétiole très-court un peu tordu, dilatées à leur insertion. Cônes cylindriques, obtus, droits ou un peu courbés, de 7—8 centimètres de longueur, à pédoncule court, ligneux, épais, couverts d'écailles imbriquées, persistantes et réfléchies. Écailles nombreuses, imbriquées, légèrement membraneuses sur les côtés, épaissies et carénées sur le dos, arrondies sur le bord supérieur, de couleur cendrée ou d'un brun livide, se détachant à l'automne.

Grand arbre, vigoureux, droit et élancé, habitant le Japon, où il croît vers 36—40 degrés de latitude boréale, et à une élévation de 700—1000 mètres d'altitude. — Introduit en 1863. Rustique.

Abies Fraseri. *Lindl.*

SAPIN DE FRASER.

Feuilles distiques, assez nombreuses et grosses, souvent tournées vers le dessus des rameaux qu'elles couvrent complétement, les unes à peine longues de 8 millimètres, les autres beaucoup plus allongées, tronquées, obtuses ou légèrement échancrées, d'un vert foncé, parcourues en dessous, sur le milieu,'par une nervure proéminente bordée de lignes très-glauques. Cônes dressés, réunis par 2—3, presque sessiles à l'aisselle des feuilles, ovoïdes, d'environ 4—8 centimètres de longueur, composés d'écailles cunéiformes, onguiculées, suborbiculaires, un peu plus larges que hautes, à limbe entier, calleux, épaissi. Bractées très-saillantes, linéaires à la base, puis élargies, réfléchies, lancéolées, mucronées, aiguës au sommet, fortement dentées, crénelées, lacérées.

◄ Arbre de 10—18 mètres. Habite les montagnes de la Caroline et de la Pensylvanie. Très-rustique. Introduit en 1811.

Abies Fraseri cærulea. *Hort.*

SAPIN DE FRASER COUCHÉ.

Variété naine, vigoureuse, étalée en buisson. Boutons gros, coniques, obtus, violet-glaucescent. Branches nombreuses, étalées, éparses. Feuilles très-rapprochées, grosses, courtes, épaisses, tronquées largement, mais peu profondément échancrées au sommet, retournées vers le sommet des rameaux qu'elles couvrent complétement, longues de 7—12 millimètres, larges de 3, d'un vert très-foncé, bleuâtre en dessus, et parcourues par un large sillon très-glauque, à bords un peu épaissis et réfléchis, marquées en dessous de deux lignes glauques, farinacées, bleuâtres, très-prononcées, séparées par une carène étroite, verte. Rustique.

Abies glaucescens. *Roezl.*

SAPIN BLEUATRE.

Feuilles éparses, planes, linéaires, lancéolées, subfalquées, aciculaires, étalées sur la tige, très-finement serrulées sur les bords, recourbées en dessus sur les rameaux, longues de 10—30 millimètres, d'un glauque bleuâtre sur les deux faces. Cône ayant la forme de ceux de l'A. Religiosa, mais plus gros. Bractées réfléchies, beaucoup plus longues que les écailles, larges, un peu cucullées, fimbriées, longuement acuminées.

Espèce de toute beauté, obtenue de graines envoyées du Mexique par M. Roezl, en 1858; elle a déjà supporté deux hivers à l'air libre; tout nous fait donc espérer qu'elle sera rustique. Habite les monts de las Cruces.

Abies Gordoniana. *Carr.*

· SAPIN DE GORDON.

Syn. : SPECIES DE VAN COUVER. *Hort.*

Feuilles distiques, très-étalées, linéaires, vert foncé et luisantes en dessus, argentées en dessous, de diverses longueurs sur les mêmes rameaux : les unes longues de 3—4 centimètres ; les autres de 12—30 millimètres; toutes obtuses, parfois tronquées, très-courtement bifides. Cônes solitaires, dressés, cylindriques, obtus, comme tronqués, légèrement ventrus, presque semblables à ceux du cèdre, mais plus grands, à écailles largement lamelliformes, stipitées, à bords incurvés, entiers. Bractées ovales, acuminées, rongées, crénelées sur les bords, beaucoup plus courtes que les écailles.

Très-grand arbre atteignant 60 à 70 mètres de hauteur, à écorce d'un brun cendré. Tige droite, effilée. Branches horizontalement étalées, verticillées, faibles et relativement courtes, à verticilles distants. Ramules et ramilles distiques.

Cette espèce des plus remarquables, habite au nord de la Californie, dans les plaines humides. Très-rustique. Introduit en 1861.

Abies grandis. *Lindl.*

SAPIN ÉLEVÉ.

Syn. : LASIOCARPA. *Hort.*

Feuilles distantes, étalées sur deux rangs et alors subdistiques, étroites, longues, inégales, de 4—6 centimètres sur le même ramule, falquées, très-rarement droites, étalées, souvent un peu contournées, relevées vers le dessus des rameaux qu'elles cachent en grande partie, vert clair ou gris cendré, à peine glaucescentes en dessous, brusquement arrondies, obtuses au sommet. Cônes dressés, résineux, longs de 8—12 centimètres, larges d'environ 4, d'un brun pâle, à écailles caduques, larges, plus ou moins incurvées et amincies sur les bords, comme un peu duveteuses sur les parties saillantes. Bractées très-petites, plus larges que longues, arrondies, un peu cunéiformes, dentées ou fimbriées latéralement. Graines anguleuses, tendres, à aile persistante, largement dolabriforme. Tronc droit à écorce lisse, gris cendré. Branches nombreuses, régulièrement verticillées, très-horizontalement étalées, plus tard, robustes et plus dressées. Ramules grêles, distiques, à écorce glabre, jaunâtre.

Très-bel arbre, très-vigoureux, atteignant 50—60 mètres et plus de hauteur, sur 1—2 de diamètre.

Habite au nord de la Californie, la Colombie anglaise; recherche les lieux humides et bas; on ne le rencontre jamais sur les montagnes. Très-rustique. Introduit en 1831.

Abies Hudsoniana. *Bosc.*

SAPIN D'HUDSON.

Feuilles très-serrées, distiques par renversement, planes ou convexes, obtuses, bifides au sommet, traversées en dessus par un léger sillon argenté, argentées en-dessous et traversées par une nervure verte; droites ou légèrement recourbées, longues de 6—12 millimètres, larges de 2—3 ; écorce soyeuse d'un brun foncé.

Arbrisseau touffu de 1 mètre au plus. Branches extrêmement étalées : feuillage sombre, très-dense. Tout à fait rustique.

Abies Ivalensis. *Hort.*

SAPIN D'IVAL.

Charmante variété naine, formant un buisson touffu. Rameaux étalés, minces, courts. Feuilles très-rapprochées, disposées en spirales, subdistiques par torsion du pétiole; droites, d'un beau vert en dessus, parcourues par un léger sillon très-marqué, glauques en dessous et partagées au milieu par une fine nervure, longues de 22—31 millimètres, larges de 2. Très-rustique.

Abies Jezoensis. *Sieb. et Zucc.*

SAPIN DE JÉZO.

Syn. : KETELEREA FORTUNEI. *Carr.*

Feuilles comprimées spinescentes, mucronées, épaisses, coriaces, distantes, disposées en spirales, sessiles, acéreuses, linéaires, très-entières, mais à nervure médiane proéminente et carénée sur chaque face, leur donnant ainsi une forme presque tétragone, marquées en dessous de stomates blanches multisériées, d'un vert gai en dessus, de 3—5 centimètres de longueur, larges de 3—4 millimètres.

Grand arbre cultivé dans les jardins du Japon. Assez rustique. Bois mou, léger. Introduit en 1850.

Observation : Nous avons placé l'A. Jezoensis dans le genre Abies, à cause de son affinité à reprendre et à se conserver de greffe sur l'A. Pectinata.

Abies Lindleyana. *Roezl.*

SAPIN DE LINDLEY.

Feuilles subdistiques, linéaires, légèrement subfalquées, d'un beau vert foncé, luisantes, parcourues du bas au milieu d'un très-léger sillon, glauques en dessous avec une nervure médiane, de 10—30 millimètres de longueur, larges de 1—2, légèrement recourbées en dessous, obtuses et entières au sommet.

Arbre d'une grande beauté et très-vigoureux; tige droite. Branches irrégulièrement verticillées, à écorce très-lisse, d'un vert brun-rougeâtre. Reçu en 1858 de graines du Mexique envoyées par M. Roezl. Rustique.

Abies Maximowiczii. *Bob. Neum.*

SAPIN DE MAXIMOWICZ.

Espèce du Japon, reçue de graines, sans renseignements.

Abies nobilis. *Lindl.*

SAPIN NOBLE.

Feuilles très-rapprochées couvrant entièrement les rameaux, alternes ou subdistiques, linéaires, souvent falquées, obtuses, planes, sessiles, très-épaisses, d'un beau vert foncé en dessus, légèrement argentées en dessous, parcourues sur le milieu d'un faible sillon, légèrement convexes, longues de 15—35 millimètres, très-épaisses, obtuses au sommet, plus rarement bifides. Tige très-droite, forte, gris-cendré, lisse. Branches très-régulièrement étalées. Cônes cylindriques, arrondis, dressés, sessiles, presque égaux dans toute leur longueur, très-obtus au sommet, de 12 centimètres de longueur, sur 6 de diamètre. Bractées saillantes, scarieuses, brunes, fortement réfléchies sur les écailles inférieures, écailles lamelliformes, stipitées.

Magnifique sapin atteignant jusqu'à 60 mètres et plus de hauteur sur 60 centimètres de diamètre, en pyramide serrée. Il habite les montagnes du nord de la Californie à une altitude de 2000—2600 mètres. Très-rustique. Introduit en 1831.

Abies nobilis robusta. *Veitch.*

SAPIN NOBLE ROBUSTE.

Feuilles très-nombreuses, se retournant vers le dessus des branches qu'elles cachent à peu près complétement, étroites, parfois subtétragones ou rhomboïdales, ordinairement falquées, un peu contournées et relevées au sommet, devenant plus larges et se régularisant à mesure que les arbres vieillissent. Plus facile à élever que l'A. Nobilis.

Arbre vigoureux, tige forte et robuste, branches verticillées et étalées horizontalement, se rencontre dans les semis de l'A. Nobilis. Très-rustique.

Abies Nordmanniana. *Spach.*

SAPIN DE NORDMANN.

Feuilles très-nombreuses, linéaires, planes, légèrement bifides au sommet, longues de 25—35 millimètres, d'un beau vert foncé, luisantes en dessus, légèrement tordues à la base et se relevant vers la partie supérieure des rameaux qu'elles cachent en grande partie. Cônes très-résineux, dressés, coniques, longs de 15—17 centimètres sur 6 de diamètre, composés d'écailles étroitement appliquées, larges, à limbe denticulé. Bractées saillantes.

C'est un arbre des plus beaux de ce beau genre : Tronc élancé et robuste de 30 mètres et plus de hauteur, sur plus d'un mètre de diamètre, garni de la base à la cime de larges branches, rapprochées, horizontalement verticillées. Il croît sur les montagnes Adschariennes, au Caucase, où il forme de vastes forêts, à plus de 2000 mètres d'altitude. Il est parfaitement rustique, résistant bien aux neiges, et comme il n'entre en végétation que 20 à 30 jours après notre sapin argenté, il ne sera jamais atteint par les gelées printanières. Bois blanc d'excellente qualité. Introduit en 1846.

Abies Nordmannaniana leioclada. *Stew.*

SAPIN DE NORDMANN A RAMEAUX LISSES.

Belle espèce ou variété, reçue directement du Caucase en 1857, parmi d'autres sujets d'A. Nordmanniana. Feuilles distiques, droites, étroites et distantes, écorce lisse et sans le moindre duvet.

Abies Nordmanniana nana compacta. *C. S.*

SAPIN DE NORDMANN NAIN COMPACTE.

Rameaux très-courts, dressés, assez gros. Ramules ténus, courts, horizontalement étalés. Feuilles de forme et de grandeur très-variables, longues de 20—30 millimètres, larges de 2 sur quelques rameaux, atteignant à peine 4—5 millimètres de longueur et 1 de largeur sur le plus grand nombre, toutes disposées autour des branches, fortement canaliculées en dessus, carénées en dessous, souvent falciformes, presque sessiles, non décurrentes, retrécies à la base, larges au sommet, obtuses, ou terminées par un mucron fin non piquant, ou légèrement bifides, d'un beau vert tendre luisant. Écorce d'un vert tendre, devenant gris de fer en vieillissant.

Cette charmante variété naine que nous venons de trouver en juin 1867, parmi de nombreux plants d'A. Nordmanniana, forme, dans son ensemble compacte et pyramidal, une nouveauté remarquable et très-distincte.

Abies Nordmanniana refracta. *C. S.*

SAPIN DE NORDMANN A FEUILLES RETROUSSÉES.

Belle variété, plus vigoureuse et plus élancée que l'espèce. Branches nombreuses régulièrement verticillées, horizontalement étalées. Feuilles très-nombreuses, toutes retournées vers le dessus des branches qu'elles cachent entièrement, mettant ainsi en évidence toute leur face inférieure qui est d'un blanc argenté farinacé, brillant. Très-rustique. Introduit dans nos cultures en 1866.

Abies Nordmanniana robusta. *C. S.*

SAPIN DE NORDMANN ROBUSTE.

Feuilles très-courtes, très-rapprochées, plus larges que celles du type, recourbées en dessous, d'un vert très-foncé. Trouvé dans nos semis en 1864.

Abies Numidica. *De Lannoy.*

SAPIN DE KABYLIE.

Feuilles longues de 16—20 millimètres ; larges d'environ 3, planes, distiques, très-nombreuses et cachant les rameaux, plus tard relevées en dessus et laissant alors presque à nu la partie inférieure, fortement carénées en dessous et marquées de chaque côté de la carène d'un sillon assez profond, glauque, à bords épaissis, d'un vert luisant en dessus, marquées en dessous de deux lignes glauques étroites, très-courtement pétiolées, terminées au sommet par un court mucron jaunâtre.

Arbre atteignant 15, 20 mètres de hauteur sur environ 40 centimètres de diamètre, formant une pyramide très-compacte, régulièrement conique. Tige droite, robuste, recouverte d'une écorce gris cendré, légèrement rugueuse. Branches nombreuses, très-ramifiées, verticillées, étalées ou subdressées ; les plus vieilles relativement grêles, légèrement défléchies et munies de feuilles plus petites. Bourgeons gros, écailleux, parfois résineux à écailles gris-cendré. Cônes dressés, souvent réunis par 4—5, plus rarement solitaires, de 12—20 centimètres de longueur, sur 4—6 de diamètre, naissant sur les branches de deux ans. Bractées incluses scarieuses, roux-brun.

Cette espèce, importée en 1864, croît sur les sommets des montagnes de la Kabylie, à l'exposition du nord, sur des rochers calcaires à peine recouverts d'une légère couche d'humus, à une altitude de 1600 à 1960 mètres, près des neiges permanentes ; il est donc probable que sa naturalisation sur nos montagnes sera des plus faciles.

Abies Panachaïca. *Hort.*

SAPIN DES MONTS PANACHAÏ.

Feuilles disposées en spirales autour des rameaux, linéaires, droites, souvent falquées ou recourbées, longues de 10—16 millimètres, larges de 2, vertes et parcourues par un sillon très-prononcé en dessus, légèrement glaucescentes en dessous et traversées par une large nervure, atténuées aux deux extrémités, portées sur un court pétiole blanchâtre. Branches horizontalement étalées. Écorce d'un gris roussâtre. Très-rustique.

Espèce reçue de graines en 1861.

Abies pectinata. *D. C.*

SAPIN ARGENTÉ.

Feuilles rapprochées, alternes, subdistiques sur les ramilles par renversement, longues de 20—35 millimètres, larges de 2—3, planes, d'un beau vert foncé et luisant, sillonnées en dessus, marquées en dessous de deux larges bandes d'un blanc argenté, atténuées à la base, terminées au sommet en une pointe raide, aiguë, plus rarement obtuse ou légèrement bifide. Cônes dressés, cylindriques, résineux, longs de 12—15 centimètres, larges de 3—4, solitaires, obtus, naissant au sommet des vieux arbres, mûrissant la première année. Bractées saillantes, linéaires, réfléchies. Écailles caduques.

Beau sapin indigène, croissant en vastes forêts sur les sommets et les pentes nord des montagnes en Europe, entre 800 et 1500 mètres d'altitude. On le rencontre en France, sur les Alpes, les Pyrénées, le mont Pila, le mont Dore et en Normandie. Il s'élève à 30—50 mètres dans les situations qui lui plaisent, sur un diamètre de 60 centimètres à 1 mètre 70 centimètres. Bois blanc, léger, très-recherché pour les constructions.

Abies pectinata aureo-variegata. *C. S.*

SAPIN ARGENTÉ A FEUILLES PANACHÉES DE JAUNE.

Feuilles de l'espèce, mi-parties de vert et de jaune ou entièrement dorées, ou largement bordées d'un jaune d'or, presque transparentes dans les parties panachées, jaune pâle en dessous. Variété vigoureuse et rustique, trouvée dans nos cultures en 1860, fixée par la greffe.

Abies pectinata auricoma. *C. S.*

SAPIN ARGENTÉ A CIMES DORÉES.

Très-belle variété, caractères du type; feuilles plus courtes. Couronné à la cime des rameaux de feuilles d'un vert doré.

Trouvée dans les bois en 1861. Fixée par la greffe.

Abies pectinata brevifolia. *C. S.*

SAPIN ARGENTÉ A FEUILLES COURTES.

Feuilles très-courtes, très-rapprochées, obovales, convexes, étalées, d'un beau vert foncé, parcourues d'un léger sillon en dessus, légèrement concaves en dessous avec deux larges bandes longitudinalement argentées, longues de 6—10 millimètres, larges de 4, obtuses, légèrement bifides au sommet. Tige droite, courte, très-raide, entourée de nombreux rameaux, courts, rapprochés.

Cette jolie variété dont le port et le feuillage affectent la forme du Taxus Adpressa, est issue de nos semis en 1861. Sa croissance est lente : elle paraît devoir rester naine.

Abies pectinata columnaris. *C. S.*

SAPIN ARGENTÉ EN COLONNE.

Feuilles éparses, très-rapprochées, rarement subdistiques, droites, quelquefois subfalquées, convexes en dessus, partagées par un sillon peu apparent, parcourues en dessous de deux bandes argentées, séparées par une nervure médiane, obtuses ou légèrement bifides au sommet. Tronc droit. Branches nombreuses, subverticillées, courtes, redressées à leur extrémité, de sorte que leur écartement ne dépasse pas un mètre. Rameaux et ramules gros, courts, dressés, poussant par 3 ensemble.

Bel arbre affectant la forme d'une colonne étroite. Découvert par nous dans une forêt de sapins sur le mont Pila, à plus de 1100 mètres d'altitude. Le pied mère existe encore, âgé d'environ 80 ans, il s'élève à 30 mètres environ.

Abies pectinata fastigiata stricta. *C. S.*

SAPIN ARGENTÉ FASTIGIÉ.

Feuilles éparses, disposées en spirales autour de toutes les branches, droites, linéaires, planes, d'un beau vert luisant, parcourues en dessus par un léger sillon, et en dessous par deux bandes argentées séparées par une nervure médiane, portées sur un court pétiole, obtuses et légèrement bifides au sommet, longues de 10—20 millimètres, larges de 1—2. Arbre vigoureux dont tous les rameaux verticalement érigés, sont fort allongés, ce qui lui donne l'aspect d'un Taxus fastigiata très-serré. Écorce luisante et recouverte d'un duvet soyeux de couleur bronze clair.

Cette variété des plus remarquables et très-ornementale a été trouvée en 1841, par M. Reynier d'Avignon, dans les forêts de la Grande-Chartreuse, près de Grenoble, où le pied mère, dressé en colonne d'environ 30 mètres de hauteur, formait un faisceau serré de 1 mètre 50 centimètres à peine de diamètre. Nous l'avons reçue et multipliée en 1846.

Abies pectinata fastigiata Metensis. *Hort.*

SAPIN ARGENTÉ PYRAMIDAL DE METZ.

Feuilles courtes, effilées, éparses sur les rameaux, subdistiques sur les ramilles, linéaires, convexes et retroussées, d'un vert foncé, vernissées en dessus, parcourues en dessous de chaque côté de la nervure médiane d'une bande argentée, longues de 10—15 millimètres, larges de 1, obtuses et légèrement bifides au sommet. Rameaux verticalement érigés; ramilles plus étalées que dans la précédente variété.

Belle variété pyramidale, de forme un peu conique, obtenue à Metz et dans plusieurs autres cultures.

Abies pectinata pendula. *Carr.*

SAPIN ARGENTÉ PENDANT.

Feuilles alternes, disposées en spirales sur les branches et sur les rameaux, distiques sur les ramilles, linéaires, longues de 25—27 millimètres, larges de 2, sillonnées légèrement en dessus et d'un beau vert, parcourues en dessous par deux larges bandes argentées, partagées par une large nervure médiane, assez longuement pétiolées, obtuses au sommet. Branches courtes, verticillées, fortes, recourbées et pendantes, à écorce scarieuse et velue d'un roux pâle, cachant complétement la tige.

Abies pectinata pendula gracilis. *C. S.*

SAPIN ARGENTÉ PLEUREUR, DE MASSÉ.

Feuilles linéaires, presque planes, presque subdistiques par renversement, légèrement sillonnées en dessus et d'un beau vert, marquées en dessous de bandes argentées de chaque côté de la carène, longues de 15—25 millimètres, larges de 2. Tige droite. Branches latérales verticillées, grêles, très-allongées, longuement pendantes; écorce d'un brun clair couverte de poils scarieux.

Variété vigoureuse et d'une rare élégance, obtenue par M. Massé.

Abies pectinata recurva. *C. S.*

SAPIN ARGENTÉ RECOURBÉ.

Feuilles éparses, disposées en spirales, subdistiques sur les ramilles par renversement, droites ou légèrement falquées, vertes et convexes en dessus, parcourues par un léger sillon, glauques en dessous, partagées par une nervure verte saillante, portées par un court pétiole, obtuses, à peine bifides au sommet. Branches et ramilles recourbées, pendantes. Écorce recouverte d'un duvet laineux, brun foncé, très-caduc. Trouvé dans les forêts de sapins du mont Pila.

Abies pectinata tenuifolia. *Hort.*

SAPIN ARGENTÉ A FEUILLES TÉNUES.

Feuilles en spirales, subdistiques sur les ramilles par torsion du pétiole, linéaires, vertes et sillonnées en dessus, à peine glaucescentes en dessus, longues de 6—8 millimètres, larges de 1—2. Plus faible que l'espèce.

Abies pectinata tortuosa. *C. S.*

SA IN ARGENTÉ TORTUEUX.

Feuilles linéaires, planes, alternes, dispersées, couvrant tout le rameau, irrégulièrement contournées, marquées en dessus d'un léger sillon et en dessous de deux bandes argentées, longues de 5—12 millimètres, larges de 1—2. Rameaux gros, courts, tortueux. Petit arbre très-touffu.

Abies pectinata umbraculifera. *C. S.*

SAPIN ARGENTÉ PARASOL.

Feuilles planes, linéaires, très-rapprochées, se redressant sur la face supérieure du rameau, qu'elles recouvrent presque entièrement, droites ou légèrement subfalquées, vert foncé brillant, arrondies et canaliculées en dessus, argentées et comme farinacées en dessous, partagées par une carène verte, très-saillante, portées sur un pétiole épais, obtuses au sommet, avec un court mucron obtus, très-rarement bifides. Rameaux gros, courts, très-rapprochés, étalés et pendants au sommet, en forme de parasol.

Belle variété, trouvée dans les forêts de sapins des bords de la Loire.

Abies Peloponesiaca. *Haage.*

SAPIN DE LA REINE AMÉLIE.

Feuilles planes, linéaires, droites, distantes, éparses sur la tige, presque distiques sur les rameaux par torsion du pétiole, sillonnées au milieu, et d'un vert tendre en dessus, marquées en dessous de deux bandes glauques, séparées par une large carène, longues de 15—30 millimètres, à peine larges de deux, portées sur un court pétiole tordu, un peu élargies à la base, diminuant graduellement de largeur jusqu'au sommet terminé en une fine pointe aiguë.

Voisin de l'A. Cephalonica, on assure que de son tronc ou de ses branches recoupées repousse vigoureusement des tiges verticales.

Habite la Grèce. Très-rustique. Introduit de graines en 1860.

Abies pichta. *Forbes.*

SAPIN A LA POIX.

Syn. : ABIES SIBIRICA. *Ledeb.*

Feuilles linéaires, rapprochées, disposées en spirales, parfois subdistiques, presque planes, canaliculées en dessus, marquées en dessous de chaque côté de la carène d'une ligne glauque, longues d'environ 2—3 centimètres sur 1 millimètre de largeur, dressées sur les rameaux, obtuses ou aiguës au sommet. Tronc droit, gros. Branches étalées, à écorce gris de fer argenté. Bractées allongées, mucronées. Cônes dressés, cylindriques, de 5—7 centimètres de longeur sur 3 de diamètre.

Très-grand arbre dans le Nord, de 10—12 mètres dans nos cultures et d'une croissance lente. Indroduit en 1820. Très-rustique.

Abies pichta longifolia. *Hort.*

SAPIN DE SIBÉRIE A LONGUES FEUILLES.

Port et végétation semblables à ceux de l'espèce. Feuilles un peu ténues et d'un vert plus pâle.

Abies Pindrow. *Spach.*

SAPIN DE L'INDE.

Feuilles en spirales ou subdistiques par renversement, inégales, très-rapprochées, longues de 3—7 centimètres, larges à peine de 2 millimètres, raides, canaliculées et d'un beau vert clair en dessus, marquées en dessous de deux lignes glaucescentes, brusquement rétrécies au sommet, qui est souvent bifide à dents écartées, longuement subulées, aiguës. Écorce d'un brun fauve. Tronc droit, branches nombreuses longuement étalées. Rameaux et ramules assez gros, distiques. Cônes dressés, solitaires, ovoïdes, obtus, longs de 12—15 centimètres, larges d'environ 3, gris brunâtre ou violacé. Écailles trapéziformes, raides, coriaces, striées.

Bel arbre atteignant 25—30 mètres, sur un mètre et plus de diamètre, assez rustique, mais d'une végétation très-hâtive et de là sujet à être atteint quelquefois à ses extrémités par les gelées printanières.

Habite les montagnes de l'Himalaya, à 2600—3160 mètres dans la vallée de Setdlege. Introduit en 1827.

Abies Pindrow aureo-variegata. *C. S.*

SAPIN DE L'INDE A FEUILLES PANACHÉES.

Belle variété à feuilles mi-parties, bordées, ou panachées d'un beau jaune doré. Trouvée dans nos cultures et fixée par la greffe.

Abies Pinsapo. *Boissier.*

SAPIN PINSAPO.

Feuilles alternes ou éparses, nombreuses, raides, droites ou légèrement falquées, d'un vert foncé, luisantes en dessus, plus pâles en dessous et marquées de deux lignes glaucescentes très-peu visibles dans les vieilles feuilles, disposées en séries rapprochées, presque à angle droit, un peu rétrécies à la base, sessiles, acuminées au sommet en une pointe scarieuse, fine et aiguë, longues de 10—16 millimètres, larges environ de 2. Branches verticillées, dressées, étalées, garnies de nombreux rameaux et ramules, formant une pyramide conique très-épaisse. Cônes dressés, sessiles, cylindriques, ovoïdes, obtus, de 10—15 centimètres de longuer, sur 4—5 de largeur, ordinairement réunis en groupes. Bractées incluses, soudées sur les écailles.

Arbre des plus remarquables, habitant la région montagneuse alpine du royaume de Grenade, où il constitue de vastes forêts, jusqu'à 1160—2000 mètres d'altitude. Espèce d'une grande beauté et des plus rustiques. Planté pour essai en 1850 sur la route impériale, n° 82, à 1100 mètres d'altitude, sa croissance a été des plus rapides et il a supporté le poids des neiges et les froids les plus rigoureux. Introduit en 1839.

Abies Pinsapo aurea. *C. S.*

SAPIN PINSAPO A FEUILLES DORÉES.

Feuilles linéaires, étroites, très-rapprochées, disposées à angle droit autour du rameau, souvent défléchies, elliptiques, lancéolées, tordues sur le pétiole, longues de 10 millimètres, larges de 2. Bois et feuilles dorés sur toutes les faces. Trouvé dans nos semis.

Abies Pinsapo elegantissima. *C. S.*

SAPIN PINSAPO ÉLÉGAMMENT DORÉ.

Feuilles linéaires, étroites, très-aiguës, toutes panachées ou mi-parties de vert et d'un beau jaune d'or. Cette belle variété, trouvée dans nos semis, paraît devoir rester naine.

Abies Pinsapo fastigiata. *C. S.*

SAPIN PINSAPO PYRAMIDAL.

Rameaux courts, de même longueur que la flèche, dont ils affectent la forme, d'abord légèrement écartés à leur origine, bientôt verticalement redressés et formant ensemble une colonne serrée très-compacte. Feuilles éparses, un peu rétrécies à la base et terminées au sommet en une pointe aiguë, à peine sillonnées en dessus ou marquées au milieu par une ligne glauque, faiblement glaucescentes en dessous et traversées par une ligne médiane.

Arbre assez vigoureux trouvé dans nos cultures. C'est une des variétés les plus remarquables.

Abies Pinsapo pygmæa. *C. S.*

SAPIN PINSAPO NAIN.

Arbuste très-nain de forme pyramidale. Rameaux gros, courts, très-étalés, très-rapprochés. Feuilles aciculaires, arrondies sur les deux faces, à peine glaucescentes en dessous, roides, droites, horizontalement étalées, longues de 5—10 millimètres, larges de 1—2, à peine amincies à la base et terminées au sommet en un mucron aigu scarieux. Trouvé dans nos semis.

Abies Pinsapo variegata. *Laws.*

SAPIN PINSAPO A POINTES BLANCHES.

Assez jolie variété, mais dont la panachure est peu constante. Jeunes bourgeons tous blancs. Feuilles blanches ou mi-parties de blanc et de vert.

Abies religiosa. *Lindl.*

SAPIN OYAMEL DES MEXICAINS.

Feuilles disposées en spirales sur la tige, subdistiques sur les rameaux par renversement, linéaires, planes, très-rapprochées, longues de 20—35 millimètres, larges de 1—2, très-légèrement canaliculées, d'un vert foncé en dessus, glauques en dessous et parcourues par une fine nervure d'un beau vert.

Branches régulièrement verticillées, étalées, déclinées à leur extrémité. Ramules opposés, grêles, à écorce d'un brun doré, légèrement soyeuse. Cônes subsessiles, longs de 10—20 centimètres, larges d'environ 6—7, d'un pourpre violacé, foncé, résineux, composés d'écailles courtes largement cunéiformes, recourbées en dessus, étroitement imbriquées, munies à la base d'une bractée saillante, très-réfléchie, irrégulièrement incisée, dentée, persistante.

Un des plus beaux sapins. Habite les parties élevées et froides du Mexique, à 2660—3000 mètres d'altitude, où il acquiert 40 mètres et plus de hauteur, sur 1—2 de diamètre. Très-sensible au froid. Introduit en 1833.

Abies species Monte Draco. *Hort.*

SAPIN DE MONTE DRACO.

Très-voisin de l'A. Cephalonica. Reçu de graines venant de Grèce.

Abies Tsonnowskiana. *Regel.*

SAPIN DE TSONNOWSKI.

Reçu de graines venant du Japon.

Abies Webbiana. *Lindley.*

SAPIN DE WEBB.

Syn. : SPECTABILIS. *Lamb.*

Feuilles très-denses, épaissies, disposées en spirales sur la tige, subdistiques par torsion sur les rameaux et les ramilles, coriaces, linéaires, planes, un peu convexes, d'un vert foncé, luisantes, canaliculées en dessus, glauques et farinacées en dessous, séparées par une nervure médiane verte, longues de 3—5 centimètres, larges de 3—4 millimètres, la plupart bifides au sommet, à dents écartées aiguës. Tige grosse, très-droite. Branches verticillées, horizontalement étalées. Ecorce lisse luisante, d'un brun clair, sillonnée longitudinalement. Ramules et ramilles gros, opposés, légèrement réfléchis au sommet. Boutons gemmaires, résineux, ovoïdes, gros, arrondis, obtus, recouverts d'écailles rougeâtres. Cônes solitaires, dressés, cylindriques, obtus, longs de 16—20 centim., larges de 6—7, d'un beau pourpre-violet foncé, résineux. Ecailles courtes, imbriquées, largement cunéiformes, munies à la base d'une bractée très-courte, persistante.

Espèce d'une grande beauté, un peu délicate dans sa jeunesse. Originaire des pentes méridionales de l'Himalaya, à 3300 mètres d'altitude. C'est le plus beau des sapins argentés. Il sera toujours un des plus riches ornements de nos parcs et aussi remarquable par son feuillage argenté en dessous que par ses nombreux et superbes cônes d'un violet métallique. Deux forts sujets de cette espèce dont l'un atteint près de cinq mètres de hauteur, fructifient abondamment depuis 14 ans dans notre Pinetum. Les graines quoique très-grosses et bien formées ne sont pas encore fertiles.

Abies Webbiana affinis. *Hort.*

SAPIN DE L'HIMALAYA.

Variété assez semblable au type par ses principaux caractères; mais elle s'en distingue très-nettement par ses feuilles moins larges, à peine glauques en dessous et non farinacées. C'est le seul qui se reproduit de graines tirées de l'Himalaya. Le Webbiana ou Spectabilis ne peut être multiplié que par greffe ou par boutures.

DEUXIÈME GENRE.

TSUGA.

Feuilles planes, distiques ou subdistiques, solitaires, molles, obtuses. Cônes pendants à écailles persistantes. Bractées incluses.

Tsuga Albertiana. *Murray.*

TSUGA DU PRINCE ALBERT.

Syn. : MERTENSIANA. *Gord.*

Feuilles linéaires, éparses, un peu obtuses, supportées par un léger pétiole à la base, canaliculées et retroussées en dessus, d'un beau vert clair, finement serrulée sur les bords, d'un blanc argenté en dessous, traversées au milieu par une fine nervure et par plusieurs rangées de stomates. Cônes très-petits, nombreux, terminaux et pendants, longs de 25—26 millimètres, larges de 7—8, formés de six rangs d'écailles lâches, d'un brun pâle au sommet. Bractées triangulaires, denticulées. Branches grêles, étalées et pendantes à leur extrémité. Ecorce d'un brun clair, couverte de poils soyeux.

Arbre d'une grande beauté, atteignant 30—50 mètres de hauteur sur 1—2 de large. Tronc droit, arrondi, avec une large tête pyramidale. Originaire de l'Orégon, du Nord de la Californie et de Van Couver Island ; il croît dans une atmosphère humide et vaporeuse, très-froide. La qualité de son bois est peu connue : suivant les apparences, dans sa jeunesse, il a quelques rapports avec celui du Mélèze.

Espèce d'une parfaite rusticité. Introduit en 1851.

Tsuga Brunoniana. *Lindley.*

TSUGA DE BROWN.

Syn. : DUMOSA. *Loud.*

Feuilles subdistiques, solitaires, éparses, étalées, droites, linéaires, obtuses ou légèrement acuminées au sommet, à bords légèrement épaissis, duvetés, longues d'environ 3 centimètres, larges de 3 millimètres, glabres, coriaces, d'un vert clair en dessus, glauques en dessous, à carène étroite, saillante ; caduques lorsque l'arbre est atteint par la gelée. Cônes terminaux sur les ramilles, pendants, sessiles, ovoïdes, obtus, longs de 2—3 centimètres, larges de 15 millimètres.

Arbre de 20—25 mètres de hauteur, formant une cime étalée, très-rameuse. Dans nos contrées, grand arbrisseau diffus, buissonneux, à branches nombreuses et grêles, quelquefois atteint à ses extrémités par les gelées. Habite le Bootan, dans le Népaul. Introduit en 1838.

Tsuga Canadensis. *Mich.*

TSUGA DU CANADA HEMLOKSPRUCE.

Feuilles subdistiques, molles, planes, étalées, longues de 13-25 millimètres, larges d'environ 2, droites, rarement falquées, d'un vert tendre en dessus, glauques en dessous et parcourues au milieu par une large nervure. Cônes terminaux pendants, solitaires, ovoïdes-oblongs, longs de 25-30 millimètres, larges de 15-20.

Arbre vigoureux s'élevant à 25-30 mètres. Originaire de l'Amérique boréale et des montagnes Rocheuses. Introduit en 1736.

Tsuga Canadensis compacta. *C. S.*

TSUGA DU CANADA NAIN PYRAMIDAL.

Feuilles éparses, linéaires, étalées, recourbées en dessus et d'un beau vert, glauques en dessous et partagées par une fine nervure, longues de 3—5 millimètres, larges de 1. Rameaux grêles, courts et nombreux, dressés en pyramide conique très-touffue.

Arbuste très-joli, haut de 40 centimètres. Trouvé dans nos semis.

Tsuga Canadensis latifolia. *C. S.*

TSUGA DU CANADA A TRÈS-LARGES FEUILLES.

Feuilles éparses, peu distantes, à peine subdistiques sur les ramules, étalées, planes, ovoïdes, elliptiques, redressées, droites ou faiblement subfalquées, vertes, convexes en dessus, parcourues par un fin sillon et comme chagrinées longitudinalement, concaves en dessous, à bords légèrement récurvés, sillonnées par deux larges bandes argentées séparées par une nervure verte, longues de 8—10 millimetres, larges de 2—3, à peine rétrécies à la base, portées sur un pétiole gros, court, appliqué à la tige, hispides au sommet, rarement terminées par une pointe fine, recourbée.

Branches allongées, dressées, étalées, divergentes, et recourbées au sommet. Rameaux subdistiques, presque horizontaux, réclinés. Écorce des jeunes bourgeons d'un vert jaunâtre, couverte d'un duvet de même nuance, devenant d'un brun clair sur les rameaux adultes.

Belle variété très-distincte et très-remarquable, aussi vigoureuse que le type. Trouvée dans nos cultures en juin 1867.

Tsuga Canadensis microphylla. *C. S.*

TSUGA DU CANADA A PETITES FEUILLES.

Feuilles subdistiques, planes, droites ou légèrement recourbées, linéaires-ovoïdes, longues de 3—4 millimètres, à peine larges de 1. Tiges grêles, allongées, dressées. Écorce d'un brun foncé, recouverte d'un duvet soyeux. Trouvé dans nos semis.

Tsuga Canadensis nana. *Carr.*

TSUGA DU CANADA NAIN.

Variété naine, rameaux épars et diffus. Feuilles plus petites que dans l'espèce, s'élevant au plus à 80 centimètres en un buisson touffu, très-étalé.

Tsuga Douglasii. *Carr.*

TSUGA DE DOUGLAS.

Feuilles disposées en spirales, éparses ou subdistiques par torsion du pétiole, planes, vertes et légèrement convexes en dessus, parcourues d'un très-léger sillon, glaucescentes en dessous, partagées par une large nervure, linéaires, obtuses, de 3—4 centimètres en longueur, sur 1 millimètre de largeur.

Cônes terminaux, pendants, solitaires ou par 2—3, ovoïdes-oblongs, obtus au sommet, d'un bronze clair, d'environ 8—10 centimètres de longueur sur 3 de largeur. Écailles obovales-arrondies, entières. Bractées très-saillantes appliquées aux écailles, étroites, linéaires, recourbées, trilobées, à nervure médiane très-prononcée, se terminant en une pointe très-longue. Graines à aile obtuse de même longueur que l'écaille.

Très-grand arbre atteignant une hauteur de 40—65 mètres sur 2—4 de diamètre, d'une végétation très-vigoureuse, affectant la forme d'une pyramide touffue conique. Tige droite. Branches et rameaux étalés, déclinés, glabres. Habite le nord-ouest de la Californie, les vallées des montagnes Rocheuses, entre le 43—52 degrés de latitude boréale, où il forme de vastes forêts. Très-rustique. Introduit en 1826.

Notre pied-mère de Tsuga-Douglasii est un arbre admirable, c'est une magnifique et large pyramide de plus de dix mètres de hauteur, large de 3 mètres 70 centimètres à la base.

Tsuga Douglasii aurea. *C. S.*

TSUGA DE DOUGLAS DORÉ.

Feuilles linéaires, planes, disposées en nombreuses spirales autour de la tige, légèrement recourbées en dessus, finement pétiolées, terminées par une pointe aiguë, molle, longues de 12—23 millimètres sur moins de 1 de large, d'une belle couleur d'or pâle en dessus devenant blanche en vieillissant, un peu verdâtre en dessous, sans nervure apparente. Tige et rameaux grêles, ces derniers affectant la forme horizontale. Écorce lisse et luisante d'un beau jaune pâle. Panachure très-belle et très-constante. Trouvée dans nos semis en 1862.

Tsuga Douglasii Standishiana. *Gord.*

TSUGA DE STANDISH.

Feuilles linéaires, droites, planes, disposées en spirales irrégulièrement autour des rameaux, longues de 25—35 millimètres, larges de 2, à pétiole court, légèrement tordu, d'un beau vert en dessus, parcourues par un léger sillon, d'un vert pâle glaucescent en dessous, séparées au milieu par une légère nervure, terminées au sommet par une pointe obtuse. Bourgeons gros, ovales, écailleux, d'un brun foncé, en forme de cône. Ecorce d'un bronze clair, luisante. Branches nombreuses, éparses, plus ou moins étalées ou dressées. Rameaux peu nombreux, assez longs, redressés.

Arbre très-rustique, d'une grande vigueur, croissant chaque année en hauteur de 80 centimètres à 1 mètre 30 centimètres et d'une grande beauté. Espèce éminemment forestière par sa vigueur, sa rusticité et ses dimensions colossales. Nous l'avons rapporté en 1862 des Pépinières royales de Baghsot. On le dit originaire de Vancouver Island.

Tsuga Douglasii Standishiana fastigiata. *C. S.*

TSUGA DE STANDISH FASTIGIÉ.

Magnifique variété du précédent, ressemblant pour les principaux caractères à l'espèce; mais à rameaux d'abord légèrement écartés, puis promptement et verticalement érigés près de la tige en forme de colonne. Feuilles un peu plus étroites et plus nombreuses, légèrement recourbées. Aussi rustique et aussi vigoureuse que l'espèce.

Tsuga Douglasii verticillata stricta. *C. S.*

TSUGA DE DOUGLAS PYRAMIDAL.

Feuilles linéaires, planes, recourbées en dessous, régulièrement disposées en spirales sur tous les rameaux, vertes en dessus, sillon médian nul ou peu apparent, glauques en dessous, traversées par une fine nervure, longues de 10—16 millimètres, larges de 2. Branches grêles, d'abord légèrement écartées, puis se redressant verticalement près de la tige en un groupe serré terminé en flèche. Ecorce lisse et luisante d'un vert jaunâtre.

Cette variété très-distincte et des plus remarquables, assez vigoureuse, a été trouvée dans nos semis en 1862. Tous les rameaux forment tête.

Tsuga Hookeriana. *Carr.*

TSUGA DE HOOKER.

Feuilles courtes, éparses, rapprochées, planes, un peu déprimées, d'un beau vert pâle en dessus, avec un sillon peu apparent, légèrement convexes en dessous, argentées et traversées par une fine nervure, de 15—22 millimètres de longueur sur 1—2 de largeur, très-courtement pétiolées, terminées au sommet par une pointe aiguë. Cônes cylindriques, obtus, pendants, longs de 45—55 millimètres, larges de 15—20, d'un pourpre obscur, à écailles convexes, larges, arrondies, un peu retroussées. Ecorce d'un brun clair recouverte de poils soyeux.

Arbre d'une grande beauté mais d'une croissance très-lente dans sa jeunesse. Il habite la Californie du Nord, par 21 degrés de latitude boréale à une altitude de 1660—2000 mètres, où il s'élève à plus de 30 mètres. Il peut supporter les froids les plus rigoureux et demande à être abrité des rayons directs du soleil.

Reçu de graines en 1854.

Tsuga Pattoniana. *Jeffrey.*

TSUGA DE PATTON.

Feuilles courtes, solitaires, disposées en spirales autour des branches, de même couleur verte sur les 2 faces, mais couvertes de stomates en dessous, éparses, marginées sur les bords de fines dentelures, longues de 12—15 millimètres. larges de 1. Cônes petits, pendants, portés sur un long pédoncule en forme de ramule, longs de 6—7 centimètres. Rameaux pubescents.

Arbre de 50 mètres de haut sur 1 mètre 50 centimètres de largeur, croissant sur les monts Baker jusqu'à 44 degrés de latitude nord, et à une élévation de 1600—1800 mètres. Très-rustique. Bois dur et excellent. Reçu de graines en 1854.

Tsuga Sieboldtii. *Carr.*

TSUGA DE SIEBOLDT.

Feuilles distiques ou subdistiques, rapprochées, alternes, planes, émarginées ou obtuses au sommet, très-entières sur les bords, carénées en dessus et d'un vert foncé, argentées en dessous et partagées par une légère nervure, marquées de lignes de stomates, longues de 10—22 millimètres, larges de 1—2. Tige droite, élancée. Branches dressées, irrégulières, courtes, réfléchies au sommet. Jeunes bourgeons recouverts d'une écorce cendrée rousse, tomenteuse par des poils ferrugineux. Cônes elliptiques à bractées incluses, tronquées ou bifides. Arbre vigoureux de 7—10 mètres ou plus, assez rare, même au Japon. Croît dans les provinces du Nord, dans les parties montagneuses. Bois brun jaunâtre, très-recherché pour la fabrication des petits ustensiles de ménage. Arbre d'une belle venue. Introduit en France en 1853. Très-rustique.

TROISIÈME GENRE.

PICEA. *Link.* EPICEA.

Feuilles aciculaires comprimées, subtétragones, éparses, roides. Cônes pendants à écailles persistantes, à aile des graines non adhérentes.

Picea Ajanensis. *Fisch.*

PICEA DE SIBÉRIE.

Branches étalées ou ascendantes, courtes. Feuilles longues d'environ 12 millimètres, comprimées en dessus et marquées de deux lignes glauques, terminées en une pointe aiguë, blanchâtre. Introduit de la Sibérie en 1850. Espèce peu vigoureuse. Rustique.

Picea alba. *Link.*

SAPINETTE BLANCHE.

Feuilles rapprochées, étalées, subtétragones. Cônes cylindriques, pendants, longs de 4—6 centimètres, larges de 10—15 millimètres. Bel arbre de 20 mètres environ de hauteur, de forme pyramidale. Habite le Canada et la Caroline du Nord, très-rustique. Introduit en 1700.

Picea alba acutifolia. *Hort.*

SAPINETTE BLANCHE A FEUILLES AIGUËS.

Variété à feuilles fines, aiguës et piquantes, ressemblant à un Epicéa.

Picea alba albicans. *C. S.*

SAPINETTE BLANCHE PANACHÉE DE BLANC.

Feuilles toutes blanches sur les nouveaux bourgeons.

Picea alba aurea. *C. S.*

SAPINETTE BLANCHE DORÉE.

Feuilles très-rapprochées, légèrement recourbées en dessus du rameau, toutes dorées sur les nouveaux bourgeons.

Picea alba echinoformis. *C. S.*

SAPINETTE BLANCHE HÉRISSÉE.

Arbrisseau très-nain, pyramidal, touffu. Branches très-courtes, très-rapprochées, verticillées. Feuilles linéaires, arrondies, étalées, longues de 3—10 millimètres, larges de 1/2, très-aiguës au sommet, atteint à peine 30 centimètres. Obtenu dans nos semis.

Picea alba fastigiata. *C. S.*

SAPINETTE BLANCHE PYRAMIDALE.

Arbuste nain, rameaux courts, très-rapprochés, strictement dressés contre la tige.
Feuilles tétragones, épaisses, recourbées, longues de 4—7 millimètres, réunies en fascicules très-serrés. Variété obtenue dans nos semis.

Picea alba glauca. *Hort.*

SAPINETTE BLANCHE GLAUQUE.

Feuilles disposées en spirales, très-rapprochées, linéaires, tétragones, obtuses, épaisses, presque cylindriques, longues de 7—18 millimètres, marquées en dessus de deux larges nervures argentées et en dessous, d'une troisième de même couleur, variété naine très-distincte.

Picea alba gracilis. *C. S.*

SAPINETTE BLANCHE A BOIS GRÊLE.

Variété vigoureuse, ressemblant par le port à l'espèce ; mais dont les rameaux et les ramules, sont beaucoup plus grêles. Feuilles très-denses, ténues, piquantes, couvrant entièrement les rameaux.

Picea alba intermedia. *C. S.*

SAPINETTE BLANCHE INTERMÉDIAIRE.

Plante vigoureuse, branches nombreuses, obliquement dressées-étalées. Ecorce rouge orangé. Feuilles courtes, épaisses ; celles des jeunes rameaux farinacées sur toutes les parties. Cônes très-petits, ovales, courts, intermédiaires entre ceux du P. nigra et ceux du P. alba, un peu atténués à la base, à écailles rougeâtres, assez foncé. Variété très-remarquable et très-distincte, obtenue dans nos semis. A distance et au premier abord, on le prendrait pour un P. Menziesii.

Picea alba minima. *C. S.*

SAPINETTE BLANCHE TRÈS-NAINE.

Arbuste pyramidal, très-nain. Rameaux écartés, gros, courts, couverts de petites feuilles tétragones, très-piquantes, obtenu dans nos semis.

Picea alba pendula. *Carr.*

SAPINETTE BLANCHE A RAMEAUX PENDANTS.

Feuilles très-ténues, disposées en spirales, longues de 15—18 millimètres, larges de 1/2, elliptiques, comprimées, convexes en dessus, avec une épaisse nervure, faiblement carénées en dessous, étalées, glaucescentes, un peu déclinées, terminées par un court mucron aigu et piquant. Rameaux déclinés et pendants. Très-jolie variété.

Picea Alcokiana. *J. G. Veitch.*

PICEA DE ALCOK.

Feuilles linéaires, étroites, rhomboïdales, obtuses, marginées en dessous de 5 lignes glauques, concaves, tordues à la base, disposées en spirales régulières, très-rapprochées, longues de 2 centimètres, larges d'environ 1 millimètre. Branches d'une couleur fauve pâle. Cônes semblables à ceux du P. excelsa, d'environ 5—8 centimètres de longueur sur 2 de diamètre, à écailles d'un roux fauve, largement arrondies au sommet qui est légèrement crénelé sur les bords.

Grand arbre atteignant 30 mètres et plus de hauteur, d'une forme très-distinguée, découvert en 1860 sur le mont sacré de Fus-Yama, à une altitude de 2000—2300 mètres, où il atteint 30—40 mètres de hauteur. Bois de service excellent. Planté au Japon dans les villes comme arbre d'ornement. Très-rustique.

Picea bicolor. *Regel.*

PICEA BICOLORE.

Reçu de graines en 1867 sans autres indications.

Picea cærulea. *Link.*

SAPINETTE BLEUE.

Espèce ou variété du P. alba; elle s'en distingue nettement par ses feuilles très-glauques, ou violacé bleuâtre.

Picea Engelmanni. *Carr.*

PICEA D'ENGELMANN.

Arbre de 20—30 mètres et plus de hauteur, sur 50—80 centimètres de diamètre. Feuilles très-rapprochées, comprimées, tétragones, acuminées, aiguës, très-glauques. Cônes petits, ovales, légèrement arqués, obtus, pendants, à écailles ovales rhomboïdales.

Habite les montagnes Rocheuses, à 3,000 mètres et plus d'altitude. D'une croissance lente dans sa jeunesse. Importé de graines en 1863. Très-rustique.

Picea excelsa. *Link.*

EPICEA.

Feuilles comprimées, tétragones, longues de 12—25 millimètres. Cônes cylindriques, pendants, longs de 10—15 centimètres, larges de 3—4, à écailles minces, rhomboïdales, luisantes, allongées et rétrécies au sommet, qui est tronqué, denticulé.

Habite les Alpes de l'Europe centrale, commun en Suisse, dans le Tyrol, le Jura, entre

1300 et 2000 mètres d'altitude ; il s'étend dans les plaines de l'Allemagne et de la Norvége jusqu'au 67e degré.

Très-bel arbre, tronc droit, cylindrique, effilé, s'élevant à 40—50 mètres. Bois blanc, tendre, léger.

Picea excelsa Archangelica. *Laws.*

EPICEA D'ARCHANGEL.

Feuilles très-ténues, subtétragones, très-rapprochées, presque appliquées sur les rameaux qu'elles recouvrent presque entièrement, d'un beau vert foncé, luisantes, à pétiole très-court, recouvert à la base d'une petite écaille, terminées par un mucron aigu, longues de 6—15 millimètres, traversées en dessous par 1—2 lignes de stomates argentés. Tige droite, rameaux presque dressés.

Picea excelsa attenuata. *Carr.*

EPICEA A RAMEAUX ATTÉNUÉS.

Branches grêles, peu nombreuses, rameaux effilés, étalés, quelquefois déclinés. Feuilles d'environ 8 millimètres de longueur, très-ténues, presque cylindriques, distantes, couchées sur les rameaux. Variété délicate.

Picea excelsa aureo variegata. *C. S.*

EPICEA DORÉ.

Belle variété, assez vigoureuse. Feuilles et rameaux panachés d'or, d'un bel effet. Trouvé dans nos cultures.

Picea excelsa candelabrum. *C. S.*

EPICEA CANDÉLABRE.

Feuilles rhomboïdales, éparses, très-serrées sur les rameaux, d'un vert foncé, luisantes, recourbées en dessus. Branches nombreuses, toutes redressées. Ramilles verticillées sur les branches en forme de candélabre. Belle variété issue de nos semis.

Picea excelsa Clanbraziliana. *Carr.*

PICEA DE CLANBRAZIL.

Branches très-ramifiées, à ramifications subdistiques, disposées en éventail, courtes, de même longueur. Feuilles rapprochées, longues de 6—8 millimètres. Forme un petit buisson compacte, étalé, déprimé, parfois légèrement conique, de 60 centimètres de hauteur au plus.

Picea excelsa Clanbraziliana elegans. *Hort.*

PICEA DE CLANBRAZIL ÉLÉGANT.

Rameaux courts et gros, étalés. Feuilles fines, aiguës, très-rapprochées de 4—6 millimètres de longueur, formant un buisson épais, conique, d'environ 70 centimètres.

Picea excelsa Clanbraziliana stricta. *Lond.*

PICEA DE CLANBRAZIL PYRAMIDAL.

Variété à rameaux érigés en pyramide étroite.

Picea excelsa columnaris. *C. S.*

EPICEA COLONNAIRE.

Variété très-vigoureuse, à branches nombreuses, courtes, dressées en forme de colonne compacte, très-étroite.

Picea excelsa compacta. *Hort.*

EPICEA COMPACTE.

Arbrisseau touffu, à rameaux divergents, très-rapprochés.

Picea excelsa concinna. *Carr.*

EPICEA GRACIEUX.

Petit arbuste pyramidal, grêle. Branches minces. Feuilles très-ténues, presque cylindriques, couchées sur le rameau, assez rapprochées.

Picea excelsa conica. *Carr.*

EPICEA CONIQUE.

Branches et rameaux nombreux, dressés. Feuilles longues de 8—10 millimètres, ténues, comprimées, terminées par un mucron aigu. Arbrisseau de 1 mètre de hauteur.

Picea excelsa Cranstonii. *Carr.*

EPICEA DE CRANSTON.

Arbrisseau vigoureux. Feuilles longues de 10—15 millimètres, disposées en spirales, comprimées sur les bords, recourbées et presque appliquées sur les rameaux, longues de 6—10 millimètres, traversées en dessous d'une ou deux bandes de stomates argentées. Tige élancée, grosse, peu ou pas ramifiée. Branches solitaires, longuement étalées, réfléchies, très-inégalement distantes, souvent nulles, sur une certaine longueur, ou réduites à de courtes ramifications, cylindriques, à écorce d'un roux pâle, terminées par un gros bouton écailleux, ne produisant ordinairement qu'une seule tige.

Picea excelsa crassifolia. *Hort.*

EPICEA A FEUILLES ÉPAISSES.

Feuilles disposées en verticilles irréguliers, et très-pressées le long des rameaux, tétragones, arrondies en dessus, très-épaisses et d'un vert très-foncé, longues de 8—18 millimètres, larges de 1 et 1/2, terminées au sommet en un court mucron aigu. Rameaux très-gros, très-courts, érigés. Ramules gros, se détachant à peine de la tige. Variété naine et robuste.

Picea excelsa denudata. *Simon L. F.*

EPICEA DÉNUDÉ.

Branches très-grosses, très-allongées, érigées. Rameaux très-distants, étalés. Ramilles ou bourgeons gros, très-courts, à peine apparents entre les tiges de 2 ans et les nouvelles. Feuilles subcylindriques, éparses, très-rapprochées, fortement nervées en dessus, carénées en dessous, d'un beau vert foncé, longues de 20-25 millimètres, portées sur un court et gros mucron, aigu et piquant. Arbre vigoureux, à tige dressée, bien différent du P. Cranstonii.

Picea excelsa elegantissima. *Hort.*

EPICEA ÉLÉGAMMENT PANACHÉ.

Variété assez vigoureuse, très-élégante. Feuilles disposées en spirales, épaisses autour du rameau, entièrement dorées ou d'un jaune pâle en dessus, vertes en dessous, longues de 6—8 millimètres, étalées, recourbées, terminées par un mucron aigu, piquant.

Picea excelsa eremita. *Carr.*

EPICEA MONSTRUEUX.

Rameaux gros, vigoureux, érigés, recouverts d'une écorce rougeâtre. Feuilles courtes, grosses, irrégulièrement tétragones, fortement mucronées.
Arbre de forme pyramidale.

Picea excelsa fastigiata. *Hort.*

EPICEA PYRAMIDAL.

Arbre très-vigoureux et d'une grande élégance, à rameaux dressés, strictement fastigiés, ressemblant par son port au peuplier d'Italie. Feuilles très-rapprochées, longues de 15—25 millimètres, disposées en spirales, rhomboïdales, recourbées vers la tige, terminées au sommet par un mucron aigu. Nous en possédons un sujet de toute beauté de plus de dix mètres de haut et d'une belle croissance.

Picea excelsa globularis. *Hort.*

EPICEA EN FORME DE BOULE.

Feuilles elliptiques, comprimées, marquées en dessous d'une nervure accompagnée de chaque côté d'une bande de stomates argentées; longueur variable, de 5—10 millimètres. Branches étalées et déclinées. Arbuste buissonneux, arrondi en forme de boule.

Picea excelsa gracilis. *C. S.*

EPICEA GRÊLE.

Très-jolie variété de forme pyramidale, compacte. Rameaux nombreux, très-courts, épars, érigés, très-rapprochés. Ecorce d'un brun-gris, fortement sillonnée par la décurrence des feuilles, mamelonée, rugueuse. Feuilles très-ténues, rapprochées, étalées en fascicules au sommet des rameaux, aciculaires, toujours d'un vert foncé brillant, portées sur un long pétiole jaunâtre, décurrent, longues de 5—10 millimètres, un peu recourbées en dessus et terminées brusquement au sommet en un court mucron très-aigu. Obtenue dans nos semis.

Picea excelsa Gregoryana.

EPICEA DE GRÉGORY.

Rameaux très-nombreux, courts, divariqués, déclinés. Feuilles longues de 4—5 millimètres, serrées, roides, aiguës, piquantes, éparses, d'un vert pâle, luisantes sur les deux faces. Arbrisseau, s'élevant à 30—50 centimètres.

Picea excelsa intermedia. *Carr.*

EPICEA INTERMÉDIAIRE.

Feuilles nombreuses, très-serrées, et rapprochées contre les rameaux, convexes en dessus, presque arrondies, longues de 8—10 millimètres. Ramules pendants.

Picea excelsa inverta. *Hort. angl.*

EPICEA A RAMEAUX PENDANTS.

Port du P. excelsa. Branches promptement pendantes. Feuilles plus longues, plus larges et d'un vert plus brillant que celles du type. Espèce plus vigoureuse et plus élevée que notre Picea pendula.

Picea excelsa mucronata. *Carr.*

EPICEA MUCRONÉ.

Arbrisseau diffus. Branches droites ou étalées. Ramules, gros, courts, recouverts d'une écorce rougeâtre, soyeuse, profondément sillonnée par la longue décurrence des pétioles. Feuilles irrégulièrement éparses et distantes, grosses, tétragones, très-roides, d'un vert foncé, terminées par un court mucron, longues de 15—25 millimètres. Arbrisseau de 4—5 mètres à feuilles hérissées et mucronées.

Picea excelsa muricata. *Hort.*

EPICEA MURIQUÉ.

Feuilles linéaires, comprimées, presque planes, très-rapprochées, disposées en spirales subsessiles, d'un beau vert foncé luisant, légèrement recourbées, terminées par un mucron aigu. Branches étalées, redressées. Ecorce unie d'un jaune bronzé.

Picea excelsa nana. *Carr.*

EPICEA NAIN.

Arbrisseau robuste, mais s'élevant lentement, atteignant rarement 2 mètres de hauteur. Branches éparses, très-rapprochées, obliquement dressées. Rameaux courts, souvent renflés. Boutons gros très-écailleux.
Cette variété forme une pyramide très-compacte, arrondie au sommet.

Picea excelsa partim aurea. *David.*

EPICEA EN PARTIE DORÉ.

Cette variété ne diffère du type que par les riches panachures d'or dispersées sur les jeunes rameaux. Feuilles très-rapprochées, obtuses, recourbées, couvrant le rameau et pointées d'or.

Picea excelsa pendula. *Carr.*

EPICEA PLEUREUR.

Tige principale très-grosse, dressée, puis recourbée en vieillissant. Rameaux et ramules très-nombreux, très-rapprochés, irrégulièrement disposés, recourbés, puis pendants jusqu'à terre et cachant entièrement le pied. Feuilles inégalement disposées en spirales, souvent subverticillées, roides, épaisses, recourbées, longues de 10—16 millimètres, d'un vert très-foncé, courtement pétiolées et terminées au sommet en un mucron aigu, piquant.

Variété assez vigoureuse dont toutes les branches sont verticalement pendantes, produisant un effet singulier.

Picea excelsa pendula major. *Simon. L. F.*

EPICEA PLEUREUR ÉLEVÉ.

Variété vigoureuse et très-belle, obtenue par MM. Simon Louis frères, de Metz. Tige principale forte, dressée, élancée. Rameaux distants, allongés, étalés, déclinés, pendants aux extrémités. Ramules presque verticillés, gros, courts. Feuilles nombreuses, très-rapprochées, couchées sur le rameau ou étalées, subcylindriques, anguleuses, d'un vert très-foncé, épaisses, longues de 15—25 millimètres.

Picea excelsa phylicoïdes. *Carr.*

EPICEA A FEUILLES DE PHYLICA.

Arbuste nain, grêle. Branches effilées, étalées, réfléchies. Feuilles distantes, longues de 4—8 millimètres, arrondies, étalées, raides, épaissies au milieu, atténuées aux deux extrémités, terminées par un mucron court aigu, souvent oblique.

Picea excelsa plicatilis. *Hort.*

EPICEA EN ÉVENTAIL.

Rameaux grêles, étalés, redressés, opposés. Feuilles petites et ténues de 6—10 millimètres de long, très-rapprochées, recourbées. Arbuste de moyenne grandeur.

Picea Excelsa procumbens. *C. S.*

EPICEA RAMPANT.

Rameaux et ramules très-nombreux, grêles, horizontalement couchés, traînant sur le sol; formant ainsi un large buisson épais, arrondi, de plus d'un mètre de largeur, s'élevant à peine à 25 centimètres, couvrant la terre par ses nombreuses ramifications. Ecorce très-lisse et luisante, d'un fauve clair. Feuilles en spirales, un peu relevées vers le haut du rameau, subcylindriques, comprimées, longues de 7—12 millimètres, portées sur un court pétiole de même couleur que l'écorce, aiguës au sommet et terminées par un mucron recourbé, piquant. Arbuste très-joli; obtenu dans nos semis, propre à former des massifs rampants.

Picea excelsa pumilio. *C. S.*

EPICEA TRÈS-PETIT.

Variété très-naine. Branches relativement grosses, fortement sillonnées par la décurrence des pétioles. Ramules courts, érigés, nombreux, rapprochés en tête des rameaux.

Feuilles trigones, ténues, canaliculées sur les trois faces de 6—12 millimètres de longueur, d'un vert foncé, glaucescentes en dessous, terminées par un court mucron. Joli arbuste nain, atteignant à peine 40 centimètres de hauteur.

Picea excelsa pyramidata. *Hort.*

EPICEA NAIN PYRAMIDAL.

Syn.: NIGRA? PUMILA. *Soul. Bodin.*

Arbre d'une croissance lente, pouvant atteindre 10 mètres et plus de hauteur, de forme pyramidale. Rameaux et ramules rapprochés et comme verticillés, étalés, courts. Feuilles très-nombreuses, arrondies en dessus, marquées au milieu par une ligne de stomates, droites ou légèrement subfalquées, d'un beau vert luisant, glauques en dessous, traversées d'une carène accompagnée de chaque côté d'une ou deux lignes de stomates, plus rapprochées au-dessus du rameau et pressées contre lui; longues de 12—15 millimètres, portées sur un court pétiole, longuement décurrentes et terminées brusquement au sommet en un très-court mucron aigu piquant. Ecorce blanchâtre sur les jeunes bourgeons, puis d'un fauve pâle, sillonnée par la décurrence des pétioles. Belle pyramide; très-rustique.

Picea excelsa pygmæa. *Hort.*

EPICEA MINIATURE.

Branches et rameaux très-rapprochés, érigés. Rameaux et ramilles nombreux, confus, très-courts, inégaux, redressés contre la tige. Feuilles de 6—12 millimètres de longueur, très-ténues, presque tétragones, subcylindriques, glaucescentes en dessous, vertes en dessus, terminées par un fin mucron. Joli arbuste pyramidal atteignant à peine 35 centimètres.

Picea excelsa recurva. *Hort.*

EPICEA A FEUILLES RECOURBÉES.

Variété naine. Branches érigées, grêles. Rameaux étalés, courts. Feuilles recourbées, triquètres, arrondies en dessus, d'un beau vert lustré, marquées en dessous d'une légère strie argentée au milieu, obtuses au sommet, longues de 5—8 millimètres, très-rapprochées et couvrant entièrement le dessus du rameau. Ecorce d'un gris-brun légèrement soyeuse. Arbre assez vigoureux.

Picea excelsa rubricaulis. *C. S.*

EPICEA A ÉCORCE ROUGE.

Arbre aussi vigoureux que le type. Branches d'abord étalées puis redressées. Ramules et ramilles courts, étalés. Feuilles recourbées, tétragones, canaliculées sur les quatre faces, lisses, d'un vert brillant et foncé, longues de 20—30 millimètres, courtement pétiolées, presque obtuses au sommet. Ecorce d'un rouge cuivré foncé, longuement sillonnée par la décurrence des pétioles. Très-bel arbre à cônes pendants, cylindriques, longs de 15 centimètres à écailles rondes. Bractées saillantes, recourbées et crénelées.

Picea excelsa taxifolia. *Hort.*

EPICEA A FEUILLES D'ABIES.

Feuilles tétragones, larges, très-rapprochées, d'un vert foncé, luisantes, anguleuses en dessus, partagées en dessous par une large carène et deux bandes argentées, recourbées, longues de 10—15 millimètres, larges de 2, très-épaisses.
Arbrisseau touffu. Rameaux serrés en forme de boule.

Picea excelsa tenuifolia. *Carr.*

EPICEA A FEUILLES TÉNUES.

Variété assez vigoureuse. Feuilles ténues, longues de 10—20 millimètres. Rameaux faibles, ramilles écartées et recourbées en dessus.

Picea Japonica. *Régel.*

PICEA DU JAPON.

Espèce très-nouvelle reçue de semence du Japon en 1865.

Picea Maximowiczii. *Régel.*

PICEA DE MAXIMOWICZ.

Reçu de graines du Japon en 1866.

Picea Menziesii. *Carr.*

PICEA DE MENZIES.

Feuilles épaisses, rapprochées, étalées, subtétragones, comprimées sur les côtés, lisses et arrondies en dessous, à sillons très-marqués, surtout les supérieurs qui sont souvent plus larges et plus glauques, mucronées, très-piquantes. Cônes pendants, longs de 3—4 centimètres, larges de 2, sessiles ou subpédonculés par adhésion de la base au rameau. Ecailles très-minces, lâches, membraneuses, ondulées sur les bords, persistantes. Graines très-petites.

Arbre atteignant 12—15 mètres de hauteur. Branches étalées, verticillées, habite la partie nord de la Californie; très-rustique. Introduit en 1831.

Picea microsperma. *Lindl.*

PICEA A TRÈS-PETITES GRAINES.

Feuilles nombreuses, linéaires, étroites, planes, subtétragones, non tordues, d'un beau vert luisant en dessus, glauques en dessous, longues d'environ 20 millimètres, à peine épaisses d'un, plus petites encore sur les ramilles. Cônes pendants, cylindriques, de 4—6 centimètres de long et de 20—25 millimètres de diamètre, d'égale largeur aux deux bouts. Ecailles lâches, denticulées au sommet. Graines très-petites.

Bel arbre s'élevant à 15—18 mètres, à branches relativement faibles. Rameaux grêles, réfléchis ou pendants. Habite au Japon près de Hakodadi. Importé en 1862, par M. J. G. Veitch. Parfaitement rustique.

Picea Morinda. *Link.*

PICEA DE SMITH.

Syn. : KHUTROW. *Carr.*

Feuilles très-rapprochées, rhomboïdales, comprimées, souvent sillonnées du côte comprimé et glaucescentes, longues de 2—4 centimètres, acuminées en un mucron roide, souvent très-aigu. Cônes pendants, cylindriques, ventrus au milieu, quelquefois recourbés, longs de 12—14 centimètres, larges de 2. Ecailles larges de plus de 2 centimètres, arrondies à la circonférence, entières, assez épaisses, coriaces, d'un roux foncé, lisses et luisantes. Graines très-foncées, ovoïdes, légèrement comprimées, à aile mince, oblongue, d'un roux fauve.

Très-bel arbre pouvant atteindre 35 mètres et plus dans des situations convenables, disposé en large pyramide compacte. Tige dressée. Branches étalées, dressées, celles de la base quelquefois défléchies. Rameaux nombreux, grêles, très-chargés de feuilles pendantes. Écorce gris cendré, pâle.

Habite l'Himalaya occidental à une altitude de 2160—3300 mètres. Introduit en 1848. Très-rustique.

Plusieurs pieds forts de nos plantations, hauts de plus de 10 mètres, nous donnent en abondance des graines fertiles.

Picea Morinda pendula. *Hort. ang.*

PICEA DE SMITH PLEUREUR.

Belle variété à branches réclinées et pendantes. Feuilles plus courtes que celles du type.

Picea nigra. *Link.*

PICEA NOIR.

Feuilles très-nombreuses, ténues, éparses, comprimées, subtétragones, presque cylindriques, aiguës au sommet, glaucescentes, bleuâtres, longues de 20—25 millimètres, souvent recourbées et rapprochées vers le rameau. Branches assez minces, légèrement dressées, bientôt horizontales et défléchies. Cônes pendants, longs de 25—30 millimètres, larges de 14—16, ovales, obtus, atténués aux deux bouts. Écailles minces, membraneuses, arrondies, denticulées sur les bords, violacées ou noirâtres dans la partie inférieure.

Arbre de l'Amérique boréale où il atteint 25 mètres et plus de hauteur sur 50 centimètres de diamètre. Très-rustique ; se plait dans les situations froides et au nord.

Picea nigra aureo variegata. *Hort.*

PICEA NOIR PANACHÉ DE JAUNE.

Belle variété, aussi vigoureuse que le type. Feuilles panachées d'un beau jaune d'or.

Picea nigra Doumettii. *Carr.*

PICEA NOIR DE DOUMET.

Tige droite. Branches très-nombreuses; celles de la base légèrement étalées, ascendantes, les supérieures dressées, le tout formant une pyramide conique très-compacte. Écorce des jeunes bourgeons duveteuse, blanchâtre, puis rougeâtre. Feuilles apprimées, courtement pétiolées, ténues, très-rapprochées, longues de 8—10 millimètres, brusquement atténuées au sommet, terminées par un mucron court, aigu, marquées sur chaque face d'un sillon violacé, glaucescent. Cônes ovoïdes, élargis vers le milieu, atténués aux deux bouts, longs d'environ 4 centimètres, larges à peine de 2, à écailles minces, scarieuses, rouge violacé, puis rouge brunâtre à la maturité.

Bel arbre dont le pied mère a été planté par Mme Aglaé Adanson, dans le parc de Balène, près Moulins, d'où nous avons rapporté des greffes en 1864.

Picea nigra glauca. *Carr.*

PICEA NOIR GLAUQUE.

Variété vigoureuse, d'une belle végétation. Feuilles plus grosses, plus obtuses et plus glauques que celles de l'espèce.

Picea nigra gracilis. *C. S.*

PICEA NOIR A RAMEAUX GRÊLES.

Syn. : ORIENTALIS? *de Fromont.*

Feuilles très-ténues, très-nombreuses, éparses, d'un vert tendre, glaucescent, couchées sur le dessus des rameaux qu'elles couvrent entièrement, arrondies en dessus, quelquefois parcourues par un sillon argenté, carénées en dessous, longues de 4—6 millimètres, portées sur un court pétiole, terminées brusquement au sommet en un très-court mucron obtus avec une pointe jaunâtre, piquante. Tronc droit, couvert de rameaux très-rapprochés, grêles, subverticillés, puis horizontalement étalés. Rameaux et ramules portés sur une nodosité écailleuse, subdistiques. Écorce des jeunes bourgeons d'un vert pâle, tomenteuse, devenant rugueuse et d'un vert foncé en vieillissant. Cette jolie espèce, d'origine inconnue, d'une croissance assez lente, est remarquable par sa forme pyramidale et son beau feuillage glauque.

Picea nigra viminalis. *Hort.*

PICÉA NOIR A RAMEAUX SOUPLES.

Feuilles très-ténues, très-courtes, très-rapprochées, couvrant le rameau, linéaires, aciculaires, presque cylindriques, longues de 5—7 millimètres, terminées au sommet par un mucron aigu, piquant. Branches ténues, ramilles grêles, courtes. Écorce soyeuse, d'un brun rougeâtre.

Picea obovata. *Ledeb.*

PICEA A CÔNES OBOVALES.

Feuilles subtétragones, acuminées, aiguës, un peu courbées, de 18—20 millimètres de longueur. Cônes ovoïdes, obtus, à écailles largement cunéaires, obovales, à bords arrondis, très-entiers, d'environ 6 centimètres de longueur, sur 2, rarement 3 de diamètre, cylindriques, un peu atténués, obtus au sommet.

Habite la Sibérie, et l'Altaï, depuis la base des montagnes jusqu'à 1000—1330 mètres d'altitude, où il forme de vastes forêts et atteint plus de 30 mètres de hauteur.

Picea orientalis. *Carr.*

PICEA D'ORIENT.

Feuilles nombreuses, subtétragones, couchées sur les rameaux qu'elles recouvrent entièrement en dessus, d'un beau vert luisant, arrondies en dessus, longues de 7—10 millimètres, brusquement terminées en une pointe obtuse. Cônes longs d'environ 6—8 centimètres, larges de 25 millimètres, subcylindriques, à écailles lâchement imbriquées.

Arbre d'un port majestueux, droit, élancé, garni de nombreux rameaux, courts, épais. Originaire de l'Asie, près des côtes de la mer Noire, au sommet des montagnes de l'Imérïtie, où il s'élève à 30 mètres et plus sur 50 centimètres de diamètre, en forme de cône épais.

Espèce vigoureuse et très-rustique. Bois dur excellent. Introduit vers 1837.

Picea polita. *Carr.*

PICEA A CÔNES LISSES.

Feuilles disposées en spirales, sessiles, étalées, linéaires, glabres, raides, légèrement recourbées, tétragones, d'un beau vert, longues de 14—25 millimètres, marquées en dessus d'un sillon apparent et en dessous par une nervure arrondie, entourée de plusieurs rangs de stomates, terminées par une pointe effilée, aiguë, non piquante. Jeunes rameaux cylindriques, légèrement rugueux. Cônes ovoïdes, arrondis aux deux extrémités, longs de 10—12 centimètres, larges de 4—5, à écailles larges, entières, obovales, crénelées sur les bords, coriaces, glabres, d'une belle couleur marron au centre.

Superbe espèce du Japon, croissant en vastes forêts sur les montagnes au nord de l'île Nippon. Plantée comme ornement autour des temples. Supporte bien le froid. Introduit en 1862.

Picea rubra. *Link.*

PICEA ROUGE.

Feuilles rapprochées, couchées, incurvées et appliquées sur les rameaux, irrégulièrement rhomboïdales, disposées en verticilles serrés, portées sur un court pétiole rouge, comme l'écorce avec laquelle il se confond, longues de 8—15 millimètres, terminées brusquement au sommet en une pointe courte, obtuse. Cônes pendants, ovoïdes, oblongs, de 4—6 centimètres en longueur, larges d'environ 2, atténués aux deux bouts. Écailles larges, entières, convexes, arrondies.

Port et facies du P. excelsa, mais moins vigoureux et plus petit. Branches dressées, étalées, quelquefois défléchies. Rameaux nombreux, couverts d'une écorce rouge, tomenteuse.

Arbre de l'Amérique boréale, dans la Nouvelle-Écosse, où il s'élève à 25—30 mètres, dans les contrées favorables. Très-rustique. Introduit vers 1750.

Picea rubra Celsiana. *Hort.*

PICEA ROUGE DE CELS.

Variété d'une végétation assez vigoureuse. Rameaux allongés. Feuilles longues de 15—25 millimètres, recourbées, piquantes.

Picea Schrenkiana. *Fisch et Mey.*

PICEA DE SCHRENK.

Feuilles tétragones, aciculaires, épaisses, presque arrondies, éparses, étalées, portées sur un court pétiole décurrent, brusquement terminées par un court mucron aigu, recourbé vers la tige, longues de 25—30 millimètres, d'un vert glauque mat, arrondies sur les deux faces et ponctuées de stries argentées. Cônes cylindriques de 8 centimètres de longueur, sur 22 millimètres de largeur.

Habite le sud-est de la Sibérie, la chaîne de Khulass, où il forme, dit-on, un grand arbre. Introduit en 1862 dans nos cultures, de graines reçues directement de Sibérie. Rustique.

Picea Withmanniana. *Carr.*

PICEA DE WITHMANN.

Feuilles courtes, très-rapprochées, redressées contre les rameaux, disposées en spirales épaisses, subtétragones, arrondies, épaissies en dessus, recouvrant entièrement l'extrémité des bourgeons, portées sur un pétiole très-court, terminées au sommet par un court mucron recourbé, longues de 5—10 millimètres, d'un beau vert foncé luisant. Branches étalées, redressées. Ramilles grêles, courtes, étalées. Écorce écailleuse d'un jaune fauve.

ACTINOSTROBUS. *Miq.*

CUPRESSINÉES-ACTINOSTROBÉES.

Strobiles à 6 valves égales. Feuilles ternées, persistantes. Graines à 3 ailes.

* **Actinostrobus pyramidalis.** *Miq.*

ACTINOSTROBUS PYRAMIDAL.

Arbuste pyramidal de la Nouvelle-Hollande, de 5—6 mètres de hauteur. Branches dressées. Rameaux cylindriques ou légèrement anguleux; les plus jeunes garnis de feuilles spinescentes, ternées; les adultes hérissés par les restes des feuilles et revêtus d'écailles squamiformes, très-petites. Feuilles persistantes, ternées, adnées, décurrentes, raides, très-aiguës. Strobiles solitaires sur de courtes ramilles ou agglomérés sur les branches.

Arbre d'orangerie pour le centre de la France; il réussit bien dans le Midi, à Hyères, où il donne des graines fertiles. Importé en 1838.

ARAUCARIA. *Jussieu.*

ARAUCARIÉES.

Anthères multiloculaires. Écailles ovulifères, monospermes, insérées autour d'un axe central, constituant ainsi des cônes subglobuleux. Graine unique sous chaque écaille, adnée, pendante. Feuilles alternes, planes ou aciculaires, subtétragones, subelliptiques, élargies à la base, toujours acuminées, aiguës au sommet.

* 1° COLYMBEA, *Salisbury.*

Cotylédons hypogés dans la germination.

Colymbea Bidwilli. *Carr.*

ARAUCARIA DE BIDWILL.

Tronc droit, cylindrique, branches verticillées, étalées, à rameaux opposés, distiques, étalés, écorce se détachant comme celle du cerisier. Feuilles sessiles, planes, ovales, lancéolées, coriaces, raides, épaisses, acuminées au sommet en une pointe blanchâtre, raide, très-aiguë, parcourues en dessus par de nombreuses nervures, d'un beau vert brillant sur les deux faces, longues de 4—5 centimètres, larges de 10—12 millimètres dans leur plus grand diamètre. Cônes sphériques ou légèrement déprimés, de 15—20 centimètres de diamètre, à écailles mucronées. Graines très-grosses de 4—5 centimètres de longueur, épaisses de 25 millimètres, comestibles et fort recherchées des aborigènes.

Arbre majestueux, de 30—50 mètres de hauteur. Originaire des Monts Brisbanes en Australie. Orangerie. Introduit en 1849.

* **Colymbea Brasiliensis.** *A. Rich.*

ARAUCARIA DU BRÉSIL.

Branches verticillées, étalées ou déclinées. Tronc se dénudant promptement à sa partie inférieure. Feuilles alternes, étalées, recourbées en dehors, élargies, décurrentes à la base, très-aiguës au sommet, carénées en dessous, glaucescentes, longues de 4—6 centimètres, larges de 5—8 millimètres. Cônes très-gros, subglobuleux. Graines comestibles, longues de 5—6 centimètres.

Arbre de 40—50 mètres, à cimes étalées, arrondies. Originaire du Brésil, où il constitue de vastes forêts. Orangerie pour le Centre et le Nord de la France. Importé en 1816.

* **Colymbea Brasiliensis elegans.** *Hort.*

ARAUCARIA DU BRÉSIL ÉLÉGANT.

Tronc droit, ferme, gros. Branches réunies en verticilles, rapprochées, horizontalement étalées. Feuilles très-rapprochées sur les rameaux, longues de 3—5 centimètres, larges de 2—3 millimètres, droites ou légèrement recourbées, d'un beau vert clair en dessus, glaucescentes en dessous, aciculaires, très-piquantes. Orangerie.

* **Colymbea Brasiliensis gracilis.** *Hort.*

ARAUCARIA DU BRÉSIL A BRANCHES GRÊLES.

Variété très-distincte de la précédente. Troncs et branches faibles, grêles. Rameaux, grêles et très-allongés, horizontaux, puis réfléchis et pendants, portant de rares ramifications. Feuilles planes, très-rapprochées, irrégulièrement disposées et couchées sur les branches, un peu étalées au sommet et recourbées en dehors, subsessiles, longuement décurrentes, un peu tordues à la base, finement aciculaires, non piquantes au sommet, d'un vert très-foncé brillant en dessus, à peine glaucescentes en dessous, longues de 25—40 millimètres, larges de 2. Orangerie.

* **Colymbea Brasiliensis Lindleyana.** *Hort.*

ARAUCARIA DE LINDLEY.

Espèce ou variété du C. Brasiliensis à rameaux grêles, verticillés, horizontalement étalés, puis déclinés et longuement pendants. Feuilles distantes, raides, coriaces, tordues à la base, qui est très-large, étalées, dressées, lancéolées, terminées par un long mucron noir, aigu, très-piquant, parcourues en dessus de nervures et carénées en dessous, d'un vert foncé mat sur les deux faces, longues de 2—5 centimètres, larges de 3—8 millimètres.

Cette variété, remarquable par la disposition de ses longues branches pendantes d'une façon très-gracieuse, a en outre l'avantage de ne pas se dénuder par le bas comme l'espèce. Orangerie.

* **Colymbea Brasiliensis Ridolfiana.** *Knight.*

ARAUCARIA DE RIDOLFI.

Variété robuste. Rameaux étroitement verticillés, horizontaux, plus courts que ceux du type. Feuilles disposées en spirales, rapprochées, étalées, planes, subfalquées, larges à la base jusqu'au milieu, et de là se terminant au sommet en une longue pointe blanchâtre, aiguë, très-piquante, d'un beau vert foncé luisant en dessus, d'un vert tendre en dessous, longues de 2—4 centimètres, larges de 3—6 millimètres. Orangerie.

Colymbea imbricata. *Pav.*

ARAUCARIA DU CHILI.

Arbre magnifique de 50 mètres de hauteur et plus, originaire du Chili Austral, entre 35—50 degrés de latitude, où il forme de vastes forêts. Tronc droit, très-gros. Branches verticillées par 6—8, horizontales, étalées ou déclinées, les supérieures dressées. Feuilles ovales, lancéolées, épaisses, raides, coriaces, terminées en une pointe noire aiguë très-piquante, d'un beau vert foncé sur les deux faces, très-longuement persistantes, longues de 6—8 centimètres, larges de 16—25 millimètres. Cônes subsphériques, légèrement déprimés, solitaires, dressés, de 15—18 centimètres de diamètre, brun-foncé, à écailles nombreuses, régulièrement imbriquées, terminées en une pointe longue, infléchie. Graines longues de 4—5 centimètres, comprimées, anguleuses, d'un roux-brunâtre luisant, rétrécies à la base.

Arbre précieux par sa rusticité et son port majestueux, indispensable à la décoration des parcs, il pourrait même devenir un hôte de nos forêts du Centre et du Midi de la France si la multiplication en était plus facile. Les semences grosses, comestib'es, sont très-recherchées par les indigènes du Chili qui en font leur principale alimentation. Introduit en 1796.

Colymbea imbricata gracilis. *Hort.*

ARAUCARIA DU CHILI GRÊLE.

Tige unique, érigée, grêle, entièrement dépourvue de ramifications. Feuilles subovoïdes, lancéolées, longues de 10—25 millimètres, larges au milieu de 4—8, épaisses, coriaces et très-piquantes, planes, étalées, concaves et recourbée↓ sur la tige, qu'elles recouvrent entièrement, traversées en dessous par des nervures saillantes. Variété naine.

Colymbea imbricata stellata. *C. S.*

ARAUCARIA DU CHILI ÉTOILÉ.

Variété trouvée dans nos semis, ressemblant à l'espèce ; mais dont les feuilles à l'extrémité des rameaux sont horizontalement étalées en forme d'étoiles.

2° EUTACTA. *Link.*

Cotylédons épigés dans la germination.

* Eutacta Cookii. *R. Br.*

ARAUCARIA DU CAPITAINE COOK.

Tronc élancé, atteignant 50—60 mètres et plus de hauteur, couvert d'une écorce unie, cuivrée, luisante. Branches courtes, régulièrement verticillées, horizontalement étalées, à verticilles distants, minces, renflés à leur base. Feuilles alternes effilées, comprimée s, étalées, luisantes, subulées, longues de 10—15 millimètres ; celle des rameaux, plus courtes, fines, plus rapprochées, infléchies, subtetragones, d'un vert bronzé. acuminées au sommet. Cônes latéraux, souvent géminés, longs de 10—15 centimètres, larges d'environ 6—8, ovoïdes, obtus, arrondis au sommet. Écailles larges, coriaces, amincies sur les bords, fortement imbriquées.

Arbre magnifique à tige élancée en forme de colonne étroite. De la Nouvelle-Calédonie, dans l'île des Pins. Découvert par le capitaine Cook. Introduit en 1851. Orangerie.

* **Eutacta Cunninghami.** *Ait.*

ARAUCARIA DE CUNNINGHAM.

Arbre de 20—30 mètres et plus. Tige droite, cylindrique, recouverte d'une écorce mince, coriace, luisante, d'un rouge violet-brun, se détachant circulairement comme celle du merisier.

Branches verticillées par 4—5 et plus, étalées. Rameaux et ramules distiques, nombreux, réfléchis ou pendants. Feuilles alternes, étalées, très-raides, comprimées, acuminées au sommet en une pointe fine, raide, très-aiguë, rougeâtre. Cônes ovoïdes, obtus, longs de 6—8 centimètres, larges de 4—6. Ecailles épaisses de 5—6 millimètres, transversalement carénées, aiguës vers le sommet, mucronées.

Arbre de toute beauté, s'élevant à 30—40 mètres de hauteur, sur 1 mètre 60 centimètres de diamètre, avec une tige nue de 25 mètres, couronnée d'une large cime. Originaire de la Nouvelle-Hollande, des environs de Moreton-Bay et des Monts Brisbanes. Orangerie. Introduit en 1827.

* **Eutacta Cunninghami cærulescens.** *C. S.*

ARAUCARIA DE CUNNINGHAM BLEUATRE.

Tige droite. Rameaux opposés, nombreux, recourbés, pendants. Ramules courts, subdistiques. Feuilles sessiles, étalées, recourbées, très-raides, subtétragones, comprimées, acuminées, aiguës, très-piquantes, couvertes sur toutes les faces de lignes de stomates et d'une poussière farinacée, bleuâtre. Variété rare, très-remarquable. Orangerie.

* **Eutacta excelsa.** *R. Br.*

ARAUCARIA ÉLEVÉ.

Arbre admirable de 50—70 mètres de hauteur, sur 2—3 mètres de diamètre, originaire de l'île Norfolk. Tronc droit, terminé en cime pyramidale conique. Branches régulièrement verticillées, minces, horizontalement étalées, défléchies à l'extrémité. Rameaux opposés ou alternes, déclinés ou horizontaux, conservant longtemps leurs feuilles. Ramules distiques, très-rapprochés, souvent déclinés. Feuilles sessiles, épaisses, triquètres, subulées, recourbées sur les rameaux, marquées en dedans de deux lignes glauques, acuminées au sommet, obtuses ou aiguës. Cônes sphériques de 15—18 centimètres. Ecailles arges, épaisses, amincies sur les bords. Graines grosses.

Le plus beau et le plus régulier des arbres verts, élevé en pyramide d'une rare élégance. Orangerie ; de pleine terre à Hyères. Introduit en 1793.

* **Eutacta excelsa albo-spica.** *Hort.*

ARAUCARIA ÉLEVÉ A POINTES BLANCHES.

Tige droite, grêle, élancée. Rameaux verticillés, horizontalement étalés, déclinés, pendants. Ramules rares, courts, distants. Feuilles sessiles, courtes, couvrant les rameaux. subulées, aiguës, aciculaires. Cette variété est très-distincte par les extrémités des jeunes bourgeons toutes blanches au moment de la pousse.

* **Eutacta excelsa crassifolia.** *C. S.*

ARAUCARIA ÉLEVÉ A RAMEAUX ÉPAIS.

Tige droite et vigoureuse. Rameaux régulièrement verticillés, larges, horizontalement étalés. Ramules nombreux, alternes, distiques, un peu déclinés. Feuilles très-rapprochées, épaisses, subulées, recourbées sur les rameaux qu'elles couvrent entièrement, ongues de 5—10 mill. Belle variété.

* **Eutacta excelsa glauca.** *Carr.*

ARAUCARIA ÉLEVÉ GLAUQUE.

Variété très-vigoureuse. Tige forte et élancée. Rameaux nombreux, forts, régulièrement et horizontalement verticillés et étalés, allongés. Ramules opposés ou alternes, distiques, très-longs, légèrement déclinés. Feuilles subulées, plus grosses que dans l'espèce, recourbées sur les rameaux, d'une couleur glauque.

Le plus beau des A. Excelsa.

* **Eutacta excelsa multiceps.** *Hort.*

ARAUCARIA ÉLEVÉ MULTITIGE.

Variété très-rapprochée des précédentes, produisant facilement des tiges verticales.

* **Eutacta Rulei polymorpha.** *Carr.*

ARAUCARIA DE RULE POLYMORPHE.

Récemment découvert dans une petite île de la Nouvelle-Calédonie, sur les débris de volcans éteints, en été durs comme des pierres et inondés en hiver par des pluies torrentielles, où toute autre végétation est impossible.

Ce bel arbre, de 20 mètres de hauteur, est, suivant l'expression de M. Carrière, un véritable *Protée*. Pendant la première partie de son existence, il semble appartenir au genre Eutacta, auquel il faut d'ailleurs le rapporter, tandis que plus tard, son facies et son port semblent le rattacher au genre Colymbea. Les jeunes branches ressemblent d'abord exactement à celles de l'A. Excelsa; elles deviennent ensuite plus grosses, plus allongées, plus arquées. Mais dans les arbres adultes elles prennent des caractères complétement différents ; les feuilles sont planes, larges, lancéolées, imbriquées, épaissies et carénées en dessous, aigües, non piquantes. Dans cet état, la plante rappelle assez exactement la variété Densa du Colymbea imbricata. Introduit en 1862. — Orangerie.

ARTHROTAXIS. *Don.*

SÉQUOIÉES VRAIES.

Anthères biloculaires. Écailles du strobile ovales, entières, dépourvues de bractées. Feuilles épaisses, charnues, ovales, imbriquées, adnées. Graines 3-5 sous chaque écaille. Arbustes toujours verts, lycopodiformes.

Arthrotaxis cupressoïdes. *Don.*

ARTHROTAXIS A ASPECT DE CYPRÈS.

Arbre dressé, très-rameux, toujours vert. Ramilles minces, cylindriques. Feuilles très-rapprochées, petites, fortement imbriquées, largement rhomboïdales, coriaces, lisses, luisantes, d'un vert foncé, de 2—7 millimètres de longeur, appliquées, largement adhérentes à la base, à bords étroitement scarieux, carénées en dehors, concaves en dedans, obtuses au sommet.

Originaire de la Tasmanie, où il s'élève à environ 10 mètres. Assez rustique. Intro·
duit en 1844.

Arthrotaxis Gunneana. *Hook.*

ARTHROTAXIS DE GUNNE.

Petit arbuste très-buissonneux, à rameaux grêles, nombreux, très-irrégulièrement dis·
posés, cylindriques, déclinés et pendants. Feuilles lâchement imbriquées, horizontalement étalées, droites ou recourbées vers le haut, sessiles, décurrentes à la base, linéaires-
lancéolées, longues de 8-15 millimètres, larges de 2, épaisses, charnues, planes en dessus
et d'un beau blanc argenté, traversées de la base au milieu par une ligne vert-foncé, largement carénées en dessous et d'un vert foncé, acuminées au sommet et terminées par
un mucron jaunâtre, raide, très-piquant.

Espèce très-distincte, originaire de la Tasmanie, ressemblant assez par la forme, la disposition et la couleur des feuilles, à un Araucaria Cunninghami argenté. Introduit en
1861. Assez rustique.

Arthrotaxis laxifolia. *Hook.*

ARTHROTAXIS A FEUILLES LACHES.

Feuilles imbriquées sur 4 rangs, rapprochées, dressées, incurvées, ovales, lancéolées,
aiguës, carénées, convexes sur le dos, concaves sur la face supérieure. Rameaux opposés,
presque verticillés, raides, étalés et retombants. Ramules nombreux, courts.

Petit arbre très-élégant de 10 mètres environ de hauteur, assez rustique. Originaire
de la terre de Van-Diémen. Introduit en 1858.

Arthrotaxis selaginoïdes. *Don.*

ARTHROTAXIS A FORME DE SÉLAGINELLE.

Arbrisseau très-rameux, déprimé. Rameaux et ramules courts, ramassés, nombreux.
Feuilles rapprochées, lâchement imbriquées, lancéolées, planes ou légèrement concaves
en dedans, obtusément carénées en dessous, très-lisses, d'un vert luisant, adnées, décurrentes à la base, acuminées, mucronées au sommet.

Habite la Tasmanie. Introduit vers 1847. Assez rustique.

BIOTA. *Don.*

CUPRESSINÉES-THUIOPSIDÉES.

Strobiles à écailles coriaces, imbriquées. Graines 2, ovoïdes, dépourvues d'ailes.
Feuilles opposées, plus rarement ternées, squamiformes, persistantes.

Biota Fortunei. *Hort.*

BIOTA DE FORTUNE.

Arbre ou arbrisseau de forme pyramidale compacte et serrée. Branches dressées, grêles.
Rameaux dressés, effilés. Ramules et ramilles comprimés, distiques, très-rapprochés.
Feuilles squamiformes, opposées, adnées, longuement décurrentes, très-petites, obtuses
au sommet des ramilles, aiguës le long des rameaux, toutes d'un beau vert glaucescent.

Biota Meldensis. *Laws.*

BIOTA DE MEAUX.

Arbre pyramidal touffu, trouvé dans le cimetière de Meaux. Branches dressées strictement, très-rapprochées. Rameaux et ramules distiques, disposés en éventail. Feuilles aciculaires, acuminées, décurrentes, opposées, imbriquées, très-rapprochées, glauques sur les jeunes rameaux ; squamiformes, acuminées, distantes sur les branches, étalées, longues de 3—5 millimètres.

Espèce élevée en pyramide touffue, irrégulière de forme, très-dictincte, remarquable par la belle couleur glauque, comme farinacée, de ses feuilles et de ses jeunes bourgeons. Origine incertaine, se reproduit de semence.

Biota Nepalensis. *Hort.*

BIOTA DU NÉPAUL.

Tige dressée, branches étalées, distantes. Rameaux distants, divariqués, défléchis, plus rarement subdressés. Ramules et ramilles comprimés, grêles, distants.

Arbre de 6—7 mètres de hauteur. Originaire de Népaul. Rustique.

Biota Nepalensis variegata. *C. S.*

BIOTA DU NÉPAUL PANACHÉ.

Belle variété couverte de panachures d'un beau jaune d'or. Trouvée dans nos semis.

Biota orientalis. *Endl.*

BIOTA D'ORIENT.

Arbre pyramidal de 12 à 15 mètres de hauteur. Tronc droit, noueux. Branches rapprochées, dressées. Rameaux légèrement étalés à la base, promptement redressés. Ramules très-rapprochés, garnis de nombreuses ramilles, subdistiques, comprimées en forme d'éventail compacte. Feuilles opposées, décussées, apprimées, imbriquées sur 4 rangs ; les faciales portant une glande sur le dos ; celles des rameaux et des ramules pointues ou acuminées, celles des ramilles obtuses.

Très-répandu dans les jardins, où on l'emploie surtout à former des abris ou des rideaux de verdure. Rustique. Introduit de la Chine vers 1752.

Biota orientalis argentea. *Gord.*

BIOTA D'ORIENT ARGENTÉ.

Variété assez vigoureuse, distincte de l'espèce par ses feuilles et ses ramilles argentées

Biota orientalis argenteo-variegata. *Hort.*

BIOTA D'ORIENT PANACHÉ DE BLANC.

Jolie variété à feuilles panachées de blanc.

Biota orientalis Arthrotaxoïdes. *Carr.*

BIOTA D'ORIENT EN FORME D'ARTHROTAXIS. •

Tige ramifiée presque dès la base. Branches plus ou moins étalées, divariquées, assez distantes. Ramules et ramilles courts, gros, très-épais, charnus, subtétragones. Feuilles décussées, épaisses, courtes et assez longuement ovales, obtuses, plus ou moins carénées, fortement imbriquées, très-rapprochées et couvrant entièrement l'axe ramulaire.

Arbuste très-étalé ressemblant à un Arthrotaxis, trouvé par M. Carrière dans les semis de B. Aurea. Rustique.

Biota orientalis aurea nana. *Hort.*

BIOTA D'ORIENT NAIN DORÉ.

Arbuste nain de forme pyramidale conique, s'élevant au plus à 1 mètre 50 centimètres. Branches inférieures étalées, les supérieures dressées. Rameaux assez grêles, étalés ou réfléchis. Ramules et ramilles distants fortement comprimés. Feuilles squamiformes, opposées; celles des branches et des rameaux écartées; celles des ramules et des ramilles plus rapprochées, étroitement imbriquées; toutes longuement décurrentes, brusquement rétrécies au sommet en une pointe obtuse ou subaiguë.

Belle variété très-distincte par les extrémités de ses rameaux toutes dorées au printemps.

Biota orientalis aureo-variegata.

BIOTA D'ORIENT PANACHÉ DE JAUNE D'OR.

Variété aussi vigoureuse que le type auquel elle ressemble par le port, elle en diffère par ses feuilles et ses jeunes rameaux panachés d'un beau jaune d'or. Panachure très-constante.

Biota orientalis compacta. *Hort.*

BIOTA D'ORIENT NAIN PYRAMIDAL.

Arbrisseau pyramidal de 5 à 6 mètres de hauteur. Tige dressée, courte. Branches et ramilles très-nombreuses, comprimées, dressées autour de la tige qu'elles recouvrent entièrement.

Biota orientalis cristata. *C. S.*

BIOTA D'ORIENT A FEUILLES CRISPÉES.

Variété aussi vigoureuse que l'espèce, obtenue dans nos semis. Branches et rameaux dressés, grêles. Ramules très-courts, étalés, déclinés. Ramilles déprimées, crispées, un peu monstrueuses, divariquées en tous sens. Feuilles des ramules opposées, squameuses, acuminées, décurrentes à la base; celles des ramilles, très-courtes, obtuses, imbriquées sur 4 rangs; les faciales sillonnées dans leur milieu; les latérales carénées, toutes strictement apprimées.

Biota orientalis cupressoïdes. *C. S.*

BIOTA D'ORIENT A ASPECT DE CYPRÈS.

Branches et rameaux dressés. Ramules et ramilles très-courts, étalés. Feuilles squamiformes, acuminées, étalées, décurrentes, strictement imbriquées sur 4 rangs; celles des rameaux et des ramules subrhomboïdales, creusées d'un sillon longitudinal en dessus, fortement carénées en-dessous, terminées par un mucron aigu; celles des ramilles, très-courtes, obtuses ou aiguës, toutes d'un vert glauque, ridées et recouvertes d'un fin duvet blanchâtre. Variété très-distincte et très-remarquable, obtenue dans nos semis.

Biota orientalis dumosa. *Carr.*

BIOTA D'ORIENT BUISSONNEUX.

Plante naine, buissonneuse, d'un aspect glaucescent, bleuâtre. Branches courtes, ramassées. Ramules et ramilles très-rapprochés, distiques, élargis, comprimés, disposés en forme d'éventail. Feuilles glanduleuses, squamiformes, appliquées dans toute leur longueur, épaisses, arrondies, obtuses au sommet. Espèce très-distincte.

Biota orientalis elegans. *Hort.*

BIOTA D'ORIENT ÉLÉGANT.

Rameaux grêles, réclinés au sommet. Ramules et ramilles distiques, courts, étalés. Feuilles squamiformes, appliquées, longuement décurrentes, opposées, très-petites, décussées, acuminées sur les rameaux; arrondies, obtuses sur les ramilles; toutes d'un beau vert gai.

Biota orientalis elegantissima. *Gord.*

BIOTA D'ORIENT ÉLÉGAMMENT PANACHÉ.

Rameaux grêles, un peu comprimés. Ramules et ramilles étalés, dressés, panachés aux extrémités d'un beau jaune d'or.

Belle variété naine érigée en pyramide étroitement conique et compacte, de forme élancée, obtenue par M. M. Rollisson.

Biota orientalis falcata. *Carr.*

BIOTA D'ORIENT A RAMEAUX FALQUÉS.

Branches droites. Rameaux étalés. Ramules et ramilles nombreux, distiques, allongés, comprimés, souvent contournés au sommet en forme de faulx. Feuilles squamiformes, ovales, aiguës, terminées au sommet par un fin mucron d'un beau vert foncé.

Arbuste pyramidal et très-vigoureux.

Biota orientalis filiformis elegans. *C. S.*

BIOTA D'ORIENT FILIFORME GLAUQUE.

Belle variété du B. filiforme, obtenue de ses semences. Rameaux et ramules nombreux, déliés, grêles, érigés ou étalés. Feuilles squamiformes, acuminées, aiguës au sommet, décurrentes, plus petites et plus courtes que dans les autres variétés filiformes; toutes d'un vert glauque, ainsi que les ramules.

Biota orientalis filiformis erecta. *Hort.*

BIOTA D'ORIENT FILIFORME ÉRIGÉ.

Branches droites. Rameaux étalés, dressés. Ramules et ramilles distants, étalés ou pendants. Feuilles squamiformes, élargies à la base, décurrentes, aciculaires, aiguës au sommet, longues de 4—5 millimètres, opposées, imbriquées.

Arbuste de 3—6 mètres, de la Chine et du Japon.

Biota orientalis filiformis nana. *C. S.*

BIOTA D'ORIENT FILIFORME NAIN.

Arbuste très-nain, obtenu dans nos semis de B. Orientalis. Ramules et ramilles nombreux, courts et grêles, réunis au sommet, droits, étalés ou pendants. Variété délicate.

Biota orientalis filiformis pendula. *Hort.*

BIOTA D'ORIENT FILIFORME PENDANT.

Obtenu à Laval (Mayenne) en 1832 dans un semis de B. Orientalis et récemment retrouvé dans nos propres semis. Arbuste très-grêle, de 3 à 4 mètres de hauteur, à branches faibles, déliées, filiformes, pendantes. Ramules et ramilles distants, effilés, divariqués, pendants. Feuilles très-petites, squamiformes, élargies, décurrentes, à la base, plus ou moins longuement acuminées, aiguës au sommet, opposées, imbriquées sur 4 rangs ; apprimées, plus petites, plus rapprochées, obtuses sur les ramilles.

Biota orientalis glauca. *Carr.*

BIOTA D'ORIENT GLAUQUE.

Variété très-remarquable par la couleur vert foncé glauque de ses feuilles et de ses ramules, couverts d'une fine poussière glauque. Obtenue par M. M. Pince d'Exeter. Rameaux dressés, étalés, un peu recourbés. Ramules déprimés. Un peu sensible aux gelées.

Biota orientalis gracilis. *Carr.*

BIOTA D'ORIENT A RAMEAUX GRÊLES.

Syn. : BIOTA OR. JAPONICA. *Hort.*

Tige droite, élancée. Branches étalées, distantes, courtes. Strobiles à peu près semblables à ceux du type, à écailles épaisses, portant près du sommet un large mucron réfléchi.

Biota orientalis intermedia. *Carr.*

BIOTA D'ORIENT INTERMÉDIAIRE.

Tige dressée. Branches allongées, distantes, irrégulièrement disposées, réfléchies, quelquefois dressées. Rameaux diffus ; les uns presque filiformes, dressés, les autres étalés, déclinés ou pendants, portant de rares ramifications. Feuilles opposées, décussées, élargies à la base, décurrentes, acuminées, mucronées au sommet, piquantes, écartées sur les branches et les rameaux, rapprochées sur les ramules, longtemps persistantes quoique sèches.

Arbre de 4 à 8 mètres, d'une végétation vigoureuse, très-distinct par ses formes et par son port.

Biota orientalis monstrosa. *Carr.*

BIOTA D'ORIENT MONSTRUEUX.

Variété délicate, d'une végétation lente, distincte de l'espèce par ses feuilles épaisses, ovales, obtuses, plus rarement aiguës et par ses ramules courts, gros, peu nombreux, presque tétragones.

Biota orientalis nana. *Carr.*

BIOTA D'ORIENT NAIN PYRAMIDAL.

Arbrisseau pyramidal. Tige dressée, courte. Branches déprimées, très-nombreuses, dressées autour de la tige qu'elles recouvrent entièrement.

Biota orientalis nana aureo-variegata. *David.*

BIOTA D'ORIENT NAIN DORÉ.

Très-belle variété naine à rameaux et feuilles panachées d'un beau jaune d'or.

Biota orientalis pyramidalis glauca. *Hort.*

BIOTA D'ORIENT PYRAMIDAL GLAUQUE.

Tige droite. Rameaux étalés-redressés. Feuilles des rameaux distantes, opposées, courtes, épaisses, squamiformes, larges à la base, longuement décurrentes, acuminées-aiguës, celles des ramules et des ramilles adnées, très-petites, strictement imbriquées par paires; les faciales comprimées, sillonnées au milieu; les dorsales convexes, obtuses, toutes d'un vert foncé glauque.

Cette variété paraît vigoureuse; elle est remarquable et distincte par sa tenue pyramidale et la nuance de ses feuilles.

Biota orientalis pyramidalis nana. *Hort.*

BIOTA D'ORIENT PYRAMIDAL NAIN.

Branches et rameaux strictement dressés, ramules et ramilles courts, comprimés-dressés. Feuilles des rameaux opposées, distantes, très-courtes, très-élargies à la base, décurrentes, acuminées, piquantes. Celles des ramilles, imbriquées sur quatre rangs, très-petites, convexes et obtuses sur le dos, toutes d'un beau vert tendre.

Joli arbuste de forme pyramidale régulière de deux à trois mètres.

Biota orientalis stricta. *Carr.*

BIOTA D'ORIENT A RAMEAUX ÉTROITS.

Syn. : THUIA JAPONICA. *Hort.*

Branches peu nombreuses, portant des ramules et des ramilles dressés, compactes. Cette variété assez distincte s'élève en pyramide grêle peu garnie.

Biota orientalis Tatarica. *Endl.*

BIOTA DE TARTARIE.

Feuilles squamiformes, opposées; celles des branches et des rameaux écartées; celles des ramules et des ramilles très-rapprochées, étroitement imbriquées, toutes longuement décurrentes, brusquement rétrécies au sommet en une pointe obtuse ou subaiguë.

Arbrisseau de 4—5 mètres à branches inférieures étalées, les supérieures dressées, formant ainsi une pyramide dense à base élargie.

Originaire du nord de l'Asie, de la Chine et de l'Himalaya. Espèce très-rustique.

Biota orientalis Tatarica variegata. *Hort.*

BIOTA DE TARTARIE PANACHÉ.

Variété assez vigoureuse, de forme pyramidale. Branches et rameaux nombreux, dressés, couverts de nombreuses ramilles, courtes, légèrement étalées, à feuilles panachées d'un jaune pâle.

Biota species hils of India.

BIOTA ESPÈCE DES MONTS DE L'INDE.

Rameaux dressés, très-grêles, ramules très-courts, comprimés, légèrement étalés. Feuilles: celles des rameaux squameuses, acuminées, apprimées, largement décurrentes, promptement marcescentes ; celles des ramilles imbriquées sur quatre rangs, celles des faces apprimées, squameuses, élargies à la base, faiblement acuminées au sommet, les marginales obtuses, carénées, très-étroitement imbriquées, toutes d'un vert gai luisant.

Biota triangularis. *Hort.*

BIOTA A RAMEAUX TRIANGULAIRES.

Branches dressées, effilées. Ramilles courtes, nombreuses, dressées, étalées, disposées sur toutes les parties des branches.

Biota Zuccarini. *Sieboldt.*

BIOTA DE ZUCCARINI.

Rameaux grêles, dressés, ramules et ramilles étalés, redressés, très-comprimés. Feuilles squamiformes, opposées, longuement décurrentes, acuminées, aiguës, obtuses et plus courtes vers le sommet des ramilles, étroitement imbriquées, les faciales très-petites, les marginales carénées en dehors, toutes d'un beau vert luisant, légèrement glaucescent.

CALLITRIS. *Ventenat.*

CUPRESSINÉES-ACTINOSTROBÉES.

Strobiles à quatre valves, les alternes plus petites, mono ou dispermes. Graines à 2 ailes sublunées. Feuilles opposées, quelquefois ternées, persistantes.

Callitris quadrivalvis. *Vent.*

THUIA ARTICULÉ DE L'ATLAS.

Feuilles, dans les jeunes individus de semence, quaternées ou ternées, longues, aciculaires, étalées ou défléchies ; puis aciculaires, linéaires, opposées, disparaissant bientôt, et alors squamiformes, coriaces, largement adnées, décurrentes, très-petites ou presque nulles. Branches dressées, étalées, diffuses. Rameaux dichotomes, pennés, ou bipennés, comprimés, articulés.

Originaire des montagnes de l'Algérie et du Maroc, où il prend de grandes proportions en grosseur, avec une élévation moyenne de 15—20 mètres. Sa croissance est lente. Assez commun sur le littoral de la Provence. Bois excellent, résineux, très-odorant et incorruptible, employé à Alger pour les plafonds, les portes et les balcons. Les gros pieds, très-rares actuellement, fournissent de magnifiques placages pour meubles, admirables par leurs marbrures, d'un rouge noirâtre foncé.

CEDRUS. *Link.* CÈDRE.

ABIÉTINÉES-SAPINÉES.

Feuilles persistantes, presque tétragones, subulées, aciculaires, raides et très-piquantes, éparses sur les jeunes rameaux, fasciculées sur les ramilles. Cônes gros, à écailles caduques à la chute des graines.

Cedrus Atlantica. *Manetti.*

CÈDRE DE L'ATLAS.

Syn. : CEDRUS ARGENTEA. *Hort.* CÈDRE ARGENTÉ.

Tronc droit, effilé, lisse, à bourgeon terminal dressé. Branches étalées, assez longues; ramules courts, écorce gris de fer. Feuilles aciculaires, argentées, courtement et finement mucronées, aiguës, subtétragones, lâches, solitaires dans les jeunes bourgeons; rapprochées en fascicules serrés autour des ramules et des ramilles, longues de 3—5 centimètres. Cônes moyens, presque petits, ovoïdes, obtus, longs de 6—7 centimètres, larges de 4—5, ayant au sommet une cavité centrale de 8—10 millimètres de large, sur 3 —5 de profondeur au milieu, d'un brun violet foncé, portés sur un pétiole gros, très-court. Ecailles larges, arrondies, très-serrées.

Arbre au port majestueux et élancé, de 40—50 mètres de hauteur sur 1 mètre à 1 mètre 50 centimètres de diamètre, croissant en vastes forêts sur les pentes de l'Atlas, en Algérie, jusqu'à la limite des neiges persistantes et s'étendant jusque dans le Maroc. Espèce beaucoup plus rustique que le C. Libani, très-distincte par son port et surtout par son beau feuillage argenté. Découvert en 1837 par M. Renou et la commission scientifique. Nous avons reçu en 1839 les premiers cônes importés en Europe de ce Cèdre et de la variété *Viridis*, dus à l'obligeance de M. Royer, alors garde général des forêts à Alger, et depuis cette époque, nous avons reçu de grandes quantités de graines dont les provenances ont été distribuées dans toute l'Europe et jusque dans l'Amérique du Nord.

Nous possédons de nos premiers semis de beaux pieds en pleine vigueur d'environ 15 mètres de hauteur sur une tige droite et élancée; ils commencent à porter des cônes.

Cet arbre, par sa rusticité, sa croissance prompte et la qualité presque incorruptible de son bois, ainsi que par la facilité avec laquelle il réussit dans les terrains les plus arides, doit trouver une large place dans les reboisements forestiers.

Cedrus Atlantica albo-spica. *C. S.*

CÈDRE DE L'ATLAS A POINTES ARGENTÉES.

Très-jolie variété dont les jeunes pousses sont d'un blanc pur.

Cedrus Atlantica aureo-variegata. *C. S.*

CÈDRE DE L'ATLAS PANACHÉ DORÉ.

De nos semis; très-remarquable par des ramules panachés d'un beau jaune d'or. Feuilles plus courtes et plus ténues. Variété vigoureuse.

Cedrus Atlantica cinerea. *C. S.*

CÈDRE DE L'ATLAS CENDRÉ.

Magnifique variété à rameaux étalés. Feuilles tétragones entièrement recouvertes d'une poussière glauque-argentée-bleuâtre. D'un grand effet.

Très-distinct et très-remarquable même auprès du C. Deodara. Obtenu dans nos semis.

Cedrus Atlantica viridis. *C. S.*

CÈDRE DE L'ATLAS VERT.

Espèce confondue à tort avec le C. Libani, beaucoup plus rapprochée du C. Atlantica argentea, avec lequel elle croît sur l'Atlas. Elle en diffère cependant par ses feuilles plus ténues, moins agglomérées, très-piquantes, et surtout par la forme de ses cônes plus gros, renflés au milieu et dont la cavité supérieure contient une protubérance mamelonée, ses branches sont moins étalées, le feuillage est d'un beau vert luisant ; ces différences sont constantes et se reproduisent par le semis.

Depuis quelques années et sur nos conseils, les Cèdres de l'Atlas ont pris rang dans les plantations forestières, sur une assez large échelle ; ils supportent les plus grands froids et prospèrent sur nos montagnes à 1000—1150 mètres d'altitude.

Cedrus Deodara. *Loud.*

CÈDRE DEODARA.

Arbre de la plus grande beauté, pouvant atteindre 40—60 mètres de hauteur sur 3—4 mètres de diamètre. Bois incorruptible et d'une qualité supérieure. Tronc droit. Bourgeons terminaux inclinés ou réfléchis. Branches fortes, très-rameuses, étalées, défléchies, les inférieures souvent réfléchies et pendantes vers le sol. Écorce duveteuse. Feuilles longues de 3—6 centimètres, subtétragones, aciculaires, acuminées, piquantes, très-glauques, rapprochées en fascicules sur les ramules et les ramilles ; celle des jeunes bourgeons solitaires, distantes et alternes. Cônes dressés, situés à l'extrémité des jeunes ramilles, ovoïdes, très-obtus, longs de 8—12 centimètres, larges d'environ 7—8. Écailles larges, lamelliformes, d'un beau brun ferrugineux, bordées à l'extrémité d'une bande bleu céleste, très-fortement imbriquées, réfléchies, à bords entiers presque membraneux.

Originaire de l'Himalaya, où il croît sur des pentes presque verticales à 1500 et jusqu'à 4000 mètres d'altitude et sur les hautes montagnes du Cachemyr. C'est l'arbre sacré des Indiens, réservé pour les constructions des temples. On a trouvé dans les ruines détruites par l'incendie depuis plus de 2000 ans, des solives à peine atteintes sur 2 à 3 centimètres d'épaisseur et conservées intérieurement, dont le bois est de la couleur et presque de la consistance de l'agate. Ceci confirme notre opinion, sur l'incombustibilité des bois de Cèdres et de Mélèzes.

Cedrus Deodara crassifolia. *Hort.*

CÈDRE DEODARA A FEUILLES ÉPAISSES.

Bois gros, court. Feuilles courtes et épaisses, distantes, plus argentées. Rameaux et ramilles courts, raides, à peine réfléchis. Arbre d'une croissance lente.

Cedrus Deodara gracilis. *C. S.*

CÈDRE DEODARA A TIGES GRÊLES.

Jolie variété issue de nos semis, à rameaux grêles, pendants. Écorce blanchâtre. Feuilles très-ténues, tétragones, recourbées, longues de 4—6 centimètres, remarquables, distinctes et d'un aspect gracieux.

Cedrus Deodara robusta. *Carr.*

CÈDRE DEODARA ROBUSTE.

Variété très-distincte et très-remarquable par sa vigueur, par le volume de ses rameaux largement étalés, par ses feuilles très-grosses, très-longues et très-glauques qui atteignent une longueur de 8—10 centimètres.
C'est un des plus beaux cèdres. Très-rustique.

Cedrus Deodara variegata. *Laws.*

CÈDRE DEODARA A POINTES BLANCHES.

Arbre affectant une forme parfaitement pyramidale. Tige droite, non réclinée au sommet, très-vigoureuse. Feuilles assez distantes, ténues, longues de 5—8 centimètres, toutes blanches sur les nouvelles pousses, d'un bel effet.

Cedrus Deodara variegata alba. *C. S.*

CÈDRE DEODARA PANACHÉ DE BLANC.

Variété peu vigoureuse, obtenue dans nos semis. Branches très-grêles, étalées, diffuses, s'élevant peu. Feuilles très-ténues, distantes, longues de 5—8 centimètres, presque toutes d'un blanc pur.

Cedrus Deodara viridis. *Knight.*

CÈDRE DEODARA VERT.

Feuilles beaucoup plus ténues que dans l'espèce et d'un beau vert clair très-prononcé. Variété vigoureuse et très-belle.

Cedrus intermedia. *C. S.*

CÈDRE INTERMÉDIAIRE.

Cette belle espèce nous a été transmise en 1836 par M. Fischer, jardinier en chef des jardins impériaux de Pétersbourg sous le nom de Deodara, comme provenant de graines apportées du Thibet par M. Tatischeff. Elle nous semble être une espèce intermédiaire entre les C. Deodara et Libani. Elle tient à ce dernier par ses branches fortes, étalées et par son port : mais elle est plus touffue et plus dense ; elle ressemble au C. Deodara viridis par ses feuilles, très-ténues, longues de 30—45 millimètres, très-piquantes et d'un beau vert clair très-luisant.
Arbre d'une grande vigueur, d'un beau port et très-remarquable. Il ne nous a pas encore donné des cônes.

Cedrus Libani. *Barrel.*

CÈDRE DU LIBAN.

Arbre d'un port majestueux, célèbre dans l'antiquité. Originaire de l'Asie Mineure, sur le Liban et le Taurus, où il couvre une étendue de plus de 80 kilomètres de longueur, en vastes forêts. Il s'élève à plus de 35 mètres de hauteur sur 2—4 mètres de diamètre. Son bois très-lourd et compacte est incorruptible. Il croît sur les terrains les plus arides et les plus secs. Il résiste bien au froid dans nos contrées et doit être placé au premier rang des arbres forestiers à placer sur les pentes au midi.
Branches très-grosses, longues et horizontales, quelquefois ascendantes. Rameaux éta-

lés, ramules et ramilles très-nombreux, courts. Feuilles des jeunes bourgeons, longues de 25—35 millimètres, isolées, éparses; celles des fascicules, longues de 12—20 millimètres ; les unes et les autres subtétragones, aciculaires, mucronées, aiguës. Cônes dressés, ovoïdes, légèrement ventrus, un peu rétrécis vers le sommet, obtus, déprimés, longs de 8—12 centimètres, larges de 6—8, portés sur de très-courts et très-gros pédoncules ligneux, très-durs. Écailles très-serrées, larges d'environ 35—40 millimètres, cunéiformes vers l'onglet, se détachant en partie de l'axe à la maturité des graines.

Graines résineuses d'environ 8—10 millimètres, oblongues ou subtrigones pointues, surmontées d'une aile roussâtre.

Cedrus Libani argentea. *C. S.*

CÈDRE DU LIBAN TOUT ARGENTÉ.

Variété obtenue dans nos cultures, à rameaux nombreux en pyramide touffue, à feuilles courtes, ténues, piquantes, très-rapprochées. Toutes les sommités sont entièrement blanches au printemps, ce qui lui donne un aspect étrange et très-remarquable.

Cedrus Libani aurea. *C. S.*

CÈDRE DU LIBAN TOUT DORÉ.

Autre variété du même genre, mais dont les feuilles sont dorées.

Cedrus Libani aureo-variegata. *C. S.*

CÈDRE DU LIBAN PANACHÉ DORÉ.

Variété très-belle à panachures dorées persistantes.

Cedrus Libani decidua. *C. S.*

CÈDRE DU LIBAN A FEUILLES CADUQUES.

Arbuste buissonneux, presque rabougri, peu vigoureux, d'une croissance très-lente. Branches assez nombreuses, courtes. Ramilles très-rapprochées, très-courtes. Feuilles caduques, très-petites, à peine longues de 4—5 milli-mètres, très-ténues, aciculaires, terminées en pointe aiguë, non piquante, écorce rude par la persistance des pétioles.

Voici une anomalie des plus rares et des plus étranges : une variété à feuilles caduques produite par une espèce à feuilles persistantes. Ayant remarqué pendant plusieurs années dans nos arbres en pot, un Cèdre du Liban se dépouillant chaque hiver de ses feuilles, nous l'avions cru malade ou rongé aux racines de quelque ver. Après nous être assuré du contraire nous le plantâmes en pleine terre dans notre *Pinetum* où il a continué à se comporter de la même manière. Des greffes placées sur des sujets vigoureux ont conservé les mêmes caractères. Malheureusement le pied mère que nous avons été forcé de déplacer ne prend presque plus d'accroissement et semble près de périr.

Cedrus Libani fastigiata. *Hort.*

CÈDRE DU LIBAN PYRAMIDAL.

Rameaux nombreux érigés en pyramide touffue. Très-belle variété, très-vigoureuse.

Cedrus Libani fastigiata viridis. *C. S.*

CÈDRE DU LIBAN VERT PYRAMIDAL.

Arbre pyramidal. Tige droite robuste. Rameaux latéraux nombreux, courts, redressés contre la tige. Ramules très-courts. Feuilles ténues d'un beau vert lustré.

Cedrus Libani hybrida Deodaræ. *C. S.*

CÈDRE DU LIBAN HYBRIDE DU CÈDRE DEODARA.

Voici un fait que nous tenons à constater :

Un fort pied de Cèdre du Liban, semé par nous en 1827, lequel s'élève actuellement à 17 mètres 80 cent., avec une circonférence de 3 mètres 25 cent., était resté presque sté-rile jusqu'en 1865; mais au printemps de 1866 nous en avons recueilli près de 200 cônes fertiles et bien conformés, dont les graines ont été immédiatement semées.

Quel a été notre étonnement en reconnaissant dans les jeunes sujets provenant de ce semis un certain nombre de Cèdres Deodara purs, à tige allongée et réclinée au som-met, à feuilles longues et glauques, enfin avec tous les caractères de cette espèce. La majeure partie réunit les caractères mixtes des deux parents, et une autre fraction se rapproche du C. Libani. Les diverses formes se sont de plus en plus accentuées en 1867 par l'accroissement des jeunes tigelles, et aujourd'hui il ne nous reste aucun doute sur l'origine mixte de ces Cèdres, que nous conserverons avec tous les soins possibles dans la prévision d'y rencontrer des formes toutes nouvelles. Mais quelle est la cause de cette production hétérogène ?

A 35 mètres de distance de notre C. Libani est planté un fort C. Deodara, qui n'a pas encore produit de cônes; il fut couvert en 1865 d'une énorme quantité de chatons mâles, dont le pollen porté par les vents produisait parfois d'épais nuages de couleur de soufre.

C'est donc ainsi qu'ont été fécondés en grande partie les cônes naissants de notre C. du Liban.

Cedrus Libani multicaulis. *Audib. Fr.*

CÈDRE DU LIBAN MULTICAULE.

Variété naine obtenue par MM. Audibert frères de Tonelle, en forme de pyramide écrasée. Feuilles ténues, tétragones, d'un beau vert foncé. Branches dressées très-nom-breuses. Rameaux et ramules courts, érigés.

Cedrus Libani glauca. *Carr.*

CÈDRE DU LIBAN GLAUQUE.

Grand arbre pyramidal à flèche inclinée obliquement. Branches étalées, redressées à l'extrémité. Feuilles irrégulièrement tétragones glauques argentées en dessus, arrondies et vertes en dessous, brusquement terminées par une pointe obtuse. Variété très-distincte et très-remarquable.

Cedrus Libani glauca pendula. *C. S.*

CÈDRE DU LIBAN GLAUQUE PENDANT.

Très-belle variété obtenue dans nos cultures, à feuilles glauques comme la précédente, mais à rameaux étalés, ensuite pendants.

Cedrus Libani nana. *Loud.*

CÈDRE DU LIBAN NAIN.

Arbrisseau nain en forme de boule, dépassant rarement deux mètres de hauteur.

— —

Cedrus Libani nana pyramidata. *C. S.*

CÈDRE DU LIBAN NAIN PYRAMIDAL.

Cette curieuse variété provient de notre premier semis de Cèdre du Liban en 1827, ainsi que le fort pied de 18 mètres de haut ; elle atteint environ 2 mètres en 1867. Tronc très-gros, très-ramifié. Branches et ramules très-nombreux, strictement érigés, ramilles ténues, étalées, courtes. Feuilles très-ténues, subtétragones, longues de 15—20 millimètres.

Pyramide très-compacte, régulièrement conique. Variété très-distincte et très-belle.

Cedrus Libani pendula. *C. S.*

CÈDRE DU LIBAN PLEUREUR.

Variété nouvelle, bien distincte et aussi vigoureuse que l'espèce. Tronc droit, rameaux allongés, étalés, promptement réfléchis, puis verticalement pendants jusqu'à terre. Feuilles de forme et de longueur très-variables. Arbre d'un aspect vraiment pittoresque. Isolé sur une pelouse, il produira le plus grand effet.

Cedrus Libani stricta. *Carr.*

CÈDRE DU LIBAN ÉRIGÉ.

Tige droite et élancée. Branches très-rapprochées, dressées. Feuilles d'un vert gris, argentées et luisantes.

Cette variété par ses branches très-rapprochées, courtes, dressées, constitue une pyramide conique, étroite, très-compacte, cachant entièrement la tige.

CEPHALOTAXUS. *Sieb. et Zucc.*

TAXINÉES.

Anthères triloculaires. Graines drupacées, ovoïdes-allongées. Albumen uni. Feuilles linéaires, persistantes.

Cephalotaxus Drupacea. *Sieb.* et *Zucc.*

CEPHALOTAXUS DRUPACÉ.

Feuilles presque distiques, subsessiles, linéaires, falquées, de 2—4 centimètres de longueur, larges de 5 millimètres, cuspidées, vertes en dessus, marquées en dessous de deux lignes glauques. Branches verticillées horizontales. Ramules distiques.

Bel arbre de la Chine et du Japon près de Nangasaki, où il est cultivé ; croissant spontanément dans les montagnes jusqu'à 660 mètres d'altitude et où il s'élève à 10 mètres de hauteur. Introduit en 1848. Très-rustique.

Cephalotaxus Fortunei. *Hook.*

CEPHALOTAXUS DE FORTUNE.

Arbre de 15—20 mètres de hauteur. Branches verticillées, horizontalement étalées. Rameaux et ramules distiques, souvent opposés, ayant quelque ressemblance avec les feuilles d'un Cycas. Feuilles : celles des rameaux distiques, presque opposées, longues de 4—8 cent., larges de 3—5 millimètres, récurvées, arquées, coriaces et d'un vert foncé en dessus, glauques en dessous, épaissies au milieu, qui est légèrement caréné, sessiles ou très-courtement pétiolées, atténuées au sommet en une pointe très-aiguë ; les caulinaires, dans les jeunes individus de semis, alternes, longues de 8—12 centimètres, larges parfois de 8 millimètres. Graines longues de 18—25 millimètres, larges d'environ 10, à testa ligneux.

Bel arbre, très-rustique, découvert par M. Fortune, dans le Nord de la Chine : on le trouve aussi au Japon. Importé en 1848.

Cephalotaxus Fortunei fœmina. *Hort.*

CEPHALOTAXUS DE FORTUNE FEMELLE.

Semblable à l'espèce.

Cephalotaxus Fortunei robusta. *Carr.*

CEPHALOTAXUS DE FORTUNE ROBUSTE.

Port plus régulier et plus raide que dans l'espèce. Feuilles plus planes et plus larges que celles de cette dernière. Variété très-belle, de beaucoup préférable au type et qui supporte mieux le soleil. Elle s'élève aussi beaucoup plus que ce dernier.

Cephalotaxus pedunculata. *Sieb.* et *Zucc.*

CEPHALOTAXUS A FEUILLES PÉTIOLÉES.

Arbre dioïque, atteignant 6—8 mètres de hauteur, formant une masse très-compacte. Branches très-nombreuses, à écorce brunâtre, verticillées, à verticilles rapprochés. Rameaux distiques, souvent opposés, à écorce vert foncé. Feuilles distiques, subopposées, réfléchies, arquées, longues de 3—5 centimètres, larges de 4—5 millimètres, épaisses, légèrement falquées, d'un vert foncé en dessus, luisantes en dessous et parcourues par une nervure saillante, étroitement aiguë, marquées de chaque côté de la nervure de deux bandes glaucescentes, sessiles ou très-courtement pétiolées, brusquement raccourcies au sommet et terminées par un mucron obtus, assez gros.

Habite le Japon, très-bel arbre, très-rustique. Introduit en 1837.

Cephalotaxus pedunculata fastigiata. *Carr.*

CEPHALOTAXUS PÉDONCULÉ PYRAMIDAL.

Syn. : PODOCARPUS KORAYANA. *Sieb.*

Arbrisseau très-rameux. Branches strictement dressées, aussi verticales que la tige, longuement effilées, très-rarement ramifiées. Ramules courts, cannelés par suite de la longue décurrence des feuilles. Feuilles très-rapprochées, sessiles, épaisses, alternes, arquées, revolutées, longues de 3—6 centimètres, larges d'environ 3 millimètres, d'un vert très-foncé, luisantes en dessus, glaucescentes en dessous, parcourues sur le milieu par une nervure saillante, terminées au sommet par un mucron court, plus ou moins aigu.

Très-bel arbre pyramidal, originaire de la Corée et du Japon, parfaitement rustique.

CHAMÆCYPARIS. *Spach.*

CUPRESSINÉES VRAIES.

Arbres à ramules et ramilles comprimés. Feuilles squamiformes, très-rapprochées, étroitement appliquées, adnées, décurrentes, persistantes.

Chamæcyparis filifera. *Veitch.*

CHAMÆCYPARIS A RAMEAUX FILIFORMES.

Nouvelle espèce importée du Japon à rameaux filiformes. Ramilles alternes, distiques, étalées, déprimées. Feuilles squamiformes, acuminées, sessiles, très-élargies à la base et longuement décurrentes, opposées par paires, distantes sur les rameaux, très-rapprochées, strictement imbriquées sur les ramilles, les latérales étalées, épaisses, légèrement concaves en dedans, fortement carénées en dehors, terminées par un fin mucron, piquant, blanchâtre ; les faciales très-petites, adnées, acuminées, toutes d'un beau vert glaucescent et souvent couvertes d'une poussière argentée farinacée.

Très-belle plante remarquable et distincte, ayant quelques ressemblances pour le port avec le C. Nutkaensis, probablement rustique. Importée en 1866.

Chamæcyparis lycopodioïdes. *Gord.*

CHAMÆCYPARIS EN FORME DE LYCOPODE.

Plante naine, assez vigoureuse. Rameaux très-irréguliers, gros, monstrueux, parfois subtétragones et contournés, parfois aussi comme un peu fasciés-crispés, ramilles irrégulièrement disposées, quelquefois groupées au sommet des rameaux. Feuilles très-petites, de formes très-variées, très-rapprochées autour des rameaux, opposées, irrégulièrement imbriquées, adnées et apprimées à la base, un peu écartées au sommet, carénées sur le dos, terminées au sommet par une pointe aiguë, non piquante, toutes d'un vert foncé, un peu glaucescentes.

Joli arbuste toujours vert. Introduit du Japon en 1861 par M. Fortune, parfaitement rustique.

Chamæcyparis Nutkaensis. *Spach.*

CHAMÆCYPARIS DE NUTKA.

Syn. : THUIOPSIS BOREALIS. *Hort.*

Arbre de 30 mètres et plus de hauteur, d'une grande vigueur. Branches nombreuses, dressées, étalées ; rameaux nombreux, étalés, quelquefois pendants, à ramilles distiques, comprimées. Feuilles squamiformes, étroitement imbriquées, acuminées, aiguës dans les jeunes individus, plus tard courtement ovales, obtuses chez les plantes adultes, toutes glaucescentes, principalement dans les jeunes plantes. Strobiles solitaires, globuleux, de 6—8 millimètres de diamètre, composés de 4 écailles subtrapéziformes, portant vers le centre un mucron élargi, tuberculeux, fortement renflé à la base, d'un vert glaucescent, souvent marqué de larges taches d'un violet noir. Graines par 2-3, insérées à la base de chaque écaille, à tégument osseux, cartilagineux, prolongé de chaque côté en une aile membraneuse.

Nous avons récolté en 1865 sur un de nos pieds mères quelques graines qui ont parfaitement levé. Cette année, 1867, plusieurs sujets forts sont couverts de strobiles très-gros et parfaitement conformés, ce qui nous permettra de le reproduire par semence, en quantité suffisante.

Ce bel arbre, d'une forme très-élégante, est originaire de l'Amérique boréale, d'où il a été introduit par la Russie en 1851 ; il forme une pyramide très-élargie à la base et très-compacte, son bois est de qualité excellente. Il est parfaitement rustique et croît dans tous les terrains.

Chamæcyparis Nutkaensis cupressoïdes. *Carr.*

CHAMÆCYPARIS DE NUTKA EN FORME DE CYPRÈS.

Jolie variété moins répandue que l'espèce. Tige droite ; rameaux très-nombreux, étalés et réclinés, puis retombants. Ramules et ramilles distiques, étalés, distants. Feuilles ressemblant à celles de l'espèce, mais à peine glaucescentes.

Forme très-élégante en large pyramide, à rameaux étagés presque régulièrement. Aussi rustique que l'espèce.

Chamæcyparis Nutkaensis variegata. *Carr.*

CHAMÆCYPARIS DE NUTKA PANACHÉ.

Jolie variété très-distincte par ses feuilles et ramilles panachées d'un blanc pur.

Chamæcyparis Nutkaensis viridis. *Hort.*

CHAMÆCYPARIS DE NUTKA VERT.

Variété à ramules et feuilles d'un beau vert clair.

Chamæcyparis obtusa. *Sieb.* et *Zucc.*

CHAMÆCYPARIS OBTUS.

Syn. : RETINOSPORA OBTUSA. *Sieb.* et *Zucc.*

Feuilles persistantes, squamiformes, adnées, ovales, rhomboïdales, obtuses ou peu aiguës, décussées, quadrisériées, appliquées sur les rameaux et presque adnées dans toute leur longueur ; celles de la rangée intérieure, ovales, rhomboïdales, planes ; celles des séries latérales carénées, comprimées sur chacun des bords, légèrement aiguës, presque falciformes, du double plus longues que les premières. Strobiles solitaires, sessiles au sommet des ramilles, de la grosseur d'un pois, composés de 8—10 écailles décussées, cunéiformes à la base, élargies au sommet, parallélipipèdes, brièvement bombées au centre, un peu rugueuses. Graines 2 à la base de chaque écaille, dressées, oblongues, elliptiques, très-petites, comprimées, presque orbiculaires, un peu déformées par la pression, d'un roux brun, bordées d'une aile membraneuse.

Arbre magnifique toujours vert, appelé, au Japon : la gloire des forêts. Son tronc droit et raide atteint 20—30 mètres de hauteur, sur 1 mètre 50 centimètres à 2 mètres de diamètre. Ses branches sont étalées en éventail, d'un vert clair et luisant ; son bois blanc, fin et compacte, acquiert, lorsqu'il est poli, le brillant de la soie. Il est dédié au soleil et réservé pour la construction des temples de cette divinité, ainsi que pour les ustensiles de la cour du Mikado. Sa culture est très-répandue dans toutes les parties du Japon.

Habite au Japon, les montagnes de l'île Nippon, où il constitue de vastes forêts. Introduit en 1862. Très-rustique.

Chamæcyparis obtusa argentea. *Carr.*

CHAMÆCYPARIS OBTUS A FEUILLES ARGENTÉES.

Syn. : RETINOSPORA KETELEERI VARIEGATA. *Fortune.*

Rameaux étalés, allongés. Ramilles comprimées. Feuilles adnées, opposées, décussées, squamiformes, appliquées, décurrentes, marginées d'un léger liseré argenté, carénées en dehors, terminées par un mucron aigu, panachées en partie d'un blanc jaunâtre.
Très-belle variété un peu délicate, craint le soleil.

Chamæcyparis obtusa nana. *Carr.*

CHAMÆCYPARIS OBTUS NAIN.

Syn. : RETINOSPORA OBTUSA NANA.

Variété beaucoup plus petite que l'espèce, distincte par ses branches, ses rameaux beaucoup plus grêles et plus courts.

Chamæcyparis obtusa nana aurea. *Carr.*

CHAMÆCYPARIS OBTUS NAIN DORÉ.[1]

Variété de la précédente, dont elle se distingue par l'extrémité de ses rameaux d'un beau jaune doré au printemps.

Chamæcyparis obtusa pyæa. *Carr.*

CHAMÆCYPARIS OBTUS MINIATURE.

Syn. : RETINOSPORA PYGMÆA.

Petit arbuste buissonneux, couché, à ramules et ramilles très-courts et très rapprochés, disposés en sorte de panaches flabelliformes horizontaux, étalés presque sur le sol.

Chamæcyparis pisifera. *Sieb.* et *Zucc.*

CHAMÆCYPARIS A PETITS FRUITS.

Feuilles squamiformes, ternées ou quaternées, adnées, décussées, les latérales ovales, lancéolées, distiques, carénées en dehors, acuminées ou cuspidées, vertes en dessus, marquées en dessous d'une large bande argentée, elliptiques ; celles des séries supérieures et inférieures plus courtes, vertes, cuspidées, adnées. Rameaux alternes, étalés, garnis de nombreux ramules et ramilles étalés, subdistiques. Strobiles globuleux de la grosseur d'un pois.
Arbre de dimensions moindres que celles du C. Obtusa. Tronc moins élevé, écorce plus obscure, d'un aspect élégant, très-rustique. De l'île Nippon. Introduit en 1862.

Chamæcyparis pisifera aurea. *Carr.*

CHAMÆCYPARIS A PETITS FRUITS A FEUILLES DORÉES.

Variété beaucoup plus naine que l'espèce, à feuilles d'une couleur jaune d'or au commencement de la pousse, ne verdissant jamais complétement et conservant toujours une teinte jaune pâle.
Jolie espèce, un peu délicate. Du Japon.

Chamæcyparis pisifera flavescens. *Carr.*

CHAMÆCYPARIS A PETITS FRUITS A FEUILLES JAUNATRES.

Sans être panachée dans le sens du mot, cette variété se distingue surtout par la couleur de ses feuilles d'un blanc jaunâtre.

Chamæcyparis pisifera nana variegata. *Veitch.*

CHAMÆCYPARIS A PETITS FRUITS NAIN PANACHÉ.

Très-jolie variété. Plante très-naine, buissonneuse, compacte. Ramules courts, très-garnis de feuilles, les uns verts et mélangés çà et là de quelques autres d'un beau jaune d'or devenant ensuite jaune pâle. Panachure très-constante.

Chamæcyparis plumosa. *C. S.*

CHAMÆCYPARIS PLUMEUX.

Syn. : RETINOSPORA PLUMOSA. *Veitch.*

Tige droite, assez grêle. Rameaux alternes, ténus, étalés. Ramilles subdistiques, courtes, étalées, un peu recourbées, nombreuses. Feuilles très-petites, très-fines, aciculaires, acuminées, sessiles, imbriquées, opposées, très-rapprochées, étalées, quelquefois recourbées, planes en dessus, arrondies en dessous, largement décurrentes, longues de 24 millimètres, se terminant graduellement par une fine pointe aiguë : toutes d'un beau vert tendre glaucescent.

Charmant arbuste nouvellement introduit du Japon par M. Veitch; d'un port des plus gracieux, assez compacte, et formant un excellent contraste avec les autres espèces d'un vert foncé. Parfaitement rustique.

Chamæcyparis plumosa argentea. *C. S.*

CHAMÆCYPARIS PLUMEUX A RAMEAUX ARGENTÉS.

Syn. : CHAMÆCYPARIS PISIFERA ARGENTEA. *Carr.*

Variété de l'espèce précédente, avec laquelle elle a beaucoup de rapports. Tige dressée, à petits rameaux écartés, dressés. Plante naine, différant de la précédente par ses panachures d'un blanc de neige. Très-jolie, un peu délicate.

Chamæcyparis pygmæa viridi-glaucescens. *C. S.*

CHAMÆCYPARIS PYGMÉE VERT GLAUCESCENT.

Arbuste très-nain, rameaux courts, étalés, ramilles nombreuses, alternes, distiques, étalées. Feuilles squamiformes acuminées; celles des rameaux opposées, distantes, étalées, à peine longues d'un millimètre, très-élargies à la base, largement décurrentes; celles des ramilles plus petites, très-pressées, strictement imbriquées, appliquées, les faciales plus courtes, toutes d'un beau vert glauque bleuâtre.

Nous avons reçu cette plante en 1867, de M. A. Veitch, sous le nom de Retinospora Leptoclada, avec lequel elle n'a pas le moindre rapport.

Chamæcyparis sphæroïdea. *Spach.*

CHAMÆCYPARIS A FRUITS GLOBULEUX. FAUX THUIA.

Arbre d'une croissance assez lente dans nos pays, s'élevant dans certains lieux de l'Amérique, à 25—30 mètres, sur 1 mètre environ de diamètre. Tige droite, très-branchue dès la base dans les jeunes individus, se dégarnissant un peu par le bas en vieillissant. Branches dressées, étalées, rarement déclinées, très-garnies de ramilles courtes, subdistiques. Feuilles squamiformes acuminées, très-petites, fortement imbriquées, adnées, décurrentes à la base, obtuses et très-courtement atténuées au sommet, portant une glande sur le dos. Strobiles sphéroïdaux, très-nombreux sur les petits ramules, à écailles ridées et mucronées vers le centre. Arbre originaire de l'Amérique boréale et du Canada. Introduit en 1736. Très-rustique. Bois léger, tendre, d'un grain assez fin, odorant, blanchâtre, prenant une teinte rosée lorsqu'il est exposé à l'air.

Chamæciparis sphæroïdea Andelysensis. *Carr.*

CHAMÆCYPARIS DES ANDELYS.

Syn. : RETINOSPORA LEPTOCLADA. *Gord.*

Arbrisseau de 3—4 mètres de hauteur, dressé en pyramide conique très-compacte. Branches nombreuses, dressées, courtes. Ramules et ramilles très-comprimés, larges, très-rapprochés, courts. Ceux des parties non caractérisées, presque cylindriques, portant des feuilles aciculaires, opposées, décussées, très-étroites, longues de 4-6 millimètres, molles, glaucescentes en dessous. Feuilles des ramules caractérisées, squamiformes, imbriquées, celles des côtés plus longues, écartées au sommet, très-aiguës, glauques sur les deux faces, mais beaucoup plus en dessous.
Cette variété très-remarquable, obtenue par M. Cauchois des Andelys, des graines du C. Sphæroïdea, figura sans nom à l'Exposition universelle de 1855, où nous l'avions remarquée. Achetée par MM. E. G. Henderson et fils, elle fut baptisée à tort sous le nom de Retinospora Leptoclada, avec lequel elle a reparu en France. Plante d'un bel effet. Très-rustique.

Chamæcyparis sphæroïdea fastigiata. *C. S.*

CHAMÆCYPARIS SPHÉROÏDE PYRAMIDAL.

Tige et rameaux dressés. Rameaux courts, rapprochés, dressés. Feuilles squamiformes, opposées, adnées, d'un beau vert clair.
Variété vigoureuse et distincte, érigée en colonne étroite, serrée, obtenue dans nos cultures. Très-rustique.

Chamæcyparis sphæroïdea fastigiata glauca. *C. S.*

CHAMÆCYPARIS SPHÉROÏDE PYRAMIDAL GLAUQUE.

Autre belle variété obtenue dans nos semis, offrant les mêmes caractères que la précédente, mais dont toutes les feuilles et les jeunes ramules sont couverts d'une poussière glauque argentée.

Chamæcyparis sphæroïdea Kewensis. *Knight.*

CHAMÆCYPARIS SPHÉROÏDE DE KEW.

Arbrisseau plus petit que l'espèce. Branches nombreuses, courtes, étalées. Ramules étalés, quelquefois défléchis. Feuilles étroitement imbriquées. Variété distincte par la couleur glaucescente bleuâtre de ses feuilles et de ses jeunes rameaux.

Chamæcyparis sphæroïdea nana. *Endl.*

CHAMŒCYPARIS SPHÉROÏDE NAIN.

Arbrisseau très-nain, compacte, à rameaux nombreux, glaucescents, formant un petit buisson arrondi, presque sphérique.

Chamæcyparis sphæroïdea variegata. *Endl.*

CHAMÆCYPARIS SPHÉROÏDE A FEUILLES PANACHÉES.

Belle variété aussi vigoureuse que l'espèce, très-remarquable par ses ramules déliés et allongés et par ses feuilles panachées d'un beau jaune d'or.
Nous avons obtenu de nos semis une variété aussi belle et moins délicate que l'espèce.

Chamæcyparis sphæroïdea viridis. *Hort.*

CHAMÆCYPARIS SPHÉROÏDE VERT FONCÉ.

Variété très-distincte par ses rameaux et par ses feuilles d'un vert très-foncé, sans trace de glaucescence.

SOUS-GENRE.

RETINOSPORA. *Carr.*

Strobiles à écailles dispermes. Feuilles aciculaires persistantes.

Retinospora Ericoïdes. *Zucc.*

RETINOSPORA A FEUILLES DE BRUYÈRE.

Feuilles ternées, quelquefois opposées, étalées ou défléchies, planes, linéaires, longues de 4—5 millimètres, vertes, prenant en automne et pendant tout l'hiver une teinte violacée, légèrement convexes en dessus, squarreuses et glauques en dessous, sessiles, décurrentes, atténuées au sommet en une fine pointe.
Arbuste d'environ 2 mètres de haut, formant une pyramide étroite, très-compacte. Originaire du Japon, assez rustique. Introduit en 1843.

Retinospora Ericoïdes viridis. *Hort.*

RETINOSPORA A FEUILLES DE BRUYÈRE VERT.

Feuilles opposées, distantes, étalées, linéaires, molles, sessiles, planes en dessus, carénées en dessous, restant vertes tout l'hiver, longues de 10—12 millimètres, larges à peine de 1. Ramilles dressées-étalées, recourbées au sommet.
Petit arbuste touffu, disposé en pyramide élargie, obtuse, haute de 0.75 centimètres à 1 mètre. Très-rustique.

Retinospora dubia. *Carr.*

RETINOSPORA DOUTEUX.

Plante naine, formant un buisson arrondi, très-compacte. Tige nulle. Branches très-nombreuses, éparses, dressées. Ramules et ramilles dressés, cylindriques, très-grêles.

Feuilles linéaires, aciculaires, opposées, décussées, molles, longues de 7—10 millimètres, planes en-dessus, arrondies et à peine légèrement glaucescentes en dessous, d'un vert pâle ou grisâtre en dessus, très-brusquement atténuées au sommet en une pointe obtuse. Observée dans les cultures vers 1860. Très-rustique.

Retinospora Juniperoïdes. *Carr.*

RETINOSPORA A ASPECT DE GENÉVRIER.

Arbuste très-buissonneux, formant une large pyramide compacte, arrondie, obtuse au sommet. Branches subdressées, très-rapprochées. Ramules et ramilles excessivement nombreux, dressés, cylindriques. Feuilles aciculaires, opposées, décussées, étalées presque à angle droit, longues d'environ 6—10 millimètres, très-raides, coriaces, très-longtemps persistantes même après qu'elles sont sèches, d'un vert glauque ou bleuâtre, planes ou à peine concaves en dessus, épaissies, arrondies en dessous, marquées de deux lignes glauques, excessivement étroites, parfois à peine visibles, élargies à la base, puis s'atténuant jusqu'au sommet qui est raide, très-aigu et très-piquant. Introduit du Japon vers 1863. Rustique.

Retinospora Leptoclada. *Zucc.*

RETINOSPORA LEPTOCLADA.

Plante buissonneuse, élancée. Branches et rameaux nombreux, cylindriques, diffus, flexueux ou alternativement coudés, très-grêles. Feuilles molles, opposées, décussées, linéaires, étroites, longues de 6—8 millimètres; celles des ramules et des ramilles d'un vert pâle en dessus, glauques-argentées en dessous, brusquement acuminées, aiguës au sommet. Importé du Japon en 1861 par M. Veitch. Rustique.

Retinospora rigida. *Carr.*

RETINOSPORA ÉRIGÉ.

Feuilles opposées, sessiles, décussées, linéaires, lancéolées, étalées, élargies à la base, longuement décurrentes, naviculaires en dessus et traversées par une large bande glauque, carénées et glauques en dessous, longues de 4—5 millimètres, atténuées de la base au sommet et terminées par un mucron très-court, aigu.

Arbrisseau à branches érigées, raides, formant une pyramide conique compacte, s'élevant à 1—2 mètres de hauteur. Originaire du Japon. Assez rustique.

Retinospora squarrosa. *Sieb.*

RETINOSPORA SQUARREUX.

Feuilles décussées, opposées, ternées ou quaternées, linéaires aiguës, la plupart squarreuses, rarement dressées, courtes, lancéolées, presque squamiformes, décurrentes, d'un vert gai, longues de 7—9 millimètres, larges de 1, marquées en dessous de chaque côté de la nervure médiane de stomates ou stries longitudinales blanches.

Petit arbuste dressé en pyramide étroite de 1—4 mètres. Habite les forêts du mont Sukéjana au Japon. Introduit vers 1837. Assez rustique.

Retinospora squarrosa glauca.

RETINOSPORA SQUARREUX GLAUQUE.

Variété du précédent, à feuilles très-glauques sur les deux faces, planes ou légèrement concaves en dessus, arrondies ou carénées en dessous.

CRYPTOMERIA. *Don.*

CUPRESSINÉES-TAXODINÉES.

Feuilles alternes, persistantes, à écailles soudées avec la bractée, 4-6 spermes.
Graines à 2 ailes.

Cryptomeria elegans. *Veitch.*

CRYPTOMERIA ÉLÉGANT.

Tige droite, vigoureuse, cylindrique. Écorce d'un vert roussâtre. Bourgeons terminaux
réfléchis. Branches éparses, courtes, étalées, rarement dressées. Ramules et ramilles
ténus, divariqués, presque opposés, étalés, rarement dressés. Feuilles sessiles, décurrentes, linéaires, molles, aciculaires, subulées, éparses, étalées, légèrement recourbées, longues de 15—20 millimètres, d'un de largeur, traversées en dessus par un léger
sillon; arrondies en dessous, d'un beau vert glauque en été, prenant une teinte cuivrée en hiver lorsque l'arbre est exposé au soleil, brusquement acuminées au sommet en
une pointe scarieuse aiguë.
Superbe espèce nouvellement importée du Japon (1862) par M. J. G. Veitch. Arbre
d'une grande dimension, d'une croissance rapide, d'un port élégant, imitant celui d'un
jeune Araucaria Cunninghami, et d'une belle verdure glauque.

Cryptomeria Japonica. *Don.*

CRYPTOMERIA DU JAPON.

Feuilles persistantes, nombreuses, sessiles, charnues, subulées, falquées, incurvées,
comprimées latéralement, de là irrégulières, trigones ou subtétragones, acuminées au
sommet, longues de 12—15 millimètres, d'un beau vert tendre, beaucoup plus courtes sur
les tiges principales, décurrentes à la base, presque squamiformes. Bourgeons nus. Strobiles solitaires au sommet des ramilles, sessiles, dressés, globuleux, légèrement coniques,
d'un brun grisâtre et de 15—20 millimètres de diamètre. Écailles soudées à l'extrémité des
bractées, à onglet comprimé, divisées au sommet, lancéolées, aiguës, raides, lignescentes.
Arbre d'une grande beauté, atteignant 40 mètres et plus de hauteur sur 1—2 mètres de
diamètre, chargé de rameaux nombreux, dressés, étalés, allongés, souvent défléchis-
assurgents. Peu délicat sur la nature du sol, il préfère les terrains secs et pentueux à
l'exposition du midi. Habite le Japon, où il constitue de vastes forêts dans la partie méridionale, entre 200—400 mètres d'altitude. Rare dans les vallées. Bois blanc, léger.
Introduit en 1842. Rustique.

Cryptomeria Japonica Araucarioïdes. *Hort.*

CRYPTOMERIA DU JAPON A ASPECT D'ARAUCARIA.

Superbe variété, très-remarquable et très-distincte. Branches horizontales, peu ramifiées, déclinées. Feuilles plus courtes, plus distantes, plus épaisses et plus incurvées, d'un
vert gai qui résiste à l'hiver, régulièrement disposées autour des rameaux, longues de
5—10 millimètres. Par la forme et la disposition de ses feuilles, elle offre quelque ressemblance avec l'Araucaria Excelsa.
Arbre d'ornement d'un grand effet, surtout placé isolément, plus rustique que l'espèce
et conservant tout l'hiver la belle couleur vert brillant de ses feuilles.

Cryptomeria Japonica argenteo-variegata. *C. S.*

CRYPTOMERIA DU JAPON ARGENTÉ.

Variété naine, vigoureuse, obtenue dans nos cultures, dont les extrémités des rameaux et quelques ramilles sont d'un blanc argenté pur. Très-jolie.

Cryptomeria Japonica Athrotaxoïdes. *C. S.*

CRYPTOMERIA DU JAPON A ASPECT D'ARTHROTAXIS.

Rameaux grêles, dressés, rares. Feuilles fines, très-courtes, 3—6 millimètres, mucronées, aiguës. Trouvé dans nos semis.

Cryptomeria Japonica aureo-variegata. *C. S.*

CRYPTOMERIA DU JAPON A RAMILLES DORÉES.

Belle variété à nombreux rameaux et feuilles panachés d'un jaune d'or.

Cryptomeria Japonica crassifolia. *C. S.*

CRYPTOMERIA DU JAPON A FEUILLES ÉPAISSES.

Rameaux très-allongés horizontalement, gros, réclinés aux extrémités. Feuilles très-nombreuses, très-grosses, très-rapprochées, larges à la base et décurrentes, longues de 5—7 millimètres, épaisses à la base de 2 millimètres, subulaires, recourbées, glaucescentes.

Cryptomeria Japonica Lobbii. *Carr.*

CRYTOMERIA DE LOBB.

Branches plus courtes, plus droites et plus ramassées que chez l'espèce. Ramules plus nombreux et plus rapprochés, de forme plus compacte et plus dressée. Cet arbre plus rustique que l'espèce est aussi plus ornemental .
Introduit vers 1847 .

Cryptomeria Japonica macrocarpa. *C. S.*

CRYPTOMERIA DU JAPON A GROS STROBILES.

Semblable à l'espèce, mais très-distinct par ses strobiles, très-gros, larges de 25—30 mill., de forme conique, très-élargis à la base, composés de larges écailles en forme de losange, portant un gros mucron recourbé sur le dos, soudés à une large bractée, laquelle est terminée par de nombreux petits mucrons acuminés, recourbés, non piquants.

Cryptomeria Japonica mucronata. *Kœnig.*

CRYPTOMERIA DU JAPON A FEUILLES MUCRONÉES.

Cette variété a beaucoup de rapports avec le C. Araucarioïdes ; mais elle en diffère par ses branches plus grêles et ses feuilles moins épaisses, plus courtes et très-piquantes.

Cryptomeria Japonica nana. *Knight.*

CRYPTOMERIA DU JAPON NAIN.

Arbrisseau nain, buissonneux, diffus. Branches étalées, courtes, tortueuses. Rameaux et ramules divergents, très-nombreux, agglomérés au sommet, souvent fasciés. Feuilles plus rapprochées et plus courtes que dans l'espèce. Du nord de la Chine. Très-rustique.

Cryptomeria Japonica pungens. *Carr.*

CRYPTOMERIA DU JAPON PIQUANT.

Nouvelle espèce ou variété très-distincte ayant assez de ressemblance avec l'Araucaria Cunninghami glauca. Feuilles raides, piquantes, anguleuses, écartées, droites ou à peine légèrement incurvées, très-comprimées latéralement, glauques sur presque toutes les parties.

Cryptomeria Japonica viridis. *Carr.*

CRYPTOMERIA DU JAPON VERDOYANT.

Variété que l'on rencontre assez souvent dans les semis; feuilles d'un beau vert tendre ne rougissant pas en hiver.
Plus belle et plus rustique que l'espèce.

CUNNINGHAMIA. *R. Br.*

SÉQUOIÉES VRAIES.

Anthères triloculaires. Feuilles subdistiques, étalées, longuement acuminées, aiguës. Graines 3 sous chaque écaille.

Cunninghamia Sinensis. *R. Br.*

CUNNINGHAMIE DE LA CHINE.

Feuilles persistantes, subdistiques, étalées, acuminées, piquantes, rapprochées, alternes, longues de 4—6 centimètres, larges de 5—7 millimètres, étalées, falciformes, d'un vert gai, lisses et vertes en dessus, glaucescentes en dessous, de chaque côté de la nervure médiane. Des provinces australes de la Chine et du Japon, où il s'élève à une grande hauteur.
Arbre majestueux par son port et ses branches largement étalées. Il résiste assez bien à nos hivers lorsqu'il est adulte. Introduit en 1864.

Cunninghamia Sinensis glauca. *Carr.*

CUNNINGHAMIE DE LA CHINE GLAUQUE.

Cette variété ne diffère de l'espèce que par ses feuilles plus glauques à l'extrémité des rameaux.

CUPRESSUS. *Tournefort*. CYPRÈS.

CUPRESSINÉES VRAIES.

Arbres toujours verts. Rameaux pyramidaux, fastigiés ou étalés. Feuilles décussées, étroitement imbriquées, couvrant entièrement les rameaux, squamiformes, coriaces, rhomboïdales, plus rarement subaciculaires, étalées. Cônes globuleux, à écailles dures, peltées, épaissies en forme de clous plantés sur l'axe central, mucronées vers le centre. Graines nombreuses sous chaque écaille.

Cupressus argentea. *Hort*.

CYPRÈS ARGENTÉ.

Tige grêle, écailleuse, recourbée à l'extrémité. Rameaux et ramules courts, alternes. Feuilles squamiformes, étroitement apprimées, obtuses, très-petites, imbriquées, d'un beau vert glauque sur les jeunes rameaux.

Cupressus Benthamiana. *Endl*.

CYPRÈS DE BENTHAM.

Branches étalées, arrondies. Feuilles squamiformes, imbriquées, ovales, aiguës au sommet. Strobiles globuleux, d'environ 18 millimètres, à écailles rugueuses, assez longuement mucronées. Des régions froides et montagneuses du Mexique.

Cupressus Brasiliensis. *Hort*.

CYPRÈS DU BRÉSIL.

Branches étalées, alternes ; rameaux et ramures distiques, comprimés. Feuilles squamiformes, étroitement imbriquées, très-courtes, terminées par un mucron aigu, d'un beau vert gai.

Cupressus Bregeoni. *Hort*.

CYPRÈS DE BREGEON.

Branches grêles, squameuses par la chute des feuilles. Ramules et ramilles opposés, très-rapprochés, dressés, étalés. Feuilles squamiformes, imbriquées, très-petites, étroitement apprimées, obtuses, rarement aiguës, d'un beau glauque argenté.
Arbuste de 2—3 mètres. De la région nord de la Californie.

Cupressus Californica. *Carr*.

CYPRÈS DE LA CALIFORNIE.

Branches allongées, étalées ou dressées, distantes, peu ramifiées. Rameaux portant des ramules courts, très-étalés, à angle droit. Feuilles squamiformes, étroitement imbriquées, aiguës le long des rameaux, obtuses sur les ramilles, glaucescentes, plus tard vertes. Arbres vigoureux et rustiques de Californie. Importé en 1847.

Cupressus Cashmeriana. *Royle.*

CYPRÈS DE CASHEMIRE.

Branches grêles. Ramules opposés, dressés, recourbés, portant de courtes ramilles subdistiques, apprimées, recourbées. Feuilles squamiformes, très-courtes, étroitement imbriquées, étalées, presque aciculaires, aiguës, d'un beau vert glauque argenté sur toutes les faces.

Habite le Thibet. Introduit en 1862. Espèce très-gracieuse et très-distincte, un peu sensible à la gelée.

Cupressus Cashmerica. *Hort.*

CYPRÈS DE CASHEMIRE NOUVELLE ESPÈCE.

Tige grêle, cylindrique. Feuilles linéaires, aciculaires, verticillées par 3, sessiles, plus ou moins horizontalement étalées, d'un beau vert foncé.

Cupressus Corneyana. *Knight.*

CYPRÈS DE CORNEY.

Petit arbre de l'Himalaya, s'élevant environ à 4 mètres. Branches et ramilles grêles, effilées et allongées, tombantes. Espèce très-gracieuse et très-ornementale. Introduit en 1847. Assez rustique.

Cupressus excelsa. *Scott.*

CYPRÈS ÉLEVÉ.

Syn. : CUPRESSUS SKINNERI.

Tige droite effilée. Branches courtes. Rameaux dressés, minces. Feuilles caulinaires quaternées, les raméales ternées, quelquefois opposées, toutes décurrentes à la base, étroites, acuminées, aiguës au sommet, de longueur variable : celles de l'extrémité des rameaux plus courtes, presque imbriquées, d'un beau vert tendre.

Bel arbre, originaire du Guatemala, sur les montagnes de Santa-Cruz et de Cachequil, où il s'élève à plus de 30 mètres. Bois dur et excellent. Il demande un bon sol et une exposition chaude. Introduit en 1852.

Cupressus fastigiata. *D. C.*

CYPRÈS PYRAMIDAL.

Grand arbre de plus de 30 mètres dans le midi, d'un port élancé, pyramidal, cime conique, effilée. Branches fastigiées, très-rapprochées. Rameaux dressés. Ramules nombreux, complétement recouverts de feuilles squamiformes, imbriquées, opposées, décussées, appliquées, obtuses ou aiguës, carénées, convexes sur le dos, très-petites. Strobiles globuleux, ovales, gros, obtus, longs de 2—3 centimètres, composés de 10 écailles, dont les deux supérieures soudées, légèrement bombées et parfois mucronées.

Originaire de Grèce et de l'Asie Mineure. Employé pour l'ornement des tombeaux. Bois rougeâtre, dur, compacte, odorant, très-durable.

Introduit vers 1848.

Cupressus fastigiata cereiformis. *Carr.*

CYPRÈS PYRAMIDAL EN COLONNE.

Tige droite, élancée, robuste, devenant très-forte. Branches très-courtes, très-ténues, éparses sur toutes les parties de la tige, qu'elles recouvrent étroitement. Ramilles très-courtes. Feuilles squamiformes semblables à celles de l'espèce, mais plus petites.
Variété très-remarquable, obtenue en 1854 par M. Ferrand, de Cognac.

Cupressus fastigiata monstrosa. *Hort.*

CYPRÈS PYRAMIDAL MONSTRUEUX.

Ramules et ramilles gros, subtétragones, monstrueux, parfois légèrement fasciés. Variété naine.

Cupressus fastigiata pendula. *Hort.*

CYPRÈS PLEUREUR.

Tige droite, vigoureuse. Rameaux grêles, allongés, recourbés, puis bientôt strictement pendants. Ramules opposés, étalés. Ramilles très-courtes, éparses. Feuilles squamiformes, étroitement apprimées, adnées, obtuses, d'un vert foncé glaucescent. Variété très-distincte et très-remarquable.

Cupressus fastigiata Thuiæfolia. *Hort.*

CYPRÈS PYRAMIDAL A FEUILLES DE THUIA.

Branches et rameaux strictement dressés, à ramilles très-courtes. Feuilles squamiformes, petites, étroitement imbriquées.

Cupressus Fortuselli. *Hort.*

CYPRÈS DE FORTUSELL.

Plante naine, assez compacte. Branches dressées. Ramules et ramilles très-petits, subtétragones, comprimés, glaucescents.

Cupressus funebris. *Endl.*

CYPRÈS FUNÈBRE DES CHINOIS.

Grand arbre, très-pyramidal dans sa jeunesse. Branches nombreuses dressées. Rameaux dressés, étalés ou pendants. Ramilles distiques, courtes, souvent comprimées. Feuilles nombreuses dans les jeunes individus de graines, aciculaires, étalées, ternées ou quaternées, souvent glaucescentes ; les autres squamiformes, étroitement appliquées, quelquefois légèrement étalées, acuminées au sommet. Les arbres âgés ayant une cime largement étalée, les rameaux pendants comme un saule pleureur, mais avec une élégance bien supérieure.
Espèce des plus remarquables, originaire du nord de la Chine, où elle atteint 20 mètres et plus de hauteur. Introduit par M. Fortune en 1848. Rustique.

Cupressus funebris gracilis. *Hort.*

CYPRÈS FUNÈBRE GRACIEUX.

Branches étalées, grêles, réfléchies. Ramules distants, longuement effilés, pendants. Ramilles distiques, très-ténues, courtes. Variété remarquable par toutes ses parties allongées, grêles, lâches et peu serrées.

Cupressus funebris viridis. *Hort.*

CYPRÈS FUNÈBRE VERDOYANT.

Variété très-élégante. Rameaux grêles. Ramules gracieusement inclinés. Ramilles distiques; comprimées. Feuilles squamiformes, étroitement appliquées. Très-distincte par la nuance de son feuillage d'un beau vert gai.

Cupressus Goveniana. *Gord.*

[CYPRÈS DE LORD GOVEN.

Feuilles imbriquées, épaisses, disposées par 4, d'un vert gai, étalées, distantes, aciculaires, terminées par une pointe aiguë et déliée sur les jeunes bourgeons. Branches alternes, presque opposées et pendantes. Rameaux disposés en spirales, souvent opposés, épais, d'un beau vert. Cônes globuleux, agglomérés. Buisson épais, de 2—3 mètres de hauteur; il habite les pentes ouest des montagnes de Monterey, en Californie.

Cupressus Hartwegii. *Carr.*

CYPRÈS D'HARTWEG.

Feuilles squamiformes, opposées et ternées; celles des jeunes sujets assez longues, presque aciculaires, cylindriques; celles de la tige et des rameaux vigoureux très-distantes, élargies, décurrentes à la base, étalées au sommet, aiguës, mucronées; celles des ramules et des ramilles plus rapprochés, rétrécies en une pointe courte, subcylindrique. Tige droite, recouverte d'une écorce lisse, verte, puis rouge fauve, finalement brunâtre. Branches rapprochées, dressées, souvent confuses. Rameaux nombreux, vigoureux et longs, dressés, rarement étalés. Strobiles ovales-oblongs, gros, composés de 10 écailles ligneuses brunes, portant au-dessous du sommet un mucron gros, court, obtus.
Habite aux environs de Monterey, en Californie. Introduit en 1847. Assez rustique.

Cupressus Hartwegii fastigiata. [*Carr.*

CYPRÈS D'HARTWEG FASTIGIÉ.

Tige élancée. Ramules et ramilles courts, étalés, irrégulièrement distants. Feuilles squamiformes, les unes presque aciculaires, étalées, les autres plus courtes et plus apprimées.

Cupressus horizontalis. *Mill.*

CYPRÈS ÉTALÉ.

Cime étalée, un peu diffuse. Branches dressées, puis étalées. Ramules cylindriques, quelquefois tétragones; les plus jeunes aplatis. Feuilles étroitement appliquées, un peu aiguës, convexes non carénées sur le dos. Strobiles ovales, subglobuleux, à écailles bombées.

Arbre originaire de Crète et d'Asie Mineure. Introduit en 1548. Plus rustique que le C. fastigiata.

Cupressus Kæmpferi. *Hort.*

CYPRÈS DE KÆMPFER.

Syn. : CUPRESSUS ATTENUATA. *Carr.*

Feuilles squamiformes, aciculaires-aiguës, étalées, courtes, imbriquées, d'un beau vert glaucescent. Tige droite, cylindrique, à écorce d'un beau rouge canelle foncé. Ramules et ramilles courts, épars, étalés, récurvés, déprimés. Probablement originaire de la Chine et du Japon.

Cupressus Ketsii. *Hort.*

CYPRÈS DE KETS.

Tige grêle, tortueuse. Rameaux étalés, courts. Feuilles squamiformes, aciculaires, aiguës, imbriquées, verticillées par 3, très-courtes sur les ramilles, glauques sur toutes les faces. Variété très-distincte.

Cupressus Kewensis. *Hort.*

CYPRÈS DE KEW.

Tige grêle. Ramules courts, distants, épars, dressés. Feuilles squamiformes, largement décurrentes, fortement carénées, d'un beau vert foncé.

Cupressus Knightiana. *Perry.*

CYPRÈS DE KNIGHT.

Syn. : CUPRESSUS ELEGANS. *Hort.*

Arbre vigoureux et d'une croissance très-rapide, atteignant 30 mètres et plus de hauteur, sur 80—90 centimètres de diamètre, à écorce lisse, d'abord glaucescente, bientôt rougeâtre, puis d'un violet brun. Branches éparses, longuement étalées, relevées au sommet, distantes, les supérieures horizontales, grêles, subdistiques. Ramules nombreux, comprimés, garnis de ramilles distiques, aplaties, étalées ou déclinées, disposées dans tous les sens autour du rameau. Feuilles squamiformes, opposées, jamais ternées, celles des bourgeons, vigoureuses, distantes, élargies et longuement décurrentes ; celles des ramilles plus courtes, plus rapprochées et plus fortement imbriquées, toutes acuminées, aiguës. Strobiles sphériques, d'environ un centimètre de diamètre, souvent réunis en petits faisceaux, sur de courtes ramilles, à écailles glaucescentes, puis brunes et luisantes, portant au centre un long mucron tuberculiforme.

Très-belle espèce disposée en pyramide conique. Habite les montagnes du Mexique. Introduit en 1840. Rustique.

Cupressus Lambertiana. *Gord.*

CYPRÈS DE LAMBERT.

Syn. : CUPRESSUS MACROCARPA. *Hartw.*

Arbre très-vigoureux, atteignant 25 mètres et plus de hauteur sur 80 centimètres à un mètre de diamètre. Tige droite, parfois penchée au sommet.

Branches nombreuses, longues, alternes, horizontalement étalées, souvent confuses. Ramules et ramilles distants, gros, courts, étalés, souvent défléchis. Feuilles squamiformes, opposées et ternées, étroitement imbriquées, épaisses, très-rapprochées, appliquées dans toute leur longueur et courtement terminées en une pointe obtuse. Strobiles oblongs, longs de 25—35 millimètres, larges de 20—25, anguleux et comme taillés à facettes sur toutes les parties.

C'est une des plus belles espèces du genre. Habite les montagnes des environs de Monterey. Introduit en 1839. Très-rustique.

Cupressus Lambertiana stricta. *C. S.*

CYPRÈS DE LAMBERT.

Tige droite, élancée, grosse, cylindrique, écorce d'un vert tendre, puis d'un brun-canelle clair. Ramules et ramilles très-courts, dressés. Feuilles imbriquées par 3, aciculaires, étalées, très-rapprochées, longuement décurrentes, planes en dessus, parcourues de 2 bandes glaucescentes, arrondies en dessous et terminées par un court mucron jaunâtre ; celles des principales branches longues de 5 millimètres, larges de 1—2 ; celles des ramilles beaucoup plus petites et très-rapprochées, toutes d'un beau vert gai.

Cupressus Lawsoniana. *Murray.*

CYPRÈS DE LAWSON.

Syn. : CHAMŒCYPARIS BOURSIERI. *D^{ne}.*

Feuilles squamiformes, ovales, acuminées, apprimées, imbriquées, écartées au sommet, très-aiguës, longuement décurrentes, distantes sur les jeunes rameaux, très-rapprochées sur les ramilles, marquées de lignes glauques, d'un aspect bleuâtre. Branches étalées, très-rapprochées, arrondies, à écorce lisse, d'un brun canelle cendré. Ramules et ramilles très-nombreux, distiques, gros, subcylindriques ou presque tétragones, à angles arrondis, très-densement chargés de feuilles glauques. Strobiles solitaires, très-nombreux à l'extrémité de courtes ramilles, de la grosseur d'un pois, subsphériques, de couleur brune, recouverts d'une poussière glauque, composés de 6-8 écailles rhomboïdales ou trapéziformes, fortement épaissies sur le milieu, avec une protubérance tuberculiforme vers le sommet, comprimée, réfléchie, mucronée. Graines nombreuses, petites, comprimées sur les bords en une aile membraneuse.

Arbre magnifique et d'une croissance rapide, originaire des montagnes du nord de la Californie et des vallées humides, par 40—42 degrés de latitude ; il s'élève à 35 mètres et plus de hauteur, sur 1 mètre 80 centimètres de diamètre. Son port est des plus gracieux. Bois d'excellente qualité, facile à travailler, très-odorant. Il est des plus rustiques et pourra prendre rang parmi les essences forestières.

Nous avons reçu cette belle espèce en 1854 de graines importées directement de la Californie.

Cupressus Lawsoniana argentea. *Hort.*

CYPRÈS DE LAWSON ARGENTÉ.

Jolie variété à rameaux très-étalés, à feuilles marbrées de blanc.

Cupressus Lawsoniana aureo-variegata. *Watterer.*

CYPRÈS DE LAWSON PANACHÉ DORÉ.

Rameaux déliés, déprimés, très-étalés, souvent réclinés. Ramilles et feuilles panachées d'un beau jaune d'or. Variété très-remarquable.

Cupressus Lawsoniana compacta nana. *C. S.*

CYPRÈS DE LAWSON NAIN COMPACT.

Rameaux très-courts, gros, nombreux, érigés, recourbés au sommet. Ramules très-rapprochés, distiques, étalés. Feuilles très-petites, très-rapprochées, étroitement imbriquées. Variété naine, très-distincte, très-compacte, érigée en forme conique.

Cupressus Lawsoniana elegantissime variegata. *C. S.*

CYPRÈS DE LAWSON A POINTES BLANCHES.

Rameaux et ramules dressés, puis légèrement inclinés, alternes, subdistiques, déprimés. Feuilles d'un beau vert glauque, toutes d'un blanc pur à l'extrémité des jeunes rameaux. Variété élégante et très-vigoureuse.
Obtenue dans nos semis.

Cupressus Lawsoniana fastigiata. *C. S.*

CYPRÈS DE LAWSON FASTIGIÉ.

Branches et rameaux très-rapprochés, déprimés, strictement érigés. Ramilles plus courtes que dans l'espèce. Belle variété obtenue dans nos semis, aussi vigoureuse que l'espèce, mais très-distincte par sa forme en pyramide serrée, très-compacte.

Cupressus Lindleyi. *Klotsch.*

CYPRÈS DE LINDLEY.

Syn. : CUPRESSUS THURIFERA. *Lindley.*

Branches distantes, celles de la base étalées ou réfléchies; celles du sommet dressées.
Rameaux étalés, divariqués, couverts de ramules, portant des ramilles courtes, tétragones par l'imbrication des feuilles. Feuilles d'un vert foncé, glaucescentes, très-rapprochées, élargies à la base, acuminées, ovales, aiguës, étroitement imbriquées et apprimées, carénées, enfin légèrement écartées.
Arbre de 15—20 mètres d'élévation. Originaire du Mexique.

Cupressus Lindleyana alba. *Hort.*

CYPRÈS DE LINDLEY.

Rameaux horizontalement étalés, réclinés au sommet. Feuilles de la tige et des rameaux distantes, éparses, apprimées, acuminées, aiguës; celles des ramilles étroitement imbriquées, aiguës. Belle variété très-remarquable par sa panachure, d'un blanc pur, très-constante.

* Cupressus Lusitanica. *Mill.*

CYPRÈS DE GOA.

Tige droite. Branches irrégulières, grosses, étalées, défléchies, assurgentes, parfois pendantes. Ramules et ramilles nombreux, étalés, souvent divariqués, tétragones par l'imbrication des feuilles. Feuilles squamiformes, distantes et longuement appliquées, décurrentes sur les rameaux, élargies à la base, acuminées, pointues au sommet, glauques, plus petites, très-rapprochées, fortement imbriquées sur les ramules, strobiles sphériques, petits ou moyens, très-pruineux, glaucescents, composés de 6-8 écailles trapéziformes, peltées, fortement mucronées. Graines nombreuses.

Arbre de 15—20 mètres de hauteur, introduit du Japon en 1683, et comme naturalisé en Portugal; très-fréquent dans le midi de la France.

* Cupressus Lusitanica tristis. *Carr.*

CYPRÈS DE GOA PLEUREUR.

Tige élancée, grêle. Branches courtes, défléchies, pendantes contre la tige, formant ainsi une colonne très-étroite. Feuilles squamiformes, longuement décurrentes, très-glauques et terminées par une pointe fine, piquante.

* Cupressus Lusitanica variegata. *Law.*

CYPRÈS DE GOA PANACHÉ.

Variété délicate; diffère de l'espèce par ses feuilles et ramilles panachées.

Cupressus Mac-Nabiana. *Murray.*

CYPRÈS DE MAC-NAB.

Feuilles squamiformes, opposées par paires, distantes, étalées, élargies à la base, décurrentes, glauques, terminées par une pointe aiguë dans les jeunes tiges; carénées, ovales, obtuses, apprimées sur les rameaux adultes, épaisses, largement imbriquées, avec une très-petite glande sur le dos, d'un beau vert glauque. Rameaux très-courts, raides, entièrement recouverts sur 2 rangs de petites feuilles imbriquées, ovales, pointues. Ramilles étalées, courtes. Strobiles globuleux, d'environ 6—8 millimètres de diamètre, disposés en sorte de grappes à la partie supérieure des branches, à 6 écailles mucronées.

Des montagnes du nord de la Californie, à une altitude d'environ 1500 mètres, où il s'élève à 6—8 mètres en buisson de forme pyramidale. Introduit en 1856. Très-rustique.

Cupressus majestica. *Knight.*

CYPRÈS MAJESTUEUX.

Des montagnes du Cashmire et du Népaul. Branches alternes, étalées à écorce gris-jaunâtre, réclinées au sommet. Ramules gros, distants. Ramilles courtes, subdistiques, légèrement comprimées. Feuilles des branches squamiformes, distantes, longuement décurrentes, légèrement étalées au sommet, terminées par un mucron très-aigu; celles des ramules et des ramilles opposées-décussées, adnées, imbriquées sur 4 rangs.

Arbre assez rustique, d'un port majestueux, d'une apparence robuste, à rameaux étalés en forme de palme et d'un beau vert.

Cupressus religiosa. *Knight.*

CYPRÈS DES CULTES.

Arbuste nain, compacte. Branches courtes, grêles, dressées, déclinées au sommet. Ramules et ramilles très-courts, étalés, distiques, à écorce d'un gris cendré. Feuilles squamiformes, adnées, imbriquées, très-petites, parfois étalées, acuminées, aiguës, toutes d'un vert pâle. Espèce délicate et d'une croissance lente.

Cupressus Schomburgii. *Hort.*

CYPRÈS DE SCHOMBURG.

Rameaux étalés, distants. Ramules alternes, étalés, quelquefois retombants. Ramilles courtes, étalées, tétragones, distiques. Feuilles distantes sur les rameaux squamifères, adnées, largement décurrentes, opposées, imbriquées, très-rapprochées sur les ramilles, légèrement étalées, d'un beau vert.

Cupressus Smithiana. *Hort.*

CYPRÈS DE SMITH.

Espèce vigoureuse et des plus rustiques. Branches dressées, légèrement déclinées au sommet. Rameaux cylindriques à écorce d'un brun cendré. Ramules et ramilles épais; les premiers attachés à la tige par un gros empatement. Feuilles squamiformes, étroitement apprimées au sommet en une pointe aiguë.

Cupressus torulosa. *Don.*

CYPRÈS TORULEUX.

Bel arbre pouvant atteindre 15—20 mètres, en pyramide compacte. Tige droite, réclinée au sommet. Branches nombreuses, dressées-étalées, cylindriques, peu allongées, grêles et défléchies dans les jeunes sujets. Ramules et ramilles étalés, courts. Feuilles petites, squamiformes, très-rapprochées et étroitement imbriquées, parfois légèrement écartées au sommet, apprimées, un peu aiguës, carénées en dessous, glaucescentes dans les jeunes sujets, d'un vert grisâtre, dans les plantes adultes. Strobiles sphériques, parfois un peu déprimés, composés d'écailles subrhomboïdales ou presque trapéziformes, brunâtres, légèrement glaucescentes avec un court mucron réfléchi au milieu.

Habite le Boutan et le Nepaul, jusqu'à 2000—3000 mètres d'altitude et plus. Introduit en 1826, assez rustique.

Cupressus torulosa erecta glauca. *Hort.*

CYPRÈS TORULEUX PYRAMIDAL GLAUQUE.

Belle variété à rameaux érigés, glauques-argentés.

Cupressus torulosa flagelliformis. *Hort.*

CYPRÈS TORULEUX FILIFORME.

Rameaux et ramules nombreux, épars, réclinés.

Cupressus torulosa pendula. *Hort.*

CYPRÈS TORULEUX PENDANT.

Belle variété à rameaux allongés étalés et retombants.

Cupressus torulosa viridis. *Knight.*

CYPRÈS TORULEUX VERDOYANT.

Plus grêle et plus déliée que le type dans toutes ses parties, cette variété s'en distingue encore par la couleur verte de ses ramilles grêles, souvent pendantes.

Cupressus Uhdeana. *Gord.*

CYPRÈS D'UHDE.

Feuilles petites, opposées par deux, glauques, étroitement imbriquées, obtuses, carénées en dessous, souvent traversées au milieu par un léger sillon en dessus, très-rapprochées, décurrentes, un peu écartées au sommet. Branches nombreuses, grêles, longues, cylindriques, à écorce d'un brun foncé, toutes couvertes de feuilles dressées, disposées autour de la tige. Cônes petits, globuleux.

Habite le Real-di-Monte au Mexique, à une élévation de 2000—3000 mètres, où il a été découvert par M. Uhde. Arbre de 12—17 mètres de hauteur, d'un bel aspect, assez rustique.

Cupressus Uhdeana argentea. *David.*

CYPRÈS D'UHDE GLAUQUE ARGENTÉ.

Tige dressée. Ramules et ramilles courts, dressés, puis retombants. Feuilles linéaires-aiguës redressées, glauques argentées.

Cupressus Uhdeana, nova species. *Hort. Belg.*

CYPRÈS D'UHDE NOUVEAU.

Tige droite. Rameaux dressés. Ramules et ramilles nombreux, étalés. Feuilles très-petites, squamiformes, imbriquées, écartées au sommet, aiguës.

Cupressus Withleyana. *Gord.*

CYPRÈS DE WITHLEY.

Branches nombreuses, dressées, assurgentes. Ramules droits, très-rapprochés. Feuilles de la base, dans les jeunes rameaux, longues de 4—8 millimètres, très-étroites, étalées ; celles des rameaux adultes plus rapprochées, plus courtes, imbriquées ; toutes décurrentes à la base, acuminées, obtuses au sommet, d'un vert glaucescent.

Arbre s'élevant à 25—30 mètres de hauteur, originaire du Népaul et de l'Himalaya. Introduit en 1852, assez rustique.

Cupressus Withleyana squarosa. *Hort.*

CYPRÈS DE WITHLEY SQUARREUX.

Variété du précédent à écorce rude.

DACRYDIUM. *Solander.*

PODOCARPÉES.

Arbres très-élevés, toujours verts, indigènes des Indes-Orientales et de la Nouvelle-Zélande, très-rameux, à rameaux souvent pendants. Feuilles alternes, plus
rarement opposées, petites, subulées, acéreuses ou squamiformes, presque cylindriques, très-rarement presque planes, étroitement imbriquées, portant de toutes
parts des stomates.

*Dacrydium cupressiforme. *Carr.*

DACRYDIUM EN FORME DE CYPRÈS.

Arbrisseau buissonneux et compacte. Branches étalées, diffuses. Rameaux et ramules
minces, subcylindriques, quelquefois anguleux, subtétragones par l'insertion des feuilles.
Feuilles squamiformes, couvertes, apprimées, adnées à la base, opposées, décussées,
étroitement imbriquées, légèrement convexes et carénées en dessus, marquées de chaque
côté de la carène d'un ligne glauque.
Habite les montagnes de la Nouvelle-Zélande. Orangerie.

*Dacrydium cupressinum. *Solander.*

DACRYDIUM A ASPECT DE CYPRÈS.

Arbre de 40-60 mètres de haut et de 4—5 mètres de diamètre. Tronc droit, cylindrique, longtemps garni de feuilles marcescentes. Écorce brunâtre ou roussâtre, puis d'un
gris clair. Branches éparses, étalées, puis défléchies et tombantes. Rameaux irrégulièrement distants, dichotomes, grêles, très-allongés, peu ramifiés, à ramifications
filiformes, le tout longuement pendant. Feuilles alternes, subulées, très-rapprochées,
épaisses, raides, presque cylindriques, étalées, recourbées, largement adnées, décurrentes
à la base, d'un vert roux cuivré, très-brusquement acuminées au sommet en un petit
mucron aigu.
Habite la partie moyenne et australe de la Nouvelle-Zélande, où il forme de vastes
forêts. Arbre très-remarquable par sa tenue et la délicatesse de ses rameaux pleureurs.
Introduit en 1825; Orangerie.

* Dacrydium elatum. *Wall.*

DACRYDIUM ÉLEVÉ.

Grand arbre, très-rameux. Tronc droit, cylindrique, couvert de feuilles marcescentes.
Écorce gris cendré. Branches nombreuses, éparses, étalées, défléchies, les supérieures
presque dressées. Rameaux et ramules nombreux, grêles, pendants. Feuilles disposées en
spirales très-rapprochées, étalées; celles de la tige et des principales branches plus
courtes et plus distantes, élargies, décurrentes à la base, redressées au sommet; celles
des rameaux et des ramules étalées, finement aciculaires, presque cylindriques, longues
de 8—12 millimètres, lisses, d'un vert clair. Graines ovoïdes tétragones.
Très-jolie espèce conservant bien sa belle verdure pendant l'hiver, habite les montagnes
de Sumatra, à Pulo-Pinang. Orangerie.

* **Dacrydium Franklinii.** *Hook.*

DACRYDIUM DE FRANKLIN.

Arbre atteignant 25—35 mètres de hauteur sur 2 mètres de diamètre, à cime élancée, ramassée, presque arrondie. Branches dressées, étalées, souvent défléchies. Rameaux très-chargés de ramules grêles, courts et flexibles, pendants. Feuilles petites, squamiformes, très-rapprochées, subopposées, fortement appliquées, décurrentes, concaves en dessous, convexes et carénées, aiguës en dessus, étroitement imbriquées, d'un beau vert luisant.

Habite la Tasmanie, près du fleuve Huon, où il devient un très-grand arbre des plus utiles par les qualités de son bois; son port est d'une grande élégance. Orangerie ou pleine terre dans le midi de France. Un de nos sujets placé en pleine terre dans une position ombragée, n'a pas été atteint par les gelées depuis six ans.

DAMMARA. *Rhumphius.*

ARAUCARIÉES.

Arbres très-élevés, très-résineux, originaires de l'Océanie, des îles Moluques, de la Sonde et de la Nouvelle-Zélande. Feuilles opposées et alternes, subelliptiques, atténuées, obtuses au sommet. Cônes ovoïdes ou subglobuleux, formés d'écailles coriaces, ligneuses, très-imbriquées. Graines solitaires, libres.

* **Dammara alba.** *Rhumph.*

DAMMARA VERT BLANCHATRE.

Tronc droit, presque quadrangulaire par la longue décurrence des feuilles. Rameaux gros, courts, horizontalement étalés, à écorce blanchâtre. Feuilles distantes, opposées, décussées, parfois subdistiques, ovales-elliptiques, planes, quelquefois révolutées, épaisses, coriaces, très-entières, lisses et d'un beau vert gai, comme vernissées sur les deux faces, longues de 8—12 centimètres, larges de 3—4, portées sur un pétiole large, canaliculé, long de 1 centimètre, obtuses et arrondies au sommet. Orangerie.

* **Dammara australis.** *Lamb.*

DAMMARA AUSTRAL.

Très-grand arbre s'élevant à 40—50 mètres sur un diamètre de 2 mètres et plus. Bois blanc, très-résineux, de qualité supérieure. Tronc droit, élancé, assez gros, recouvert d'une écorce noir cendré devenant ensuite grise. Branches plus ou moins distantes, opposées, subverticillées, étalées ou défléchies, très-renflées à la base par une gibbosité volumineuse. Rameaux opposés ou ternés, très-allongés, grêles, peu ramifiés, souvent défléchis. Feuilles sessiles, alternes et distantes sur le tronc, plus rapprochées, opposées, subdistiques sur les rameaux, longues de 5—8 centimètres, larges de 10—15 millimètres, longtemps persistantes, elliptiques, quelquefois subfalquées, épaisses, coriaces, d'un vert brunâtre métallique en dessus, moins foncé en dessous, maculées sur les deux faces de points rugueux, d'un brun noirâtre, rétrécies et tordues à la base, obtuses au sommet. Cônes dressés, presque sphériques, d'environ 5—7 centimètres de diamètre. Introduit en 1823.

Orangerie ou pleine terre dans le midi de la France.

* **Dammara Bidvillii**. *Hort.*

DAMMARA DE BIDWILL.

Espèce voisine du Dammara Moorii.

* **Dammara Brownii**. *Hort. angl.*

DAMMARA DE BROWN.

Tronc droit, fort, à écorce cannelée d'un vert foncé. Rameaux verticillés, étalés. Ramules et ramilles rares, courts, gros, étalés. Feuilles largement elliptiques, lancéolées, entières, ondulées et enroulées sur les bords, très-épaisses, coriaces, alternes sur la tige et sur les branches, opposées, subdistiques sur les rameaux, longues de 10—15 centimètres, larges de 5—6, arrondies et brusquement terminées vers le bas par un court et épais pétiole tordu, et au sommet en une pointe obtuse, d'un vert très-foncé en dessus, d'un vert gai en dessous.

Arbre d'une grande élévation, très-distinct et très-remarquable, encore fort rare. Introduit dans notre établissement en 1855 et présenté à l'Exposition universelle d'horticulture.

Habite la Nouvelle-Zélande. Orangerie.

* **Dammara Hypoleuca**. *Hort.*

DAMMARA HYPOLEUCA.

Tronc droit, raide. Branches subdressées, courtes. Boutons gemmaires, sphériques, rouges. Ecorce des rameaux très-lisse, luisante, d'un jaune pâle. Feuilles des rameaux opposées, subdistiques, très-régulièrement ovales, elliptiques, courtement et largement arrondies aux deux bouts, un peu atténuées à la base qui se termine en un fort et court pétiole rougeâtre, d'un vert clair en dessus, glauques, blanchâtres en dessous, bordées de toutes parts d'une ligne de couleur blanchâtre, comme celle des rameaux.

Habite la Nouvelle-Calédonie. Introduit vers 1862. Orangerie.

* **Dammara macrophylla**. *Lindl.*

DAMMARA A TRÈS-LARGES FEUILLES.

Tronc droit et raide. Branches verticillées par 3—5, droites, étalées. Ramules et ramilles rares, courts, étalés, distiques. Feuilles presque opposées, distiques, ovales, elliptiques, lancéolées, entières, parfois ondulées, distantes, épaisses, coriaces, d'un beau vert foncé, longues de 10—15 centimètres, larges de 3—4.

Grand arbre atteignant 30 mètres et plus, originaire de l'île de Vanicoïla, découvert par M. Moore. Orangerie.

* **Dammara Moorii**. *Lindley.*

DAMMARA DE MOORE.

Petit arbre dépassant rarement 12 mètres de hauteur. Port dressé, gracieux et élégant. Branches effilées, longues, à écorce blanc jaunâtre, très-lisses. Feuilles des rameaux distiques longuement lancéolées, légèrement falquées, rétrécies à la base, longues de 10—15 centimètres, larges de 2. épaisses, coriaces, d'un vert gai, luisantes sur les deux faces, à bords épaissis enroulés en dessus, très-longuement acuminées en une pointe obtuse.

Habite la Nouvelle-Calédonie, où il a été découvert par M. Moore. Introduit vers 1860. Orangerie.

* **Dammara obtusa.** *Lindley.*

DAMMARA A FEUILLES OBTUSES.

Tronc droit. Branches opposées, étalées. Feuilles elliptiques, oblongues, lancéolées, opposées, distiques sur les rameaux, entières, un peu canaliculées en dessus, longues d'environ 8—10 centimètres sur 3—4 de large, arrondies par le bas, obtuses au sommet, d'un beau vert gai sur les deux faces.

Arbre d'une grande élévation, très-précieux pour la qualité de son bois.

Habite l'île d'Aniteure, dans les Nouvelles-Hébrides, où il a été découvert par M. Moore. Orangerie.

* **Dammara orientalis.** *Lamb.*

DAMMARA D'ORIENT.

Grand arbre très-résineux, de 25—35 mètres de hauteur, sur 2—3 de diamètre. Tige droite, à écorce gris cendré, pubérulente ; celle des rameaux unie, d'un vert foncé. Branches cylindriques, très-rapprochées, subverticillées, étalées, redressées à l'extrémité. Rameaux et ramules étalés, opposés ou épars, légèrement comprimés. Feuilles distantes, décussées, opposées, parfois subdistiques dans les jeunes rameaux, ovales, elliptiques, planes, étalées, un peu récurvées en dessus, légèrement enroulées en dessous sur les bords, très-rarement falciformes, épaisses, coriaces, très-entières, d'un beau vert foncé en dessus, à peine un peu plus pâles en dessous, lisses et brillantes, longues de 7—12 centimètres, larges de 20—35 millimètres dans leur plus grand diamètre, sessiles ou très-longuement atténuées en un court pétiole, obtuses, arrondies au sommet. Cônes pédonculés, longs de 8—10 centimètres, larges d'environ 5, ovoïdes, cylindriques, arrondis, très-obtus.

Arbre d'une grande beauté, remarquable par son port pyramidal et le vert brillant de son feuillage, produisant une résine très-estimée.

Habite les hautes montagnes des îles Moluques, de Sumatra, de Java et de celles de la Sonde. Introduit en 1804. Encore très-rare. Orangerie.

EPHEDRA. *Tournefort.*

GNÉTACÉES.

Arbres, arbrisseaux nains ou arbustes très-rameux, dressés ou sarmenteux, à rameaux grêles, articulés, opposés, à graines bi ou tridentées, aphylles ou munies à l'extrémité de deux ou de quatre petites feuilles, presque nulles, ou réduites à des écailles.

* **Ephedra altissima.** *Desfont.*

EPHEDRA ÉLEVÉ.

Grand arbrisseau grimpant de 6—12 mètres de hauteur. Tige flexueuse, grêle. Jeunes rameaux articulés, sarmenteux, souvent légèrement anguleux, fragiles aux articulations, longuement filiformes, pendants. Feuilles longues de 4—20 millimètres, linéaires, pointues, souvent subverticillées, réduites à des écailles squamiformes sur les plantes adultes. Fruits ovales, rouges, formés de plusieurs écailles charnues et succulentes, mûrissant au printemps, d'un goût sucré assez agréable.

Habite la Sicile, l'Espagne, les environs de Tripoli, etc., commun dans certaines parties de la région méditerranéenne et même du midi de la France.

Ephedra vulgaris. *Rich.*

EPHEDRA COMMUNE.

Syn. : EPHEDRA DISTACHYA. *Schk.*

Petit arbuste touffu, ressemblant à un genêt. Cette espèce habite toute la région méditerranéenne, sur les dunes qu'elle consolide par ses racines traçantes. Rustique.

Ephedra vulgaris media. *C. A. Mey.*

EPHEDRA COMMUNE INTERMÉDIAIRE.

Syn. : EPHEDRA MONOSTACHYA. *Rich.*

Arbuste touffu de très-petites dimensions. Branches dressées ou étalées. Ramules très-petits, pendants, très-ramifiés à partir de la base. Habite l'Italie, la Hongrie, le Caucase.

FITZ-ROYA. *Hook, fils.*

CUPRESSINÉES-THUIOPSIDÉES.

Strobiles à écailles coriaces, imbriquées. Graines par trois, orbiculaires, comprimées, ailées, subbilobées. Feuilles planes, linéaires, aciculaires, opposées, étalées ou imbriquées.

Fitz-Roya Patagonica. *Hook, fils.*

FITZ-ROYA DE PATAGONIE.

Grand arbre atteignant 25—30 mètres de hauteur, sur 2 mètres 50 centimètres de diamètre. Tige droite, grêle, un peu défléchie au sommet; branches étalées, pendantes. Feuilles sessiles, longuement décurrentes, verticillées par 3, quelquefois par 4, plus rarement opposées par 2, ou alternes, linéaires, planes; longues de 8—10 millimètres, larges de 2, quelquefois presque ovales, d'un beau vert lustré en dessus, souvent marquées vers le sommet et parcourues en dessous de deux bandes glauques, très-courtement terminées en une pointe obtuse, rarement aiguë.
Arbre d'une rare élégance. Introduit en 1851 par M. Lobb, de la Patagonie; assez rustique à bonne exposition, en terrain sec.

Fitz-Roya Patagonica aureo-variegata. *C. S.*

FITZ-ROYA DE LA PATAGONIE PANACHÉ DORÉ.

Belle variété très-remarquable par ses feuilles dorées ou mi-parties de jaune d'or et de vert, ainsi que les jeunes tiges.
Trouvée dans nos cultures en 1865.

FRENELA. *Mirbel.*

CUPRESSINÉES-ACTINOSTROBÉES.

Strobiles à six, plus rarement sept et huit valves égales, dont les alternes plus petites. Feuilles en général ternées, persistantes.

Frenela Australis. *Mirb.*

FRÉNÉLA D'AUSTRALIE.

Feuilles squamiformes, longuement décurrentes, ternées, très-appliquées et paraissant comme soudées à la base de l'articulation; celles des jeunes plantes sessiles, souvent quaternées, linéaires, aciculaires, longues de 6—8 millimètres, mucronées, toutes d'un beau vert. Branches nombreuses, dressées ou ascendantes. Ramules et ramilles très-rapprochés, ténus, articulés.

Strobiles subsphériques, agrégés, plus rarement solitaires, très-courtement pédonculés, de la grosseur d'une noisette, à 6 valves rugueuses ou tuberculées à l'intérieur, de couleur brune très-foncée.

Arbre atteignant 15—20 mètres et plus de hauteur, formant une pyramide étroite et compacte. Habite la Nouvelle-Hollande et la Tasmanie. Introduit en 1804. Orangerie.

Frenela Gunii. *Endl.*

FRÉNÉLA DE GUNE.

Syn. : FRENELA MACROSTACHYA. *Knight.*

Arbrisseau pyramidal. Branches et rameaux dressés, arrondis. Écorce d'un gris de fer argenté, marquée par l'adhérence des anciennes feuilles. Ramules et ramilles glabres, anguleux, articulés, très-ténus, très-rapprochés. Feuilles très-petites, très-courtes, squamiformes, apprimées à la base de chaque articulation, largement décurrentes, aiguës au sommet, quaternées. Strobiles solitaires ou géminés, quelquefois agglomérés, sessiles ou portés sur un gros pédoncule court, ligneux et dépourvu d'écailles.

Habite la Tasmanie et la Nouvelle-Hollande. Introduit vers 1820. Orangerie.

Frenela Hugelii. *Hort.*

FRÉNÉLA DE HUGEL.

Abrisseau pyramidal, à cime élargie, très-rameuse. Rameaux et ramilles nombreux, articulés, dressés, d'un vert glaucescent, obtusément tétragones, à articulations excessivement courtes. Feuilles squamiformes, presque nulles, ou réduites à des écailles à peine visibles, disposées par 3 à la base des articulations. Strobiles solitaires ou agglomérés sur de courts pédoncules ligneux, déprimés, subsphériques à 6 valves ligneuses, inégales, saillantes, très-légèrement rugueuses.

Habite la Nouvelle-Hollande. Introduit en 1824. Orangerie.

Frenela pyramidalis. *Hort.*

FRÉNÉLA PYRAMIDAL.

Arbrisseau pyramidal. Branches dressées. Ramules petits, très-nombreux, subcylindriques, agglomérés au sommet des branches. Feuilles squamiformes, très-petites, fortement appliquées, obtuses, plus rarement aiguës.

Habite la Nouvelle-Hollande.

*Frenela robusta. *Cunningh.*

FRÉNÉLA ROBUSTE.

Arbre pyramidal. Branches et rameaux dressés. Ramules et ramilles très-ténus, très-nombreux, articulés, légèrement triquètres. Feuilles squamiformes, très-petites, décurrentes, appliquées, carénées sur le dos, opposées ou ternées à la base des articulations, légèrement étalées, mucronées au sommet.
Habite, sur la côte Austro-Occidental de la Nouvelle-Hollande, la rivière des Cygnes. Orangerie.

*Frenela triquetra. *Spach.*

FRÉNÉLA TRIÈDRE.

Arbre de 6—10 mètres, de forme pyramidale, d'aspect glauscescent, ayant le port d'un Casuarina. Branches dressées, nombreuses. Ramules et ramilles triquètres, articulés, comprimés, légèrement canaliculés sur chaque face. Feuilles très-petites, squamiformes, fortement appliquées, distantes, acuminées au sommet, glaucescentes. Strobiles ovales, globuleux, hexagones, presque sessiles, subfasciculés et parfois agglomérés en masse, à 6 valves gibbeuses, mucronées.
Habite la Nouvelle-Hollande orientale. Introduit en 1820. Orangerie.

*Frenela variabilis. *Carr.*

FRÉNÉLA VARIABLE.

Feuilles squamiformes, très-petites, fortement appliquées, acuminées-aiguës au sommet. Branches courtes, étalées, redressées. Rameaux et ramules triangulaires, glauques, à articulations assez distantes.
Habite la Nouvelle-Hollande. Orangerie.

GINKGO. *Thunb.*

TAXINÉES.

Feuilles caduques, flabelliformes, lobées, à nervures disposées en éventail. Anthères biloculaires. Graines drupacées, globuleuses, accompagnées à la base d'un petit disque herbacé. Albumen charnu.

Ginkgo biloba. *Hort.*

ARBRE AUX QUARANTE ÉCUS.

Syn. : SALISBURIA ADIANTIFOLIA. *Smith.*

Arbre dioïque, non résineux, à feuilles caduques, à racines pivotantes. Tronc droit, élancé. Branches horizontales plus rarement dressées. Ramules alternes, très-courts, produisant chaque année une rosette de 3—5 feuilles verticillées. Feuilles caduques, alternes ou éparses sur les jeunes bourgeons, cunéiformes ou flabelliformes, planes, longuement pétiolées, coriaces, épaisses, à 2-5 lobes plus ou moins profonds, larges d'environ 8 centimètres, à nervures nombreuses, légèrement saillantes sur les deux faces et disposées èn éventail.

Grand arbre atteignant 30 mètres et plus de hauteur, de forme régulière. Habite la Chine et le Japon. Introduit en 1754 ; très-rustique.

Ginkgo biloba fœmina. *Hort.*

ARBRE AUX QUARANTE ÉCUS, FEMELLE.

Variété femelle, introduite de Genève ; se reconnaît à ses feuilles plus larges et lobées moins profondément.

Ginkgo biloba aureo-variegata. *C. S.*

ARBRE AUX QUARANTE ÉCUS A FEUILLES ÉLÉGAMMENT DORÉES.

Magnifique variété obtenue dans nos cultures, bien plus constante dans ses panachures que l'ancienne. Feuilles larges, presque entières, rubannées de nombreuses et larges bandes d'un beau jaune d'or.

Ginkgo biloba incisa. *Rinz.*

ARBRE AUX QUARANTE ÉCUS A FEUILLES INCISÉES.

Feuilles plus petites et plus étroites que dans l'espèce, irrégulièrement enroulées, à lobes nombreux, profondément incisées. Rameaux très-nombreux, érigés. Ramules et ramilles courts, dressés, formant ensemble une pyramide serrée. Cette variété assez jolie paraît devoir rester naine.

Ginkgo biloba macrophylla laciniata. *Reynier.*

ARBRE AUX QUARANTE ÉCUS A TRÈS-LARGES FEUILLES FIMBRIÉES.

Magnifique variété obtenue de semence par M. Reynier d'Avignon et dont il nous a cédé la propriété en 1853. Arbre vigoureux et rustique. Feuilles très-larges, atteignant jusqu'à 25—30 centimètres sur de jeunes greffes, d'un vert foncé, portées sur un pétiole très-long, épais, tordu ; parcourues longitudinalement et sur les deux faces de très-nombreuses nervures un peu saillantes, avec l'incision médiane peu apparente ; mais légèrement fimbriées sur les bords.

Ginkgo biloba pendula. *Hort. Belg.*

ARBRE AUX QUARANTE ÉCUS PLEUREUR.

Variété très-belle, obtenue de semence en Belgique, dont la tige est inclinée et les branches retombantes.

Ginkgo biloba variegata. *Hort. Belg.*

ARBRE AUX QUARANTE ÉCUS A FEUILLES PANACHÉES.

Feuilles marquées de stries jaunes, d'un assez bel effet, panachure un peu inconstante ; pour la conserver, cette variété demande à être cultivée à demi-ombre.

Obtenue en Hollande, d'où nous l'avons reçue en 1855.

GLYPTOSTROBUS. *Endl.*

CUPRESSINÉES-TAXODINÉES.

Strobiles à écailles libres, imbriquées, dispermes, ovales subglobuleux, ligneux, formés d'écailles étroitement imbriquées, caduques. Graines munies d'une aile à la base. Feuilles caduques.

Glyptostrobus heterophyllus. *Endl.*

GLYPTOSTROBUS HÉTÉROPHYLLE.

Grand arbre en Chine, ne dépassant guère 2—3 mètres, dans nos cultures. Tige droite, recouverte d'une écorce grisâtre, fendillée, rugueuse; celle des jeunes branches et des rameaux, vert jaunâtre, marquée de cicatrices transversales. Branches dressées, étalées. Rameaux alternes, épars, rendus anguleux par la longue décurrence des feuilles. Feuilles, les unes alternes, squamiformes, appliquées, très-petites, ovales, aiguës ou obtuses, quelquefois plus longues et couchées sur les branches, adnées, décurrentes; les autres parfois subdistiques par torsion, très-étroitement subulées, longues de 6—15 millimètres, légèrement courbées, obtuses, ou à peine aiguës. Strobiles terminaux, ovoïdes, allongés, atténués aux deux bouts, obtus, composés d'écailles très-épaisses, anguleuses, inégales, dressées, imbriquées, mucronées ou tuberculées au-dessous du sommet.

Habite en Chine les provinces de Chang-tong et de Kian-nan. Planté le long des rivières aux environs de Canton. Introduit en 1815. Rustique, mais délicat.

JUNIPERUS. *L. Genévrier.*

CUPRESSINÉES-JUNIPÉRINÉES.

Feuilles persistantes, opposées ou ternées. Galbules à écailles imbriquées. Écailles soudées entre elles. Graines dépourvues d'ailes.

1ʳᵉ TRIBU : CARYOCEDRUS. *Endl.*

Rameaux anguleux. Graines soudées entre elles. Feuilles ternées, semi-décurrentes.

Juniperus drupacea. *Labill.*

GENÉVRIER DRUPACÉ.

Tige droite raide. Rameaux courts, étalés, redressés, couverts d'une écorce d'un gris rougeâtre. Feuilles décurrentes, ternées, étalées, longues de 10—20 millimètres, larges de 2—3, subovales, elliptiques, brusquement et régulièrement rétrécies au sommet en une pointe fine, piquante, légèrement concaves en dessus où elles sont parcourues dans toute leur longueur de deux lignes glauques, séparées par une bande verte, convexes et carénées en dessous par une nervure saillante, subaiguë, qui se prolonge aux deux extrémités de la feuille. Galbules axillaires, ovales, obtu., longs de 20—25 millimètres et plus, composés de 9 écailles charnues presque ligneuses, disposées en 3 verticilles intimement soudées en forme de tubercules, recouverts d'une poussière glauque. Noyau ovoïde, triloculaire, ligneux ou osseux, très-dur.

Bel arbre de 15—20 mètres de hauteur, originaire de la Syrie septentrionale, sur le mont Cassion, affectant une forme pyramidale et imitant l'aspect d'un Araucaria imbricata. Parfaitement rustique. Introduit de graines en 1856.

2ᵉ TRIBU : OXYCEDRUS. *Endl.*

Graines libres. Feuilles ternées, verticillées, non décurrentes, dépourvues de glandes. Bourgeons écailleux. Rameaux anguleux.

Juniperus Alpina. *Clus.*

GENÉVRIER DES ALPES.

Syn. : JUNIPERUS NANA. *Willd.*

Arbuste buissonneux. Branches dressées. Rameaux étalés. Ramules très-courts, gros, triangulaires. Feuilles ternées, verticillées, épaisses, linéaires ou subovales, aiguës, recourbées vers le rameau, longues de 6—10 millimètres, larges d'environ 2, concaves en dessus et couvertes d'une large bande glauque farinacée, vertes et carénées en dessous, brusquement terminées au sommet en un mucron aigu.

Espèce très-rustique, que l'on rencontre sur les montagnes Alpines de l'Europe et de l'Asie.

Juniperus Attica. *Orphan et Held.*

GENÉVRIER DE L'ATTIQUE.

Feuilles imbriquées, quaternées, très-étalées, presque planes en dessus, parcourues par deux bandes glauques séparées par une ligne verte, carénées en dessous, longues de 10—15 millimètres, larges de 2, depuis la base, brusquement terminées en un mucron fin, aigu. Tige droite, élancée, recouverte d'une écorce canelle. Rustique.

Juniperus Canadensis. *Lodd.*

GENÉVRIER DU CANADA.

Arbuste très-buissonneux. Branches et rameaux dressés. Ramules courts, déclinés à l'extrémité. Jeunes rejetons fortement anguleux, triquètres, à écorce d'un rouge fauve. Feuilles ternées linéaires, rapprochées, longues de 6—8 millimètres, larges de 1 1/2, étalées, puis recourbées vers le rameau, concaves en dessus, traversées au milieu par une large bande glauque, vertes et fortement carénées en dessous et brusquement terminées au sommet en un mucron aigu.

Habite l'Amérique boréale, le Canada. Très-rustique.

Juniperus communis. *L.*

GENÉVRIER COMMUN.

Arbre ou arbrisseau pouvant s'élever de 2—10 mètres, formant un buisson diffus, quelquefois une tige pyramidale. Branches étalées ou ascendantes, quelquefois déclinées, souvent diffuses. Rameaux anguleux. Feuilles ternées, linéaires, rapprochées, très-étalées, acuminées, très-piquantes, cuspidées, canaliculées en dessus et traversées par une bande glauque, vertes et obtusément carénées en dessous, longues de 6—15 millimètres sur 1—2 de largeur. Galbules petits, globuleux, agglomérés, d'un noir pruineux.

Indigène et très-commun sur les montagnes. Bois rouge de très-longue durée.

Juniperus communis compressa. *Carr.*

GENÉVRIER COMMUN A RAMEAUX TRÈS-SERRÉS.

Syn. : JUNIPERUS HIBERNICA COMPRESSA.

Branches et rameaux dressés en pyramide étroite et très-compacte. Ramilles courtes, rapprochées, ténues et dressées. Feuilles ternées, petites, rapprochées, courtes, peu étalées, glauques. Joli petit arbuste de forme pyramidale, très-régulière.

Juniperus communis Cracovia. *Hort.*

GENÉVRIER DE CRACOVIE.

Arbrisseau buissonneux. Branches étalées. Rameaux courts, anguleux, déclinés. Feuilles ternées, linéaires, distantes, étalées, longues de 8—15 millimètres, marquées en dessus de deux bandes glauques, séparées par une fine ligne verte, arrondies en dessous et terminées en un mucron aigu, très-piquant.

Juniperus communis oblonga. *Bieberstein.*

GENÉVRIER OBLONG.

Tige faible, réclinée au sommet. Branches étalées, déclinées. Ramules et ramilles anguleux, allongés, grêles, pendants. Feuilles ternées, très-étalées, souvent légèrement défléchies dès la base, puis redressées, longues de 12—25 millimètres, carénées, convexes en dessous, légèrement concaves en dessus et marquées au milieu d'une large ligne glauque, longuement atténuées au sommet en une pointe très-aiguë. Galbules solitaires, globuleux ou oblongs, unis, puis violacés, glauques. Habite le Caucase.

Juniperus communis oblonga pendula. *Loud.*

GENÉVRIER OBLONG PENDANT.

Arbrisseau chétif. Branches grêles, pendantes, longtemps anguleuses. Rameaux et ramules très-minces, pendants, fortement triangulaires. Feuilles ternées, à verticilles distants, linéaires, recourbées vers le rameau, longues de 8—12 millimètres, concaves et glauques en dessus, vertes et légèrement carénées en dessous, brusquement terminées au sommet en un mucron très-court, très-aigu, d'un jaune pâle.

Juniperus communis pendula aurea. *Hort.*

GENÉVRIER COMMUN PLEUREUR DORÉ.

Tige dressée, réfléchie au sommet. Branches et rameaux dressés. Ramilles nombreuses, courtes, pendantes, panachées à l'extrémité d'un beau jaune d'or. Jolie variété de forme pyramidale.

Juniperus communis reflexa. *Carr.*

GENÉVRIER COMMUN RÉFLÉCHI.

Syn. : JUNIPERUS OBLONGA. *Loud.*

Tige faible, dressée, réclinée au sommet. Branches grêles, étalées, pendantes. Rameaux et ramules fortement triangulaires, très-grêles, pendants. Feuilles ternées, à verticilles distants, linéaires, étroites et comme soudées par la base, longues de

10—15 millimètres, étalées, recourbées vers le rameau, légèrement concaves en dedans, traversées au milieu d'une large bande glauque, vertes et carénées en dessous, longuement atténuées et brusquement terminées au sommet en une pointe très-aiguë.
Arbrisseau grêle et étalé.

Juniperus communis stricta. *Carr.*

GENÉVRIER COMMUN PYRAMIDAL.

Belle variété du J. communis, aussi vigoureuse que l'espèce. Rameaux strictement érigés en colonne très-serrée.

Juniperus communis Suecica. *Carr.*

GENÉVRIER DE SUÈDE.

Arbrisseau dressé ou étalé. Rameaux anguleux, blanchâtres, plus gros que dans l'espèce. Feuilles longues de 8—10 millimètres, glauques en dessus, vertes et carénées en dessous, acuminées, aiguës.

Juniperus cryptomeriæfolia. *Hort.*

GENÉVRIER A FEUILLES DE CRYPTOMERIA.

Rameaux dressés à écorce canelée devenant rude en vieillissant. Ramules très-courts, dressés. Feuilles étalées ou dressées, linéaires-elliptiques, épaisses, coriaces, canaliculées et glauques en dessus, carénées et d'un beau vert glaucescent en dessous, longues de 10—15 millimètres, larges de 2—3, de la base au milieu, acuminées au sommet et brusquement terminées en un mucron aigu, très-piquant.

Juniperus Hartwissiana. *Stewens.*

GENÉVRIER DE HARTWISS.

Feuilles verticillées, ternées, comme soudées ensemble à la base, linéaires, aciculaires, étalées, puis défléchies vers le rameau, longues de 15—20 millimètres, larges de 1, légèrement concaves et marquées en dessus de deux fines lignes glauques, vertes en dessous et traversées par une carène saillante, aiguë, se terminant au sommet en une pointe fine, blanchâtre, très-aiguë. Rameaux dressés, réclinés au sommet. Ramilles courtes, étalées, réclinées. -
Belle espèce, très-rustique, reçue en 1859, en graines provenant du Caucase, envoyées par M. de Hartwiss.

Juniperus macrocarpa. *Sibthorp.*

GENÉVRIER A GROS FRUITS.

Arbrisseau de 3—4 mètres, pyramidal, diffus. Branches plus ou moins distantes, irrégulières, dressées ou défléchies, éparses, à écorce rugueuse. Rameaux et ramules anguleux, ces derniers très-courts, défléchis, retombants.
Feuilles verticillées, ternées, élargies à la base, longues de 8—15 millimètres, larges de 2, épaissies au milieu, presque planes en dessus et marquées de deux lignes glauques, séparées par une fine ligne verte, carénées-arrondies en dessous, longuement acuminées et terminées au sommet en une pointe fine, très-aiguë et piquante. Galbules glauques, globuleux, très-gros, formés d'une pulpe charnue et mangeable à sa maturité, de 12—14 millimètres de diamètre.

Juniperus Marshalliana. *Stewens.*

GENÉVRIER DE MARSHALL.

Tige droite, grêle, rameaux étalés, redressés, anguleux, distants. Feuilles ternées, linéaires, aciculaires, étalées, longues de 18—25 millimètres, à peine larges de 1, minces, légèrement recourbées, vertes sur les 2 faces.
Du Caucase, très-rustique. Reçu en 1860 de M. de Hartwiss.

Juniperus nana. *Willddenow.*

GENÉVRIER NAIN.

Arbrisseau nain, buissonneux, à rameaux anguleux. Feuilles ternées, incurvées, étalées, presque imbriquées, lancéolées-linéaires, piquantes, canaliculées en dessus, glauques, obtusément carénées en dessous. Galbules ovoïdes-globuleux, non pruineux. Des montagnes de l'Europe.

Juniperus oxycedrus. *L.*

GENÉVRIER OXYCÈDRE. — CADE.

Rameaux anguleux aigus. Ramules et ramilles très-nombreux, confus, dressés, étalés; quelquefois défléchis. Feuilles ternées, linéaires, distantes, très-longuement aciculaires, longues de 12—18 millimètres, à peine larges de 1, glauques, trinervées en dessus, fortement carénées, aiguës et vertes en dessous, terminées au sommet par un mucron aigu, très-piquant. Galbules globuleux, lisses, luisants, d'environ 8—10 millimètres de diamètre, couverts d'une pulpe filandreuse, brun-rougeâtre à l'époque de la maturité, terminés au sommet en un mucron aigu très-piquant.
Petit arbre pyramidal buissonneux, atteignant dans le midi la hauteur de 8—10 mètres. Bois dur, nerveux et très-solide. Dans la France méridionale, on en retire l'huile de Cade.

Juniperus oxycedrus echinoformis. *Hort.*

GENÉVRIER OXYCÈDRE EN FORME DE HÉRISSON.

Petit buisson arrondi, très-épineux. Rameaux très-courts, ramassés en boule, hérissés de toutes parts de feuilles courtes rapprochées, raides et piquantes.

Juniperus oxycedrus pendula. *C. S.*

GENÉVRIER OXYCÈDRE PLEUREUR.

Rameaux allongés, grêles, dressés, puis réclinés-pendants à leur extrémité. Ramilles pendantes. Feuilles distantes, très-piquantes. Écorce d'un beau rouge-canelle. Variété très-belle et très-distincte. Trouvée sur les côtes méridionales.

Juniperus rigida. *Sieb. et Zucc.*

GENÉVRIER RAIDE.

Tige grêle ; rameaux anguleux, étalés, ramules pendants, courts. Feuilles ternées, très-raides, longues de 15—28 millimètres, épaissies, légèrement canaliculées au milieu, traversées par une bande très-glauque en dessus, arrondies et carénées en dessous, élargies à la base, longuement acuminées au sommet et terminées en une pointe effilée, très-aiguë. Galbules solitaires, globuleux ou elliptiques, lisses, violacés, sessiles.

Petit arbre de 5—8 mètres de hauteur, habite le Japon, dans l'île Nippon, jusqu'à 1200 mètres d'altitude. Introduit en 1862, très-rustique.

Juniperus rufescens. *Link.*

GENÉVRIER ROUSSATRE.

Rameaux anguleux, assez gros. Feuilles ternées, très-étalées, acuminées en un mucron aigu très-piquant, glauques en dessus, carénées-aiguës en dessous, longues de 15—22 millimètres. Habite les côtes méditerranéennes.

Juniperus species nova Japonica. *C. S.*

GENÉVRIER ESPÈCE NOUVELLE DU JAPON.

Rameaux arrondis. Feuilles ternées, linéaires subelliptiques, étalées, déclinées, longues de 10—15 millimètres, larges de 2, parcourues sur les deux faces par deux bandes glauques-farinacées séparées par une ligne verte, planes en dessus, légèrement carénées en dessous et terminées au sommet par un mucron très-aigu, piquant.

Introduit en 1865 de graines reçues du Japon. Rustique.

Juniperus Uralensis. *Hort.*

GENÉVRIER DE L'OURAL.

Feuilles ternées, imbriquées, très-rapprochées, dressées, puis étalées, longues de 12—15 millimètres, larges de 1, légèrement canaliculées en dessus et traversées sur toute leur longueur par une large bande glauque, vertes et carénées en dessous, terminées par un mucron aigu. Branches grêles, cylindriques, étalées. Rameaux courts, dressés.

Petit arbrisseau buissonneux, touffu. Rustique.

Juniperus Withmanniana. *Fischer.*

GENÉVRIER DE WITHMANN.

Feuilles ternées, étalées, rapprochées, presque planes en dessus, carénées aiguës en dessous, longues de 15—22 millimètres, larges de 1 et demi, d'égale largeur à la base, terminées au sommet en une pointe effilée, aiguë. Branches dressées, couvertes d'une écorce rugueuse. Ramules grêles, courts, déclinés.

Plantes obtenues de semences reçues directement du Caucase ; espèce très-rustique et plus vigoureuse que le J. oxycedrus.

Juniperus Withmanniana aurea. *Hort.*

GENÉVRIER DE WITHMANN DORÉ.

Jeunes rameaux très-anguleux, très-courts. Feuilles ternées très-rapprochées, très-courtes, élargies à la base, canaliculées, glauques en dessus ; arrondies et vertes en dessous, panachées de jaune, longues de 5—7 millimètres, terminées au sommet en une pointe fine, aiguë.

3ᵉ TRIBU : SABINA. *Endl.*

Graines libres, rameaux et ramules cylindriques, feuilles adnées-décurrentes, de forme très-variable : les unes aciculaires, plus ou moins étalées ; les autres squamiformes, imbriquées, souvent munies d'une glande sur le dos ; Bourgeons nus.

Juniperus alba. *Knight.*

GENÉVRIER BLANC.

Rameaux cylindriques, canelés dans leur jeunesse par la décurrence des feuilles. Ramules et ramilles courts, rapprochés, dressés, réclinés au sommet, recouverts d'une écorce glaucescente. Feuilles ; celles des rameaux ternées, dressées, larges à la base, longuement décurrentes, se terminant au sommet en une pointe aiguë, piquante, légèrement concaves, argentées en dessus, carénées et glaucescentes en dessous, longues d'environ 6 millimètres ; celles des ramilles squamiformes, étroitement imbriquées, ternées, très-petites, très-courtes, apprimées, concaves en dessous, carénées en dehors et terminées au sommet par un court mucron aigu ; toutes glaucescentes, ce qui donne à l'arbre un aspect argenté ou blanchâtre.

Arbrisseau pyramidal, originaire de l'Himalaya ; espèce très-distincte et très-remarquable. Introduit vers 1849. Assez rustique.

Juniperus argentea speciosa. *Hort.*

GENÉVRIER ARGENTÉ.

Feuilles aciculaires sur la tige et les jeunes rameaux ; subulées opposées ou ternées, élargies à la base, apprimées, distantes, longues de 5—7 millimètres, longtemps persistantes quoique sèches, terminées en pointes aiguës ; celles des ramules et des ramilles squamiformes, très-petites, très-rapprochées, étroitement imbriquées, rhomboïdales-ovoïdes, décussées-adnées, obtuses, toutes d'un vert glauque cendré. Tige grêle, dressée. Ramules et ramilles courts, étalés, dressés.

Juniperus aurea elegans. *Veitch.*

GENÉVRIER ÉLÉGAMMENT DORÉ.

Feuilles aciculaires à la base des rameaux et des ramules, étalées, raides, sessiles longues de 6—8 millimètres, épaisses, concaves et glauques en dessus, arrondies en dessous, terminées par un mucron aigu ; les supérieures squamiformes, rhomboïdales très-petites, strictement imbriquées et apprimées, obtuses. Tige dressée. Ramules et ramilles courts, étalés, réclinés. Arbre très-remarquable par ses ramilles et ses feuilles panachées d'un beau jaune d'or.

Juniperus bacciformis. *Hort.*

GENÉVRIER A GALBULES EN FORME DE BAIES.

Branches cylindriques, étalées, grêles. Rameaux et ramules flexibles, pendants. Feuilles squamiformes, opposées, étroitement imbriquées et apprimées, très-courtes, obtuses ; celles des jeunes rameaux dressées, acuminées : toutes d'un vert pâle glaucescent.

Juniperus Bermudiana. L.

GÉNÉVRIER DES BERMUDES.

Tige pyramidale. Branches dressées ou étalées, garnies d'un grand nombre de ramules, complétement couverts de feuilles de formes différentes excessivement rapprochées ; les unes opposées, décussées ou ternées, étalées, aciculaires ou linéaires, subulées, longues de 6—12 millimètres, planes ou légèrement concaves, d'un vert tendre, marquées de 2 lignes glauques très-étroites en dessus, un peu arrondies en dessous ; les autres squamiformes, épaisses, ovales, lancéolées, décussées, imbriquées. Galbules subsphériques, d'un pourpre brun à la maturité.

Arbre atteignant 20 mètres de hauteur en pyramide élargie. Habite les Bermudes. Introduit en 1863, très-sensible au gel.

Juniperus Californica. *Carr.*

GÉNÉVRIER DE CALIFORNIE.

Syn. : JUNIPERUS PYRIFORMIS. *Hort.*

Arbre de la Californie, où il atteint 12 mètres et plus de hauteur, sur 40—50 centimètres de diamètre. Branches grosses, étalées et diffuses, très-nombreuses, à rameaux subcylindriques. Feuilles : les squamiformes courtes, très-rapprochées, étroitement imbriquées ; les autres aciculaires, ternées étalées, longues d'environ 5 millimètres, élargies à la base, se terminant au sommet en une pointe aiguë. Galbules solitaires, portés sur de courtes ramilles, pyriformes ou presque globuleux, longs de 12—13 centimètres, légèrement tuberculeux, recouverts d'une poussière glauque.

Habite dans la Californie les montagnes de la Mercedès à 300 mètres d'altitude, introduit vers 1854, très-rustique.

Juniperus Cœsia. *Hort.*

GÉNÉVRIER BLEUATRE.

Arbrisseau ou arbuste buissonneux dressé. Branches et rameaux ascendants, nombreux. Feuilles opposées ; les inférieures aciculaires presque étalées, lancéolées, élargies à la base, luisantes et arrondies en dessous, très-glabres, d'un glauque bleuâtre, principalement en dessus, terminées au sommet en une pointe scarieuse, très-aiguë ; les supérieures beaucoup plus courtes et plus apprimées, très-élargies à la base.

Habite le nord de l'Europe, introduit en 1852, très-rustique.

Juniperus Chinensis. *L.*

GÉNÉVRIER DE LA CHINE.

Juniperus Chinensis fœmina. *Carr.*

GÉNÉVRIER DE LA CHINE FEMELLE.

Syn. : JUNIPERUS CERNUA. *Roxb.* J. REEVESIANA. *Hort.*

Arbre droit, de 5—8 mètres de hauteur, branches longues assurgentes, un peu lâches et réfléchies au sommet. Ramules très-nombreux, très-chargés de ramilles toujours réclinées ou pendantes. Feuilles opposées ou ternées, rarement aciculaires ; les squamiformes, rhomboïdales, obtuses, acuminées, petites, fortement imbriquées, marquées d'une glande oblongue sur le dos. Galbules d'un glauque bleuâtre farinacé, devenant noirâtres pruineux à leur maturité.

De la Chine et du Japon. Introduit en 1804, très-rustique.

Juniperus Chinensis mascula. *Carr.*

GENÉVRIER DE LA CHINE MALE.

Arbrisseau droit, atteignant 5—7 mètres de hauteur en pyramide élancée. Branches nombreuses et dressées. Rameaux étalés, redressés, portant de nombreux ramules horizontalement étalés. Feuilles, ou aciculaires, opposées ternées, glauques en dessus, longues de 6—12 millimètres; ou squamiformes et apprimées, fortement imbriquées.

Juniperus Cyprina. *Hort.*

GENÉVRIER DE L'ILE DE CHYPRE.

Rameaux cylindriques, gros, dressés. Ramules et ramilles étalés, déclinés. Feuilles squamiformes, ternées, petites, rhomboïdales-obtuses, strictement imbriquées, d'un beau vert foncé luisant.

Juniperus Dahurica. *Pallas.*

GENÉVRIER DE DAOURIE.

Feuilles conjuguées, opposées en croix, très-pressées, donnant ainsi aux rameaux une forme triangulaire. Rameaux de forme et de tenue variées. Baies bleues, presque turbinées.

Juniperus dealbata. *Loudon.*

GENÉVRIER BLANCHATRE.

Syn. : JUNIPERUS FŒTIDISSIMA. Hort.

Arbre ou arbrisseau à cime plus ou moins élargie. Branches dressées, puis étalées, quelquefois un peu défléchies. Rameaux cylindriques, lâches, souvent tombants. Feuilles aciculaires, ternées, rarement opposées, subulées, un peu étalées, épaisses, raides, presque planes et glauques en dessus, arrondies en dessous, longues de 5—6 millimètres et terminées au sommet par un mucron très-fin.
Espèce très-distincte. Habite le nord-ouest de l'Amérique septentrionale. Introduit en 1839. Très-rustique.

Juniperus excelsa. *Willd.*

GENÉVRIER ÉLEVÉ.

Syn. : JUNIPERUS HIMALAYENSIS. Carr.

Arbre d'un port pyramidal de 12—20 mètres de hauteur, à écorce d'un gris bleuâtre, se détachant longitudinalement en lames en vieillissant Branches nombreuses, strictement dressées. Rameaux très-rapprochés, courts, étalés, puis brusquement redressés. Feuilles opposées, décussées, plus rarement ternées, courtes, épaisses, adnées-décurrentes, carénées, brusquement rétrécies au sommet, presque mucronées, recouvertes d'une poussière blanche, pulvérulente, d'une teinte glauque très-prononcée. Galbules sphériques, de 8—12 millimètres de diamètre, lisses et unis, d'un vert pâle, passant au violet-noir à leur maturité, solitaires, ou groupés par 4-5 sur de courts pédicelles. Habite la Tauride, l'Asie Mineure et l'Himalaya. Introduit en 1830. Très-rustique.

Juniperus excelsa glauca. *Hort.*

GENÉVRIER ÉLEVÉ GLAUQUE.

Feuilles des rameaux ternées, aciculaires, élargies à la base, longuement décurrentes, apprimées, promptement marcescentes, longues de 3—4 millimètres et terminées par une pointe aiguë ; celles des ramules et des ramilles squamiformes, très-petites, décussées, strictement imbriquées, ovales-rhomboïdales, très-élargies à la base, arrondies en dehors et terminées brusquement au sommet en un court mucron ; toutes, ainsi que les ramilles, d'un vert pâle glaucescent. Branches et rameaux relativement grêles, érigés. Ramules et ramilles courts, dressés, formant ensemble une pyramide serrée et compacte, d'un très-bel effet. Espèce vigoureuse.

Juniperus excelsa pendula. *Carr.*

GENÉVRIER ÉLEVÉ A RAMEAUX PENDANTS.

Belle variété, aussi vigoureuse que l'espèce, à rameaux étalés, retombants. Ramules et ramilles pendants.

Juniperus excelsa pyramidalis. *Carr.*

GENÉVRIER ÉLEVÉ PYRAMIDAL.

Branches, rameaux et ramules strictement dressés. Feuilles squamiformes, rapprochées, non appliquées. Arbrisseau moins élevé que le type, formant une pyramide compacte, étoitement conique, pointue.

Juniperus excelsa pygmæa. *C. S.*

GENÉVRIER ÉLEVÉ PYGMÉE.

Plante buissonneuse, très-naine, très-rameuse, formant un petit buisson arrondi, diffus et serré, de 8 à 10 centimètres de hauteur, à cime arrondie. Rameaux cylindriques, très-courts, nombreux. Ramules très-rapprochés à l'extrémité des rameaux. Feuilles squamiformes, ternées ou opposées, très-courtes, très-petites, apprimées, élargies à la base, concaves et glauques en dessus, vertes et arrondies en dessous, épaisses, recourbées vers le rameau, terminées par un court mucron.
Variété très-distincte et très-remarquable, obtenue en 1856 de graines du Juniperus excelsa provenant de la Russie méridionale ; il paraît avoir atteint toute son élévation.

Juniperus excelsa variegata. *Carr.*

GENÉVRIER ÉLEVÉ PANACHÉ.

Variété à feuilles et à ramules panachés de jaune blanchâtre. Rameaux et ramules plus grêles que dans l'espèce. Panachure peu constante. Du jardin botanique d'Orléans.

Juniperus excelsa viridis stricta. *C. S.*

GENÉVRIER ÉLEVÉ VERDOYANT.

Feuilles aciculaires, ternées, élargies à la base, décurrentes, épaisses, raides, étalées, longues de 1—3 millimètres, légèrement arrondies en dessus, carénées arrondies en dessous et brusquement terminées au sommet en un fin mucron aigu non piquant; toutes, ainsi que les jeunes ramules, d'un vert glauque-bleuâtre. Rameaux érigés. Ramules et ramilles très-courts, légèrement étalés ; le tout formant ensemble une pyramide serrée. Belle variété très-distincte, trouvée dans nos semis de J. excelsa, graines de Crimée.

Juniperus flaccida. *Schlecht.*

GENÉVRIER A RAMEAUX FLEXIBLES.

Feuilles de forme variable; les unes aciculaires, opposées, ternées, presque planes, étalées, longues de 6—8 millimètres, très-étroites, d'un vert clair sur les deux faces, pointues au sommet; les autres, opposées, décussées, presque squamiformes, distantes, ovales, étalées au sommet, terminées par une pointe aiguë. Branches étalées ou défléchies, confuses. Rameaux et ramules grêles, élancés, divariqués, réfléchis ou pendants. Galbules solitaires, sphériques à écailles mucronées. Arbrisseau de 6—10 mètres de hauteur, formant une pyramide lâche, étalée, arrondie au sommet.
Du Mexique. Assez rustique. Introduit en 1838.

Juniperus flagelliformis. *Reeves.*

GENÉVRIER FLAGELLIFORME.

Feuilles toutes squamiformes, très-petites, très-rapprochées, adnées, étroitement imbriquées, décussées, élargies-renflées à la base, obtuses au sommet, d'un vert foncé brillant. Rameaux arrondis, à écorce d'un brun foncé, rugueux par la persistance des feuilles sèches, recourbés au sommet. Ramules et ramilles très-nombreux, très-rapprochés, étalés, divergents, flagelliformes. Galbules ovoïdes-arrondis, de la grosseur d'un pois, d'un vert foncé, glauques à la partie supérieure.

Juniperus fœtidissima. *Willd.*

GENÉVRIER FÉTIDE.

Feuilles opposées et ternées; les unes aciculaires, subulées, étalées, mucronées; les autres squamiformes, ovales, portant quelquefois une glande sur le dos, appliquées, puis étalées. Ramules fructifères dressés. Galbules globuleux.
Habite l'Arménie, la Géorgie. Rustique.

Juniperus fragrans. *Knight.*

GENÉVRIER ODORANT.

Arbre pyramidal. Branches étalées-dressées. Rameaux alternes. Feuilles aciculaires, opposées et ternées, glauques, plus longues et plus étalées dans les jeunes individus; courtes, squamiformes, un peu épaisses, adnées-décurrentes à la base, légèrement mucronées sur les sujets adultes.
Habite le Népaul. Introduit en 1842. Très-rustique.

Juniperus gigantea. *Roezl.*

GENÉVRIER GIGANTESQUE.

Arbre magnifique, atteignant de 25 à 30 mètres de hauteur, sur 1 mètre de diamètre, très-droit. Nommé par les Indiens : *Tlaxcal.*
Il croit au Mexique près de Ténancingo, à une altitude de 1400 à 2700 mètres. Introduit de graines en 1863.

Juniperus Gossainthanea. *Lodd.*

GENÉVRIER DU MONT GOSSAINTHAN.

Syn. : JUNIPERUS BEDFORDIANA. *Loud.*

Arbrisseau dressé, buissonneux. Branches très-nombreuses, dressées, étalées, défléchies
à leur extrémité. Rameaux et ramules effilés, grêles, souvent pendants. Feuilles opposées
ou ternées, aciculaires, étroites, glauque-bleuâtre en dessus, arrondies, vertes, lisses en
dessous, ordinairement appliquées sur les rameaux et décurrentes à la base, longuement
acuminées au sommet en une pointe aiguë ; les squamiformes opposées, distantes, obtuses,
plus rarement aiguës.
Habite le mont Gossainthan au Népaul, où il atteint 7—8 mètres de hauteur, formant
une pyramide compacte, étroite. Très-rustique.

Juniperus gracilis. *Endl.*

GENÉVRIER GRÊLE.

Syn. ARTHROTAXIS? DU YUCATAN. *Hort. Germ.*

Arbrisseau très-grêle. Branches lâchement attachées. Rameaux et ramules ténus très-
flexibles, étalés ou défléchis, subtétragones dans leur jeunesse. Feuilles inférieures ternées,
longues de 8—15 millimètres, presque étalées, linéaires, étroites, aiguës, légèrement
arrondies et carénées en dessous, glauques sur les deux faces ; les supérieures opposées.
Du Mexique. Introduit en 1846, sensible au gel.

Juniperus Japonica. *Carr.*

GENÉVRIER DU JAPON.

Arbuste dressé, buissonneux, diffus. Branches étalées, souvent déclinées, tortueuses.
Rameaux nombreux, cylindriques, courts. Feuilles très-rapprochées, ternées, quelquefois
opposées, étroites, raides et piquantes, longues de 8—12 millimètres, presque planes en
dessus, glauques, marquées de deux fines lignes vertes ; convexes en dessous, vertes, et à
peine carénées, longuement acuminées, en une pointe raide, fine, très-aiguë ; celles des
jeunes rameaux plus rapprochées, plus courtes, plus larges, squamiformes, apprimées,
presque imbriquées.
Du Japon. Introduit vers 1840. Très-rustique.

Juniperus Japonica aurea elegans. *Veitch.*

GENÉVRIER DU JAPON ÉLÉGAMMENT DORÉ.

Belle variété à ramilles et feuilles panachées d'un beau jaune d'or. Importée du Japon
par M. Veitch.

Juniperus Japonica variegata. *Carr.*

GENÉVRIER DU JAPON PANACHÉ.

Plante pyramidale. Branches nombreuses, dressées, très-ramifiées. Ramillles courtes,
vertes ou panachées de jaune comme les feuilles qu'elles portent. Variété assez délicate,
craint le soleil.

Juniperus Langoldiana. *Gord.*

GENÉVRIER DE LANGOLD.

Branches et rameaux érigés, cylindriques, couverts de feuilles piquantes. Feuilles squamiformes, verticillées-ternées sur les jeunes rameaux, acuminées, courtes, à base élargie, étalées au sommet, se terminant en un mucron aigu ; opposées apprimées sur les ramilles, très-rapprochées, très-courtes, toutes d'un beau vert glaucescent.

Juniperus Lycia. *L.*

GENÉVRIER DE LYCIE.

Feuilles aciculaires, ternées, étalées, longues de 5—10 millimètres, les squamiformes très-petites, fortement appliquées, ovales, obtuses, opposées-décussées, très-étroitement imbriquées, légèrement concaves et argentées en dessus, carénées et d'un vert glauque en dessous.

Arbrisseau de 3—6 mètres de hauteur, touffu, pyramidal. Tronc grêle, branchu dès la base. Branches et rameaux-ascendants. Ramules et ramilles nombreux, divariqués ou étalés. Galbules globuleux, gros. Très-commun sur les bords de la Méditerranée.

Juniperus Mexicana. *Schlecht.*

GENÉVRIER DU MEXIQUE.

Feuilles aciculaires, ternées, rares, élargies à la base, décurrentes, planes en dessus, carénées en dessous, raides, étalées, longues de 4—6 millimètres, terminées en une fine pointe aiguë ; les squamiformes, ovales-acuminées, convexes sur le dos, presque carénées, souvent obtuses, marquées d'une glande elliptique, les plus jeunes appliquées, enfin presque étalées ; toutes glaucescentes. Branches étalées. Ramules anguleux, droits. Galbules turbinés, subglobuleux, d'environ 8—10 millimètres de diamètre.

Arbre de moyenne grandeur, droit, un peu élancé en pyramide étroite. Habite le Mexique à environ 3000 mètres d'altitude. Introduit en 1841. Très-rustique.

Juniperus occidentalis. *Hooker.*

GENÉVRIER D'OCCIDENT.

Syn. JUNIPERUS HERMANNI. *Persoon.*

Arbre de 20—25 mètres de hauteur et de 1 mètre environ de diamètre, du nord-ouest de l'Amérique septentrionale, près de la rivière Columbia, à 1700 mètres d'altitude, jusqu'au pied des montagnes Rocheuses. Rameaux et ramules cylindriques, étalés, souvent retombants. Feuilles : sur les jeunes plantes, ternées, aciculaires, lancéolées, distantes ; sur les plantes adultes, imbriquées sur 4 rangs, presque rondes, ovales, obtuses, convexes sur le dos, étroitement imbriquées et apprimées, marquées sur le dos d'une glande résineuse. Parfaitement rustique.

Juniperus Oophora. *Kunz.*

GENÉVRIER A FRUIT OVIFORME.

Feuilles imbriquées sur 4 rangs, ovales, infléchies au sommet, marquées sur la partie moyenne du dos, d'une fossette oblongue.

Arbrisseau à rameaux dressés, étalés, pouvant atteindre jusqu'à 12 mètres. Habite la Grèce, l'Espagne. Introduit en 1752.

Juniperus Phœnicea. *Pall.*

GENÉVRIER DE PHÉNICIE.

Arbrisseau de 5—6 mètres, d'un port pyramidal, très-touffu, buissonneux, à tige grêle, branchu dès la base. Branches très-nombreuses, faibles, dressées. Rameaux cylindriques nombreux, ascendants ou diffus, les uns garnis de feuilles aciculaires, les autres ne portant que des feuilles squamiformes.

Feuilles aciculaires, longues de 6—12 millimètres, carénées en dessous, planes ou légèrement concaves en dessus, souvent d'un vert glauque ; les squamiformes très-petites, ovales, obtuses, opposées, décussées, très-étroitement imbriquées. Galbules subsphériques, jaunâtres, glabres de 9—10 millimètres de diamètre.

De l'Europe méridionale et du Levant. Introduit en 1680. Rustique.

Juniperus Phœnicea elegans. *Hort.*

GENÉVRIER DE PHÉNICIE ÉLÉGANT.

Variété pyramidale. Branches et rameaux érigés, grêles, élancés. Ramules et ramilles dressés, étalés, quelquefois défléchis. Feuilles très-petites, fortement appliquées, obtuses. Espèce rustique.

Juniperus prostrata. *Pers.*

GENÉVRIER COUCHÉ.

Tige et rameaux couchés, étalés sur le sol. Ramules et ramilles raccourcis, très-nombreux, redressés vers la partie supérieure des branches. Feuilles ternées ou opposées, presque toutes apprimées, aiguës ou acuminées, piquantes, la plupart courtes ; les supérieures squamiformes, aiguës, rarement obtuses. Du Canada.

Juniperus recurva. *Hamilt.*

GENÉVRIER A RAMEAUX RECOURBÉS.

Feuilles toutes ternées, acuminées, piquantes, d'un vert grisâtre, longues de 6—8 millimètres, ténues, finement aiguës, légèrement concaves en dessus, d'un vert pâle et arrondies en dessous, toutes longuement persistantes quoique sèches. Branches dressées, étalées ou défléchies. Ramules et ramilles courts, cylindriques, grêles, récurvés et pendants.

Arbrisseau de 6—8 mètres de hauteur, assez élégant. Du Népaul et du Cashmyr. Introduit en 1822. Très-rustique.

Juniperus recurva densa. *Carr.*

GENÉVRIER A RAMEAUX RECOURBÉS ÉPAIS.

Arbuste nain, buissonneux, à rameaux et ramilles courts, excessivement rapprochés, récurvés. Feuilles ternées, très-denses, longues de 6—8 millimètres, étalées, glauques et légèrement concaves en dessus, vertes et arrondies en dessous, recourbées vers le sommet du rameau et brusquement terminées au sommet en un mucron court, aigu, persistant longtemps sur les branches quoique sèches. Habite l'Himalaya.

Juniperus religiosa. *Royle.*

GENÉVRIER DES CULTES.

Feuilles très-courtes, squamiformes, opposées-décussées, apprimées, élargies et décurrentes à la base, portant sur le dos une glande linéaire, légèrement écartées au sommet, terminées par un mucron court, aigu ; plus petites, étroitement imbriquées au sommet des ramilles, toutes glauques. Galbules sphériques, de la grosseur d'un petit pois.

Arbre dioïque. Branches et rameaux nombreux, très-compactes. Habite les parties élevées de l'Himalaya, du Népaul et du Boutan, où il s'élève à plus de 30 mètres de hauteur. Dans nos cultures, arbrisseau assez délicat. Introduit vers 1835.

Juniperus religiosa variegata. *Hort.*

GENÉVRIER DES CULTES PANACHÉ.

Variété à feuilles panachées, plus délicate que l'espèce.

Juniperus sabina. *L.*

GENÉVRIER SABINE.

Syn. : SABINA HUMILIS. *Endlicher.*

Rameaux nombreux, grêles, couchés et traînant sur le sol. Écorce rougeâtre. Feuilles ternées ou opposées, squamiformes, très-rarement aciculaires, terminées par un mucron aigu.

Juniperus sabina elegans. *Hort.*

GENÉVRIER SABINE ÉLÉGANT.

Feuilles aciculaires, opposées, très-larges à la base, décurrentes et promptement marcescentes, longues de 4—5 centimètres, plus petites sur les ramilles, apprimées, terminées au sommet en une fine pointe aiguë, piquante. Tige dressée, recourbée. Rameaux courts, un peu étalés. Ramules et ramilles courts, très-rapprochés, se retournant tous vers la partie supérieure du rameau et formant ainsi une pyramide irrégulière.

Juniperus sabina Schollii. *Hort.*

GENÉVRIER SABINE DE SCHOLL.

Arbuste dressé, très-touffu, arrondi. Rameaux courts dressés. Ramules et ramilles très-courts, très-rapprochés, dressés-étalés. Feuilles opposées, très-petites, squamiformes, acuminées, étroitement apprimées et imbriquées, arrondies sur le dos, très-rarement subaciculaires, toutes d'un beau vert foncé luisant.

Juniperus sabina stricta. *Hort.*

GENÉVRIER SABINE PYRAMIDAL.

Arbrisseau de formes et de dimensions variables, le plus souvent pyramidal, étalé. Feuilles, les unes subaciculaires, longues de 4—8 millimètres, très-légèrement concaves en dessus ; toutes les autres squamiformes, appliquées, décurrentes. Ramules fructifères entièrement couverts de feuilles squamiformes, imbriquées. Galbules petits, ovales, d'un violet foncé, recouverts d'une poussière glauque. Habite les montagnes de l'Europe. Très-rustique.

Juniperus sabina Tamariscifolia. *Ant.*

GENÉVRIER SABINE A FEUILLES DE TAMARISC.

Arbrisseau buissonneux, dressé, étalé, diffus. Rameaux et ramules dressés, très-courts, très-nombreux. Feuilles ; les inférieures opposées-décussées, subaciculaires, écartées au sommet, longues d'environ 4—8 millimètres, glauques-bleuâtres en dessus, élargies à la base, très-courtement acuminées en un mucron aigu ; les supérieures plus rapprochées, squamiformes, lâchement imbriquées.

Originaire des hautes montagnes de la Sicile et de la Grèce. Rustique.

Juniperus sabina variegata. *Carr.*

GENÉVRIER SABINE PANACHÉE.

Feuilles squamiformes, imbriquées. Rameaux grêles, rugueux par la cicatrice des feuilles.

Variété très-distincte par sa belle panachure.

Juniperus sabina vulgaris. *Endl.*

GENÉVRIER SABINE COMMUNE.

Arbrisseau pyramidal, buissonneux, à rameaux étalés, très-nombreux, dressés, aplatis, pouvant s'élever de 2 à 4 mètres. Feuilles ternées ou opposées, les unes subaciculaires, longues de 4—6 millimètres, planes ou légèrement concaves et glauques en dessus ; les autres squamiformes, imbriquées.

Habite les parties subalpines de l'Europe, la Tauride, le Caucase. Très-rustique.

Juniperus sphærica. *Lindley.*

GENÉVRIER A GALBULES SPHÉRIQUES.

Branches nombreuses, dressées, grêles. Rameaux et ramules tétragones, arrondis, réclinés, pendants. Feuilles squamiformes, opposées, imbriquées, décussées, rarement aciculaires. Galbules subsphériques, gros.

Habite le nord de la Chine. Introduit en 1848. Très-rustique.

Juniperus squamata. *Don.*

GENÉVRIER A RAMEAUX ÉCAILLEUX.

Arbrisseau couché, très-rameux. Rameaux et ramules très-rapprochés, courts, arrondis, légèrement dressés, à écorce brunâtre, mince, se détachant en lames. Feuilles ternées, rarement opposées, très-rapprochées, raides, aciculaires, aiguës, longues de 6—8 millimètres, longtemps persistantes quoique sèches et adhérentes au rameau, où elles forment des sortes d'écailles, glabres et d'un vert intense. Galbules ovales, d'un rouge brun, ombiliqués au sommet.

Habite les Alpes du Népaul et du Thibet, jusqu'à 1800 mètres d'altitude. Introduit en 1824. Très-rustique.

Juniperus tetragona. *Schlecht.*

GENÉVRIER A RAMEAUX TÉTRAGONES.

Feuilles très-rarement aciculaires, opposées, quelquefois ternées, étroites, vert foncé en dessus, planes et glauques en dessous, effilées, aiguës au sommet ; la plupart squamiformes, rapprochées, opposées-décussées, épaissies, très-obtuses et réfléchies au sommet, carénées sur le dos. Branches étalées. Rameaux et ramules très-rapprochés, tétragones par l'imbrication des feuilles. Galbules irrégulièrement sphériques, d'environ 6—8 millimètres de diamètre, d'un violet-noirâtre, presque lisses.

Arbrisseau de 3—4 mètres. Habite le Mexique, à une altitude d'environ 2500 mètres. Introduit vers 1839. Rustique.

Juniperus thurifera. *L.*

GENÉVRIER A ENCENS.

Arbre vigoureux atteignant 8—12 mètres de hauteur. Tige dressée, écailleuse, recouverte d'une écorce brun-grisâtre. Branches étalées, plus rarement dressées. Rameaux et ramilles très-courts, étalés. Feuilles la plupart squamiformes, opposées, très-rarement ternées, acuminées, pointues au sommet; celles des jeunes ramilles apprimées dans toute leur longueur; celles des ramules âgés, légèrement écartées au sommet. Galbules subglobuleux, souvent un peu déprimés, de 6—10 millimètres de diamètre, d'un vert pâle, passant au roux foncé.

Habite le mont Athos, l'Olympe et le Caucase à 1160—1500 mètres d'élévation. Introduit vers 1752. Rustique.

Juniperus thurifera expansa. *C. S.*

GENÉVRIER A ENCENS ÉTALÉ.

Variété du précédent, à rameaux allongés, étalés. Rameaux et ramilles nombreux, étalés, recourbés, divariqués en tous sens. Obtenue dans nos semis.

Juniperus thurifera fastigiata. *C. S.*

GENÉVRIER A ENCENS PYRAMIDAL.

Belle variété très-distincte et très-remarquable par ses rameaux nombreux dressés en pyramide compacte, très-touffue, et ses ramilles courtes, dressées, étalées. Obtenue du même semis que la précédente.

Juniperus thurifera Myosuros. *C. S.*

GENÉVRIER A ENCENS A RAMEAUX FILIFORMES.

Branches flexueuses, grêles, très-allongées, cylindriques, contournées, étalées, divariquées et pendantes. Ramules ténus, pendants. Feuilles de deux formes sur les mêmes rameaux : les unes squamiformes, opposées, ovales-obtuses, très-rapprochées, étroitement appliquées, imbriquées, décurrentes; les autres aciculaires, ternées, étalées, élargies à la base, très-courtes, planes et glauques en dessus, arrondies en dessous et terminées par un aiguillon très-aigu; toutes d'un vert très-foncé.

Cette variété des plus distinctes et des plus remarquables, hybride selon toute probabilité, a quelque ressemblance pour la forme avec le Biota filiformis. Au premier aspect on la confondrait avec un Dacrydium. Agé de 14 ans, le pied-mère placé à l'Exposition universelle de 1867 atteint à peine 1 mètre 50 cent. de haut.

Juniperus thurifera pendula. *C. S.*

GENÉVRIER A ENCENS PLEUREUR.

Bel e variété obtenue dans le même semis, à rameaux étalés pendants.

Juniperus thurifera spectabilis. *C.'S.*

GENÉVRIER A ENCENS REMARQUABLE.

Tige droite, raide. Ramules et ramilles courts, étalés, formant une pyramide conique très-touffue. Même semis.

Juniperus Uhdeana. *Hort.*

GENÉVRIER D'UHDE.

Feuilles opposées, distantes, aciculaires sur les rameaux et les ramules, très-larges à la base, longuement décurrentes, apprimées, légèrement étalées au sommet, terminées par une pointe aiguë ; squamiformes, opposées-imbriquées sur les ramilles, très-petites, acuminées ; toutes d'un vert clair. Galbules petits, écailleux, oblongs, d'un bleu glauque cendré. Tige droite. Rameaux et ramules dressés ou étalés.

Juniperus Virginiana. *L.*

GENÉVRIER DE VIRGINIE.

Grand arbre de 15—20 mètres de hauteur et plus, sur 1 mètre environ de diamètre, croissant en pyramide touffue, élargie. Feuilles très-variables, opposées ou le plus souvent ternées ; les unes aciculaires, étroites, subulées, rapprochées, légèrement étalées, longues de 8—12 millimètres ; les autres squamiformes, rhomboïdales, mutiques ou mucronées, étroitement imbriquées. Branches dressées, puis étalées, nombreuses, divergentes, quelquefois déclinées. Galbules ovales-oblongs, petits, d'un violet foncé, recouverts d'une poussière glauque.

Habite l'Amérique boréale, la Virginie, etc. Le bois du J. Virginiana est rouge, susceptible d'un beau poli, et d'une longue durée. Introduit en 1664. Très-rustique.

Juniperus Virginiana argenteo-variegata. *Hort.*

GENÉVRIER DE VIRGINIE PANACHÉ DE BLANC.

Variété remarquable par ses feuilles et par ses ramules panachés de blanc, panachure bien constante.

Juniperus Virginiana aurea. *Hort.*

GENÉVRIER DE VIRGINIE DORÉ.

Rameaux dressés, grêles. Ramules et ramilles étalés, puis pendants. Feuilles opposées, aciculaires, planes ou légèrement arrondies en dessus, carénées en dessous, longues de 5—10 millimètres, à peine larges de 1, recourbées vers la tige, décurrentes et brusquement terminées au sommet par un court mucron aigu.

Variété des plus remarquables par ses feuilles et ses jeunes ramilles d'un beau jaune d'or.

Juniperus Virginiana Canaertii. *Hort.*

GENÉVRIER DE CANAERT.

Feuilles opposées, étroitement imbriquées, subverticillées, apprimées, acuminées, d'un vert obscur. Tige droite, effilée. Rameaux et ramilles courts, étalés, formant ensemble une belle pyramide touffue.

Juniperus Virginiana Chamberlaynii. *Hort.*

GENÉVRIER DE CHAMBERLAYN.

Feuilles la plupart aciculaires, étalées ou couchées sur le rameau, acuminées, très-pointues, glaucescentes en dessus ; les autres squamiformes, appliquées, très-rapprochées. Branches effilées, allongées, défléchies. Rameaux et ramules nombreux, grêles, pendants. Variété vigoureuse, très-pittoresque et très-remarquable, d'un aspect gris cendré.

Juniperus Virginiana cinerascens. *Hort.*

GENÉVRIER DE VIRGINIE CENDRE.

Feuilles aciculaires, étroites, très-pointues ; les squamiformes petites, étroitement imbriquées, toutes d'une couleur gris-cendré, argentée, quelquefois luisante. Arbre très-vigoureux. Branches longuement étalées. Rameaux courts, légèrement réfléchis. Ramules nombreux à ramilles courtes.

Juniperus Virginiana erecta. *Hort.*

GENÉVRIER DE VIRGINIE PYRAMIDAL.

Feuilles la plupart aciculaires. Branches très-nombreuses dressées, formant ainsi une pyramide étroite, compacte et touffue, qui atteint jusqu'à 15 mètres de hauteur.

Juniperus Virginiana glauca. *Hort.*

GENÉVRIER DE VIRGINIE GLAUQUE.

. Branches longues et effilées. Ramules grêles, un peu réfléchis. Feuilles la plupart squamiformes. Variété des plus vigoureuses, très-distincte et très-remarquable par toutes ses parties d'un glauque bleuâtre très-prononcé.

Juniperus Virginiana glauca argentea. *Hort.*

GENÉVRIER DE VIRGINIE GLAUQUE ARGENTÉ.

Tige droite effilée, relativement grêle. Ramules courts, dressés, se terminant par de nombreuses ramilles, courtes, très-rapprochées. Feuilles des jeunes rameaux aciculaires, opposées, appliquées, très-larges à la base, décurrentes et terminées au sommet en une pointe fine, aiguë ; celles des ramilles, très-petites, opposées, décussées, imbriquées ; presque squamiformes, plus épaisses à l'extrémité des bourgeons ; toutes d'un beau vert glauque argenté. Belle variété assez vigoureuse et très-remarquable, de forme pyramidale.

Juniperus Virginiana humilis. *Loddiges.*

GENÉVRIER DE VIRGINIE NAIN.

Variété très-naine, buissonneuse, à rameaux et ramules très-courts, recouverts en grande partie de feuilles aciculaires, petites.

Juniperus Virginiana microphylla. *Bonamy frères.*

GENÉVRIER DE VIRGINIE A TRÈS-PETITES FEUILLES.

Arbrisseau grêle, de forme pyramidale. Ramules et ramilles très-courts, divergents, tortueux. Feuilles très-petites, aciculaires, aiguës.

Juniperus Virginiana monstrosa. *Carr.*

GENÉVRIER DE VIRGINIE MONSTRUEUX.

Variété remarquable par la quantité considérable de broussins qu'elle émet sur toutes ses parties et qui donnent à l'ensemble de l'arbre un aspect des plus singuliers.

Juniperus Virginiana pendula. *Gord.*

GENÉVRIER DE VIRGINIE PENDANT.

Branches très-étalées, grosses, réfléchies au sommet. Rameaux et ramules grêles, allongés, pendants. Feuilles la plupart squamiformes, étroitement imbriquées, ovales-lancéolées, mutiques ou mucronulées : les aciculaires, étroites, minces, couchées. Variété vigoureuse.

Juniperus Virginiana tripartita. *Longone.*

GENÉVRIER DE VIRGINIE TRIPARTI.

Feuilles ternées, très-courtes, très-rapprochées, aciculaires, épaisses, acuminées, piquantes, concaves et argentées en dessus, glauques, et arrondies en dessous.
Variété vigoureuse à rameaux érigés. Ramules et ramilles très-nombreux, étalés-dressés, ordinairement disposés par trois séries superposées sur la tige, ce qui lui donne la forme d'une pyramide triangulaire.

Juniperus Virginiana variegata. *Carr.*

GENÉVRIER DE VIRGINIE PANACHÉ.

Variété assez délicate, à ramilles panachées de blanc jaunâtre. Arbuste diffus, se dénudant promptement.

LARIX. *Link.* MÉLÈZE.

ABIÉTINÉES.

Feuilles caduques, planes, molles, linéaires, éparses sur les jeunes rameaux, fasciculées autour d'un bourgeon central sur les rameaux adultes. Cônes petits, à écailles persistantes après la chute des graines. Maturation annuelle.

Larix Americana pendula. *Loud.*

MÉLÈZE D'AMÉRIQUE PENDANT.

Espèce assez vigoureuse. Tige droite ; branches divergentes, pendantes, ramules et ramilles complétement pendants, à écorce noir-violacé. Cônes dressés, petits, à écailles obtuses, tronquées, persistantes.
Habite l'Amérique du Nord, où il produit un bois précieux spécialement employé pour la marine.

Larix Americana aurea. *C. S.*

MÉLÈZE D'AMÉRIQUE A FEUILLES DORÉES.

Variété très-distincte et très-remarquable par ses feuilles toutes d'un beau jaune d'or au moment de la pousse, passant ensuite au vert-tendre; aussi vigoureuse que l'espèce; trouvée dans nos semis en 1866.

Larix Archangelica. *Laws.*

MÉLÈZE D'ARCHANGEL.

Arbre ayant de nombreux rapports avec notre Larix Europæa, d'une croissance plus lente. Feuilles plus étroites et plus courtes.

Larix Dahurica. *Turcz.*

MÉLÈZE DE LA DAOURIE.

Arbre très-vigoureux et d'une croissance rapide. Feuilles alternes, rapprochées, très-étalées, tombantes, longues de 4 centimètres et plus, d'un vert clair luisant, presque planes en dessus, légèrement convexes, carénées en dessous, glaucescentes sur les deux faces, sessiles, décurrentes à la base, atténuées au sommet.
De la Sibérie arctique et de la Daourie. Introduit en 1827.

Larix Europæa. *D. C.*

MÉLÈZE COMMUN D'EUROPE.

Grand arbre, s'élevant en pyramide élancée de 30—40 mètres de hauteur et plus, sur 1 mètre et plus de diamètre. Branches étalées ou défléchies, redressées au sommet. Rameaux et ramules nombreux, effilés, grêles, étalés, pendants. Feuilles linéaires, planes ou subtétragones, alternes et distantes sur les jeunes rameaux, ramassées en courts fascicules très-serrés sur les vieux bourgeons. Cônes dressés ou horizontaux, longs de 3—5 centimètres, blancs ou violets, passant au vert, ensuite au brun-fauve à la maturité, à écailles ovales, persistantes.
Arbre d'une croissance des plus rapides, surtout dans les terres légères, un peu fraiches et assez profondes, aux expositions froides et aérées, dans les vallons et sur les pentes rapides des montagnes les plus élevées. Il se refuse aux terres argileuses, constamment humides ou trop calcaires et aux terres tourbeuses. La grande facilité de sa reprise, la promptitude de sa croissance, qui le met promptement à l'abri de la dent des bestiaux, et les qualités de son bois font généralement préférer le Mélèze pour les plantations forestières de nouvelle création, car il vient mal à l'ombre et dans des clairières, ainsi que dans les terres trop végétales.
Il figure avec avantage dans nos parcs d'agrément par son port élancé et la fraiche verdure de son feuillage. Sa rusticité à toute épreuve, son bois dur, solide, résineux, veiné de rouge, d'un grain fin, serré, presque incorruptible, peu inflammable, très-recherché pour la marine et les constructions souterraines, le placent au premier rang des arbres résineux forestiers.
Indigène, habite les montagnes des Alpes, de la Suisse, du Valais, seul ou mélangé avec l'A. Picea.

Larix Europæa compacta. *Laws.*

MÉLÈZE D'EUROPE A RAMEAUX SERRÉS.

Variété assez vigoureuse. Branches nombreuses, toutes verticalement dressées vers le sommet.

Larix Europæa conica. *Bonamy frères.*

MÉLÈZE D'EUROPE CONIQUE.

Branches d'abord un peu étalées, puis brusquement redressées contre la tige en forme de pyramide conique.

Larix Europæa curvifolia. *C. S.*

MÉLÈZE D'EUROPE A FEUILLES RECOURBÉES.

Feuilles petites, étroites, irrégulièrement recourbées ou incurvées. Variété d'un aspect singulier, trouvée dans nos semis en 1865.

Larix Europæa fastigiata stricta. *C. S.*

MÉLÈZE D'EUROPE EN PYRAMIDE SERRÉE.

Branches nombreuses, élancées, strictement dressées en faisceaux près de la tige, formant ainsi une colonne étroite, régulière.
Superbe variété nouvelle, inédite, très-vigoureuse, trouvée dans des plantations provenant de nos semis ; elle est appelée à un brillant avenir pour l'ornementation des jardins.

Larix Europæa glauca. *C. S.*

MÉLÈZE D'EUROPE GLAUQUE.

Belle variété de nos semis, aussi vigoureuse que l'espèce. Feuilles d'un glauque argenté-bleuâtre au printemps.

Larix Europæa Kellermanni. *Laws.*

MÉLÈZE D'EUROPE DE KELLERMANN.

Plante naine, buissonneuse. Branches courtes, très-grosses, parfois monstrueuses, densement garnies de feuilles.

Larix Europæa longifolia. *C. S.*

MÉLÈZE D'EUROPE A LONGUES FEUILLES.

Feuilles longues de 5—7 centimètres, larges de 2—3 millimètres, presque semblables à celles du L. Kæmpferi, mais en différant par leur couleur verte, arrondies en dessus, glauques en dessous.
Belle variété obtenue dans nos semis en 1865.

Larix Europæa pendula. *Laws.*

MÉLÈZE D'EUROPE PLEUREUR.

Branches assez nombreuses, étalées, pendantes. Rameaux et ramules pendants. Plante vigoureuse d'un effet très-pittoresque.

Larix Europæa pyramidalis. *Hort.*

MÉLÈZE D'EUROPE PYRAMIDAL.

Branches nombreuses, grosses, courtes, dressées près de la tige en pyramide.

Larix Europæa variegata. *C. S.*

MÉLÈZE D'EUROPE A FEUILLES PANACHÉES.

Variété obtenue dans nos semis, bien distincte par ses feuilles d'un jaune pâle.

Larix Griffithiana. *Hooker.*

MÉLÈZE DE GRIFFITH.

Arbre assez vigoureux de 10—20 mètres de hauteur. Branches longuement étalées, grosses, à écorce d'un brun foncé. Feuilles longues, linéaires, glaucescentes, légèrement convexes en dessus, de chaque côté de la nervure, très-brusquement terminées en une pointe courte, aiguë. Cônes solitaires peu nombreux, atteignant 5—7 centimètres de longueur sur 2—3 de largeur, venant au sommet de grosses et très-courtes ramilles ; écailles tronquées, irrégulièrement arrondies au sommet.

Habite dans l'Himalaya, le Sikkim, le Népaul, le Bootan, où il s'élève jusqu'à près de 3000 mètres d'altitude. Assez rustique. Introduit vers 1850.

Larix Kamtskatica. *Carr.*

MÉLÈZE DU KAMTSKATKA.

Syn. : LARIX ALTAÏCA, *Senilis.* LEDEBOURII, *Rupprecht.*

Arbre très-variable de forme et de grandeur, suivant le sol où il croît et l'altitude où il s'élève : là, c'est simplement un buisson chétif, tandis que dans une situation favorable il devient un arbre majestueux.

Les feuilles ressemblent à celles du L. Europæa, mais sont plus petites, ainsi que les cônes.

Larix Leptolepis. *Sieb. et Zucc.*

MÉLÈZE DU JAPON.

Feuilles linéaires, molles, obtuses, solitaires, visiblement alternes sur les bourgeons en voie de développement, plus raccourcies sur les bourgeons latéraux, où elles sont très-rapprochées, et presque ramassées en verticilles, acéreuses, très-étroites, linéaires-aiguës ou subobtuses, mucronées, le plus souvent atténuées à la base et subpétiolées ; les nouvelles de 13—18 millimètres de longueur, les adultes de 2—4. Cônes ovales, arrondis, à écailles atténuées dès la base, orbiculaires, échancrées ou arrondies, minces, striées, à bords réfléchis et ondulés, lacérés.

Espèce voisine de notre Mélèze d'Europe, elle s'en distingue par ses cônes plus arrondis, formés d'écailles plus nombreuses, plus minces et repliées sur les bords. Grand arbre du Japon septentrional. Bois brun, dur et tenace. Très-rustique.

Larix macrocarpa. *Veitch.*

MÉLÈZE DU JAPON A GROS CÔNES.

Espèce distincte par ses feuilles plus longues et ses cônes plus gros, dont les écailles sont presque droites, non revolutées. Importée en 1855. Très-rustique.

Larix microcarpa. *Forbes Jam.*

MÉLÈZE A PETITS CÔNES D'AMÉRIQUE.

Arbre atteignant 25—30 mètres de hauteur en pyramide élancée. Branches dressées, étalées, puis horizontales et défléchies, redressées à l'extrémité. Rameaux longs, effilés, pendants, couverts d'une écorce d'un brun noirâtre. Feuilles linéaires, arrondies, subtétragones, un peu obtuses, plus courtes que dans le L. Europæa. Cônes dressés, très-petits, longs d'environ 12—15 millimètres, larges de 8 — 10, à écailles vertes, lavées de violet, passant au rouge violacé, finalement d'un jaune roux, ovales, scarieuses, infléchies sur les bords.

Arbre du Canada et de la Virginie. Bois de qualité supérieure, très-estimé pour la marine et les constructions civiles. Introduit en 1739. Très-rustique.

Larix microcarpa Caucasica. *Hort.*

MÉLÈZE A PETITS CÔNES DU CAUCASE.

Feuilles linéaires, subtétragones, très-ténues, molles, droites ou légèrement recourbées, arrondies en dessus, parcourues par une fine nervure, légèrement épaissies sur les bords et partagées au milieu par une large carène, longues de 2—4 centimètres, à peine, larges de $^1/_2$ — 1 millimètre, éparses, étalées, solitaires sur les jeunes bourgeons, disposées en verticilles serrés et dressés sur les bourgeons latéraux. Tige droite, effilée, à écorce luisante d'un brun clair, légèrement cannelée.

Arbre vigoureux, très-distinct par la ténuité de ses feuilles. Reçu en 1861 de graines envoyées du Caucase. Très-rustique.

Larix pendula. *Salisb.*

MÉLÈZE PENDANT.

Tige dressée. Branches courtes, fortes, étalées, recourbées, pendantes, à écorce d'un gris argenté Ramules et ramilles défléchis, pendants. Feuilles linéaires, épaisses, subtétragones, la plupart falciformes et recourbées, vertes, arrondies, finement nervulées en dessus, glaucescentes et carénées en dessous, portées sur un coussinet saillant et décurrent, longues de 25 — 45 millimètres, plus courtes sur les jeunes rameaux. Cônes dressés, petits, arrondis, à bractées panduréiformes, mucronées, à écailles ovales, très-entières, réfléchies sur les bords. De l'Amérique boréale. Très-rustique.

Larix Sibirica. *Ledeb.*

MÉLÈZE DE SIBÉRIE.

Syn. LARIX TORTUOSA. *Hort.*

Arbre de moyenne grandeur, ou plus souvent arbuste rabougri, perdant ses feuilles avant la fin de l'automne. Tige faible, très-courte. Rameaux peu nombreux. Feuilles linéaires, subtétragones, un peu obtuses, étroites, très-petites. Cônes dressés, petits.

De la Sibérie et des monts Altaï. Introduit en 1806.

2ᵉ SECTION : **PSEUDO-LARIX.** *Gordon.*

Cônes oblongs, pendants, fragiles. Écailles caduques, grosses et épaisses, divergentes, étalées, cordiformes à la base, souvent échancrées au sommet, portant 2 graines. Feuilles caduques, molles, planes, linéaires, solitaires ou éparses dans les jeunes rameaux, réunies en rosettes sur les bourgeons latéraux très-courts. Maturation annuelle.

Larix Kæmpferi. *Fortune.*

MÉLÈZE DE KÆMPFER.

Syn. : ABIES KÆMPFERI. *Lindley.* — PSEUDO-LARIX KÆMPFERI. *Gord.*

Feuilles caduques, subtétragones, molles, linéaires, légèrement falciformes, arrondies en dessus et d'un beau vert foncé, révolutées sur les bords, carénées et d'un vert plus pâle en dessous, parcourues de nombreuses lignes de stomates, portées sur un coussinet peu saillant, apparent après leur chute, longues de 5 — 8 centimètres, larges de 2 — 3 millimètres, presque égales en largeur de la base au sommet, obtuses ou terminées en une pointe fine, jaunâtre, éparses et solitaires sur les jeunes rameaux, disposées en verticilles courts et serrés sur les bourgeons latéraux. Cônes cynaroïdes, dressés, longs de 7 centimètres, larges de 5 — 6, à écailles subéreuses, très-lâchement imbriquées, extrêmement fragiles, cordiformes, très-élargies à la base, acuminées, obtuses, divergentes, bifides au sommet, révolutées sur les bords, très-brillantes dans leur jeunesse. Tige forte, droite, à écorce légèrement cannelée, d'un brun-cannelle ferrugineux. Branches éparses, et étalées. Bourgeons écailleux.

Arbre d'une grande beauté et d'une croissance très-rapide, s'élevant à 40 mètres et plus en pyramide régulière, ayant l'aspect et le port du Mélèze. Habite le nord-est de la Chine. Introduit en 1856. Très-rustique.

LIBOCEDRUS. *Endlicher.*

CUPRESSINÉES-ACTINOSTROBÉES.

Strobiles à 4 valves, les alternes plus petites, monospermes. Graines à deux ailes inégales. Feuilles squamiformes, opposées, décussées, imbriquées, toutes égales ; ou les marginales naviculaires, les faciales planes et dépourvues de glandes. Arbres toujours verts.

Libocedrus Chilensis. *Endlicher.*

LIBOCEDRUS DU CHILI.

Syn. : THUIA ANDINA. *Pœpp.*

Rameaux courts, aplatis, comprimés, étalés, les supérieurs dressés, tortueux, divisés en ramules pinnés, dénudés à la base, cylindriques et recouverts d'une écorce brune empreinte de cicatrices annulaires. Feuilles marginales embrassant les ramules, soudées entre elles jusque vers le milieu, puis infléchies, subaiguës et parcourues sur l'une et l'autre face par un sillon argenté, qui se prolonge sur le ramule, les faciales très-courtes, obtuses, étroitement apprimées, longues de 6 — 10 millimètres, comprimées, obtuses.

Arbre élancé, pouvant atteindre 20 — 25 mètres à bonne exposition, formant une pyramide élégante. Bois jaunâtre, très-dur, résineux, odorant. Introduit en 1848.

Libocedrus Chilensis argentea. *C. S.*

LIBOCEDRUS DU CHILI ARGENTÉ.

Variété très-belle, obtenue dans nos semis. Tige droite. Rameaux très-nombreux. Feuilles plus petites, plus découpées et plus argentées que dans l'espèce.

Libocedrus Chilensis viridis. *Carr.*

LIBOCEDRUS DU CHILI VERT.

Semblable à l'espèce pour le port et pour la vigueur, mais dont les feuilles sont vertes sur les deux faces.

Libocedrus Chilensis viridis compacta. *C. S.*

LIBOCEDRUS DU CHILI VERT COMPACTE.

Variété de nos semis, à nombreux rameaux et ramules dressés en pyramide compacte.

Libocedrus Doniana. *Endl.*

LIBOCEDRUS DE DON.

Syn. : THUIA DONIANA. *Hook.*

Arbre de 25 mètres et plus. Branches éparses, étalées, plus rarement dressées. Ramilles nombreuses, distiques, très-comprimées, couvertes de feuilles imbriquées. Feuilles opposées-décussées; celles des côtés, naviculaires, longues de 4 — 6 millimètres, épaisses, longuement décurrentes à la base, rétrécies au sommet en une pointe courte; les faciales, planes, fortement carénées sur le dos, appliquées, élargies, décurrentes à la base, mucronées au sommet. Strobiles solitaires, dressés, sessiles au sommet de courtes ramilles, longs de 12 — 15 millimètres, ovales-obtus, dressés, à valves ligneuses, les extérieures plus courtes, portant toutes au-dessus du milieu un mucron spinescent, long de 4 — 6 millimètres, tourné vers le sommet du strobile. Graines solitaires à la base des grandes valves.

Habite, dans la Nouvelle-Zélande boréale, les forêts épaisses et ombreuses sur les monts élevés de Nelson. Bois d'excellente qualité, débité en planches par les Indigènes. Introduit vers 1852. Ne supporte pas les fortes gelées de nos contrées.

*Libocedrus tetragona. *Endl.*

LIBOCEDRUS TÉTRAGONE — ALERZE.

Branches arrondies, éparses, scabres par les cicatrices des feuilles, à écorce roux-brun, se détachant en lames. Rameaux tétragones, comprimés, à feuilles imbriquées, très-rapprochées sur 4 rangs. Feuilles squamiformes, ovales, élargies-décurrentes à la base, apprimées, acuminées-aiguës au sommet, carénées sur le dos, à peine longues de 4 millimètres. Strobiles solitaires à l'extrémité de courtes ramilles, ovales, dressés, composés d'écailles coriaces ligneuses, les inférieures plus petites, portant près du sommet un mucron spinescent, incurvé.

Grand arbre de 20 — 30 mètres de hauteur sur 2 — 3 mètres 50 cent. de diamètre. Habite les Andes de la Patagonie. Son bois dur, élastique, regardé comme incorruptible, est l'objet d'un grand commerce. Introduit en 1860. Sensible aux fortes gelées.

NAGEIA. *Gœrtner.*

PODOCARPÉES.

Graine renversée, adnée à l'écaille, à tégument extérieur charnu, recouvrant l'intérieur qui est souvent osseux. Feuilles largement ovales, souvent opposées, subdistiques, dépourvues de nervure médiane.

** Nageia Blumei. Gord.*

NAGEIA DE BLUME.

Syn. : PODOCARPUS BLUMEI. *Endl.*

Grand arbre des forêts de Java, où il s'élève à 20 — 25 mètres de hauteur. Rameaux cylindriques, étalés, à écorce brune ; les supérieurs opposés, verts, presque ronds, noueux, épaissis, quelquefois comprimés au sommet. Feuilles presque opposées, longues de 6 — 12 centimètres, larges de 2 — 5, épaisses, elliptiques, lancéolées, rétrécies aux deux bouts, légèrement obtuses, coriaces, raides, multinervées, luisantes, tordues à la base. Fruits globuleux, solitaires. Orangerie.

** Nageia cuspidata. Gordon.*

NAGEIA A FEUILLES CUSPIDÉES.

Syn. : PODOCARPUS CUSPIDATA. *Endl.*

Feuilles opposées ou subopposées ; celles de l'extrémité des rameaux souvent alternes ou subdistiques, largement elliptiques, très-entières, rétrécies à la base en un court pétiole élargi, longues de 4 — 8 centimètres, sur 25 — 32 millimètres dans leur plus grande largeur, d'un vert très-intense en dessus, d'un vert gai en dessous, marquées de nombreuses nervures longitudinales légèrement saillantes et d'un vert plus foncé ; obtuses et plus ou moins acuminées au sommet, jamais mucronées, souvent un peu ondulées sur les bords. Branches d'un gris brun, légèrement rugueuses, opposées ou verticillées. Rameaux opposés, généralement distiques, plus rarement alternes.
Habite au Japon, dans l'île de Jézo, introduit vers 1825.

** Nageia Japonica. Gœrtner.*

NAGEIA DU JAPON.

Syn. : PODOCARPUS NAGEIA. *R. Br.*

Feuilles opposées, bijuguées, oblongues, lancéolées, atténuées à la base, acuminées au sommet, larges de 3 — 4 centimètres, longues de 8 — 10, à pétiole et nervure durs, d'un vert obscur presque bleuâtre sur les deux faces, lisses et légèrement striées longitudinalement. Tige droite, marquée par les cicatrices des anciennes feuilles, recouverte d'une écorce d'un brun obscur. Bois dur à peine fibreux.
Arbre de 12 — 20 mètres de hauteur, à branches étalées. Habite les montagnes de l'île de Niphon. Orangerie.

Nageia Japonica variegata. Gordon.

NAGEIA DU JAPON A FEUILLES PANACHÉES.

Syn. : PODOCARPUS NAGEIA VARIEGATA. *Hort.*

Belle variété de l'espèce précédente, à feuilles mi-parties, striées ou rubannées de larges bandes blanc pur ou jaune pâle, cultivée au Japon et envoyée par M. Fortune en 1861. Orangerie.

Nageia latifolia. *Gordon.*

NAGEIA A LARGES FEUILLES.

Syn. : PODOCARPUS LATIFOLIA. *Wall.*

Arbre de moyenne grandeur, 7 — 10 mètres, peu ramifié ; écorce, d'abord glaucescente, puis d'un vert pâle, finalement grise, légèrement rugueuse; feuilles opposées, étalées, largement lancéolées, très-acuminées, planes, très-entières, coriaces, fermes, d'un vert gai luisant en dessus, plus pâle en dessous, larges de 20 — 30 millimètres, longues de 10 — 15 centimètres, brusquement rétrécies à la base en un court pétiole comprimé, légèrement tordu, très-longuement acuminées au sommet, qui est terminé par une pointe obtuse. Habite l'île Pandna, dans l'Inde. Orangerie.

Nageia ovata. *Gordon.*

NAGEIA A FEUILLES OVALES.

Feuilles opposées, rarement alternes, très-courtement ovales-cordiformes, brusquement atténuées aux deux bouts, très-courtement pétiolées, arrondies, à peine mucronulées au sommet, longues de 4 centimètres, larges de 25 millimètres, épaisses, d'un vert foncé, lisses, luisantes et comme vernies en dessus, à limbe légèrement côtelé.

Branches peu nombreuses, courtes et irrégulières, étalées, déclinées, rarement subdressées. Rameaux cylindriques, à écorce vert foncé, lisse ou à peine sillonnée supérieurement. Jeunes bourgeons d'un glauque bleuâtre très-prononcé; écorce vert foncé ou brune.

Habite au Japon, près de Yeddo, découvert par M. Fortune en 1861. Assez rustique.

Nageia Zamiæfolia. *Hort. Belg.*

NAGEIA A FEUILLES DE ZAMIA.

Feuilles distiques, ovales, elliptiques, lancéolées, épaisses, sans aucune nervure, terminées à la base par un pétiole tordu, et au sommet par un court mucron non piquant d'un brun noirâtre, légèrement serrulées sur les bords, faiblement recourbées, longues de 12 — 15 centimètres, sur 20 — 25 millimètres de large, d'un beau vert clair, glaucescentes dans leur jeunesse. Jeunes rameaux glaucescents, devenant ensuite d'un brun foncé.

Espèce rare et délicate, très-belle ; elle exige l'abri d'une bonne serre tempérée. Origine incertaine.

PHYLLOCLADUS. *L. C.* RICH.

TAXINÉES.

Arbres toujours verts, indigènes de la Nouvelle-Zélande. Anthères biloculaires. Graines nuciformes, entourée à la base par un disque charnu accompagné de bractées aiguës. Rameaux verticillés, couverts de feuilles petites, squamiformes. Ramilles distiques ou verticillées, dilatées en phyllodes rhomboïdes ou cunéiformes, flabellées ou pennées-veinées, portant sur les bords des feuilles squamiformes.

* **Phyllocladus Alpina.** *Hook fils.*

PHYLLOCLADE DES MONTAGNES ALPINES.

Ramilles foliiformes, petites, épaisses, obtusément lobées. Arbuste plus petit et plus compacte que le P. Trichomanoïdes.
Habite les montagnes alpines de la Nouvelle-Zélande, à 1800 mètres d'altitude. Orangerie.

* **Phyllocladus asplenifolia.** *Hook fils.*

PHYLLOCLADE A FEUILLES DE FOUGÈRE.

Espèce ou variété du P. rhomboïdalis, à feuilles plus petites, plus glauques, plus profondément incisées sur les bords, ressemblant à certaines fougères. Orangerie.

* **Phyllocladus glauca.** *Carr.*

PHYLLOCLADE GLAUQUE.

Ramilles foliiformes, atténuées à la base en un pétiole anguleux, d'un vert ferrugineux en dessus, finement laciniées, glaucescentes en dessous; les plus jeunes, remarquables par leur couleur blanchâtre ou bleuâtre. De la Tasmanie; introduit vers 1853. Orangerie.

* **Phyllocladus hypophylla.** *Hook.*

PHYLLOCLADE HYPOPHYLLE.

Arbre érigé. Ramilles foliiformes, obliquement cunéiformes à la base, lobées-crénelées, à lobes oblongs, obtus, glauques en dessous; les supérieures, obovales-tronquées, profondément émarginées ou bilobées, denticulées.
Habite Bornéo, à environ 2000 mètres d'altitude. Orangerie.

* **Phyllocladus rhomboïdalis.** *L. C. Rich.*

PHYLLOCLADE RHOMBOÏDAL.

Arbre de 15 — 20 mètres de hauteur sur 80 centimètres à 1 mètre de diamètre. Branches éparses ou subverticillées, en partie couvertes de feuilles squamiformes, ovales, aiguës, de 4 millimètres de longueur, imbriquées, verticillées. Ramilles foliiformes, atténuées en pétiole à la base, distiques, rhomboïdales, flabellées, linéaires, incisées, serrées; les inférieures adnées-décurrentes, vertes sur les deux faces. Habite dans la Tasmanie les lieux bas et humides. Introduit en 1825. Orangerie.

* **Phyllocladus trichomanoïdes.** *Don.*

PHYLLOCLADE A FEUILLES DE DORADILLE.

Tronc droit, cylindrique, recouvert d'une écorce gris-brunâtre; branches étalées, verticillées souvent par 5, tuberculeuses ou rugueuses par les cicatrices des ramilles foliiformes, grêles, courtement étalées ou défléchies, promptement dénudées. Rameaux verticillés, étalés. Ramilles foliiformes, sessiles, courtes, légèrement aplaties en dessus, sillonnées, atténuées, cannelées à la base, obliquement cunéaires, penninervées, lobées, pinnatifides, à lobes tronqués-dentés, d'un vert roux. Arbre d'environ 25 mètres de hauteur sur 1 mètre 50 centimètres de diamètre. Habite les forêts de la Nouvelle-Zélande. Orangerie.

PINUS. *L.* PIN.

ABIÉTINÉES-PINÉES.

Feuilles persistantes, subulées, longuement filiformes, toujours réunies à la base dans une gaîne commune formée d'écailles scarieuses ou membraneuses, persistantes. Écailles des cônes ordinairement dilatées et renflées en apophyse au sommet, très-rarement amincies et dépourvues d'apophyse.

1ʳᵉ TRIBU : CEMBRA.

Feuilles quinées. Gaînes courtes, écailleuses, caduques. Cônes ovoïdes, obtus ou déprimés, sessiles, ordinairement dressés, latéraux ou obliques, jamais pendants, à écailles lignescentes, d'apparence tubéreuse, s'ouvrant à l'automne ; apophyse très-légèrement épaissie au centre, amincie sur les bords. Protubérance terminale, plane, subrugueuse. Graines dépourvues d'aile. Maturation bisannuelle.

Pinus Cembra. *L.*

PIN CEMBRO. — ALVIER.

Feuilles quinées, longues de 6—10 centimètres, triquètres, très-glauques, souvent contournées, finement serrulées sur les bords. Gaînes courtes, très-caduques ; écailles des gaînes allongées, spatulées, linéaires, très-entières, lâchement étalées. Coussinets peu saillants, non décurrents. Cônes dressés, ovales-oblongs, obtus, violacés-verdâtres, puis roux, résineux, longs de 6—8 centimètres, larges de 6. Écailles lâchement imbriquées ; apophyse légèrement épaissie au milieu, rugueuse, à bords réfléchis, terminée en une protubérance obtuse, lancéolée. Graines dépourvues d'aile, obovales, à testa osseux, bonnes à manger.
Arbre de 20—30 mètres de hauteur, des plus rustiques, d'une croissance très-lente dans sa jeunesse, s'élevant en pyramide compacte. Branches dressées verticillées. Bois blanc d'excellente qualité, très-recherché pour la sculpture.
Habite les Alpes du Briançonnais, l'Autriche et le mont Cenis.

Pinus Cembra aureo-variegata. *C. S.*

PIN CEMBRO PANACHÉ DORÉ.

Très-belle variété obtenue dans nos semis, à feuilles d'un beau jaune d'or.

Pinus Cembra pumila. *Pallas.*

PIN CEMBRO NAIN DE SIBÉRIE.

Arbre ou arbrisseau tortueux. Rameaux dressés ou couchés. Feuilles très-courtes. Cônes plus petits que dans l'espèce.

Pinus Cembra viridis. *C. S.*

PIN CEMBRO A FEUILLES VERTES.

Variété remarquable et très-distincte par sa tenue pyramidale et par ses feuilles d'un beau vert luisant. Obtenue dans nos semis.

Pinus flexilis. *Wisliz.*

PIN FLEXIBLE.

Feuilles quinées, scarieuses, raides, non serrulées. Cônes cylindriques, pendants, assez semblables à ceux du P. Strobus, mais à graines comestibles. Cônes ovales à écailles ligneuses. Graines presque aussi grandes que des pois, comestibles, agréables au goût. Arbre d'environ 15 mètres de hauteur à cime largement arrondie, à écorce lisse gris-cendré, remarquable par la flexibilité de ses branches chargées de feuilles au sommet.

Habite les parties subalpines des montagnes Rocheuses près de la région des froids perpétuels.

Pinus Koraiensis. *Sieb. et Zucc.*

PIN DE CORÉE.

Feuilles quinées, longues de 8—9 centimètres persistant pendant 3 ans, filiformes-aiguës, mais non piquantes, planes sur le dos, fortement carénées sur la face opposée, trigones, à bords et carène denticulés, marqués sur chacun des côtés de bandes très-glauques. Cônes dressés, subsessiles, ovales, cylindriques, obtus, épais, de la grosseur du poing; à écailles nombreuses, largement cunéiformes dès la base, presque rhomboïdales-aiguës, réfléchies au sommet, coriaces, glabres, lignescentes, longitudinalement rugueuses, d'un brun jaunâtre. Graines dépourvues d'aile, grosses, obovales, un peu comprimées, subanguleuses, presque aussi grosses que celles du P. Cembra, à testa osseux.

Arbrisseau atteignant 3—4 mètres de hauteur; port du P. parviflora, à ramules cendrés-brunâtres, marqués de cicatrices par la chute des feuilles.

Habite la Corée, le Kamtschatka, cultivé dans les jardins du Japon. Introduit vers 1846. Très-rustique.

Pinus Mandschurica. *Ruppr.*

PIN DE LA MANDCHOURIE.

Feuilles quinées, dressées, fortement triquètres et scabres par de fortes serratures, longues de 6—10 centimètres, très-glauques, argentées sur toutes les faces, très-courtement acuminées au sommet. Gaines écailleuses, courtes, très-caduques ; coussinets ronds, un peu saillants. Branches dressées, à écorce gris-cendré ou vert-pâle, lisse et unie ; celle des jeunes bourgeons est d'un rouge ferrugineux légèrement tomenteuse. Cônes résineux, dressés, cylindriques, longs de 20—25 centimètres, larges de 7—8. Écailles lâches, subéreuses, extrêmement fragiles, très-largement imbriquées, divariquées, étalées, puis redressées à angle obtus, révolutées au sommet, rugueuses et sillonnées de rides en dehors, marginées sur les bords, elliptiques, atténuées à la base, rétrécies à la partie supérieure, de couleur brun-cendré. Apophyse à peine saillante, un peu épaissie sur le milieu, très-amincie sur les bords. Protubérance terminale très-petite. Graines dépourvues d'ailes, plus longues que celles dn P. cembra, d'un roux fauve ou brunâtre, comestibles.

Habite la Mandchourie, d'où nous avons reçu les semences en 1862. Arbre d'une croissance plus prompte que celle du P. Cembra, très-distinct aussi du P. Koraiensis. Très-rustique.

Pinus parviflora. *Sieb. et Zucc.*

PIN A PETITES FLEURS.

Feuilles quinées, persistant pendant 3 années, raides, la plupart légèrement arquées ou tordues, aiguës, convexes ou planes sur le dos, à face fortement carénée, trigones, denticulées sur les bords et sur la carène, longues de 2—3 centimètres, avec plusieurs rangs de stomates disposés le long de la carène. Cônes dressés, ovales-elliptiques, obtus, longs de 3—4 centimètres. Écailles larges, obovales, arrondies, coriaces, presque ligneuses, de couleur brun-cendré. Graines semblables à celles du P. Cembra mais plus grandes. Branches étalées, minces. Rameaux effilés.

Arbre de 7—8 mètres de hauteur, originaire des montagnes nord du Japon. Introduit vers 1846. Très-rustique.

Deuxième tribu : STROBUS.

Feuilles quinées. Gaînes courtes, écailleuses, très-caduques. Cônes pédonculés, pendants la seconde année, fusiformes, cylindriques, atténués aux deux extrémités, à écailles lâchement appliquées, s'ouvrant à l'automne et laissant échapper les graines. Apophyse à partie moyenne légèrement épaissie, longitudinalement amincie sur les bords. Protubérance terminale obtuse, droite, plus rarement un peu réfléchie. Graines ailées.

Pinus aristata. *Engelmann.*

PIN A ÉCAILLES ARISTÉES.

Feuilles quinées, longues d'environ 5—6 centimètres, d'un vert clair. Gaines courtes, écailleuses, caduques. Cônes ovales, obtus, longs d'environ 8 centimètres, larges de 4, droits, atténués aux deux bouts. Écailles aristées, très-minces, longuement dressées sur l'axe, très-régulières ; apophyse transversalement élevée, très-régulière et uniforme, rouge-jaunâtre : protubérance saillante, très-régulière, luisante, non mucronée, un peu ridée. Graines ovales-elliptiques, longues de 6 millimètres, larges de 4. Aile très-mince, transparente. Rameaux étalés et tourmentés, à écorce lisse gris-cendré.

Arbre d'environ 12—20 mètres de hauteur, découvert en 1853 par le capitaine Gunisson sur les montagnes Rocheuses à la limite des neiges, à une élévation de 2500 mètres. Introduit en 1861 par le docteur Parry. Très-rustique.

Pinus Ayacahuite. *Ehrenb.*

PIN AYACAHUITE.

Grand arbre de 25—30 mètres et plus de hauteur, sur 1 mètre à 1 mètre 30 centimètres de diamètre, ressemblant beaucoup au P. excelsa par son port et les dimensions de ses feuilles. Écorce vert-pâle ou gris-cendré. Branches verticillées, étalées ou assurgentes, quelquefois défléchies. Jeunes bourgeons couverts de poils roux ferrugineux. Feuilles quinées, triquètres, fines, lâches, retombantes, carénées, serrulées sur les bords, glaucescentes, longues de 10—12 centimètres. Gaines courtes, à écailles membraneuses, très-caduques. Coussinets plats, légèrement décurrents. Cônes pendants, arqués, cylindriques, sensiblement et régulièrement atténués dès la base, longs de 18—20 centimètres, larges de 5—6 à la base. Écailles larges, de nature spongieuse, souvent sillonnées longitudinalement. Apophyse un peu épaissie au centre de l'écaille, et s'amincissant vers les bords ; protubérance terminale, réfléchie, obtuse, brunâtre. Graines obovales, comprimées, à tégument brun. Aile longue d'environ 25 millimètres, large de 10.

Habite les montagnes du Mexique, à la hauteur d'environ 2500 mètres. Introduit en 1840. Rustique.

Pinus excelsa. *Wallich.*

PIN ÉLEVÉ.

Syn. : PINUS STROBUS EXCELSA. *Loud.*

Feuilles quinées, triquètres, tombantes, glauques argentées sur les deux côtés, vertes et arrondies sur l'autre face, denticulées sur les bords, ramassées en forme de houpes

au sommet des ramules; gaînes courtes, caduques. Coussinets peu saillants, non décurrents. Cônes d'abord obliquement dressés, puis pendants, fusiformes, très-résineux, longs
de 12 — 18 centimètres, larges de 4, atténués, obtus au sommet, à écailles lâchement
imbriquées, s'ouvrant en septembre-octobre de la deuxième année et laissant échapper
les graines. Apophyse très-légèrement épaissie au milieu, amincie sur les bords, de
nature subéreuse.

Grand et bel arbre de 40 mètres et plus de hauteur, d'un port élancé et d'une croissance rapide, à écorce lisse, gris cendré. Branches verticillées, horizontales, parfois
subdressées. Rameaux verticillés.

Habite les monts Himalaya, le Bootan, jusqu'à 3500 mètres d'altitude, où il constitue
des forêts. Introduit en 1823. Très-rustique.

Pinus Lambertiana. *Douglas.*

PIN DE LAMBERT.

Arbre gigantesque, atteignant jusqu'à 60 et 80 mètres de hauteur, sur un diamètre
de 2 — 3 mètres. Tronc droit, à écorce lisse, très-résineuse, d'un brun pâle ou gris-cendré ; celle des jeunes rameaux, couverte d'un duvet ferrugineux. Branches rapprochées,
verticillées, dressées, étalées. Rameaux et ramules nombreux. Feuilles quinées, raides,
d'un vert gai, longues de 8 — 10 centimètres, triquètres, denticulées sur les angles,
dressées et groupées vers le sommet des rameaux. Gaînes courtes, très-caduques. Cônes
cylindriques, atténués au sommet, pendants, longs de 25 — 35 centimètres, larges de
5 — 7, solitaires à l'extrémité des ramules. Écailles lâches, à apophyse rhomboïdale,
légèrement épaissie au centre; protubérance terminale obtuse, brunâtre. Graines irrégulièrement trigones, longues d'environ 15 millimètres, larges de 10, à aile dolabriforme,
brunâtre.

Habite les montagnes californiennes entre les degrés 40 — 45 de longitude boréale.
Introduit en 1827. Très-rustique.

Pinus monticola. *Douglas.*

PIN DES MONTAGNES.

Bel arbre atteignant jusqu'à 30 mètres et plus de hauteur, sur 50 — 60 centimètres
de diamètre. Tige droite recouverte d'une écorce lisse, gris-cendré. Branches dressées ou
étalées, assurgentes, rarement défléchies; jeunes bourgeons tomenteux, ferrugineux.
Feuilles quinées, triquètres, très-glauques, longues de 6 — 10 centimètres, rapprochées
des rameaux, finement denticulées sur les bords. Gaînes courtes, à écailles scarieuses,
minces, très-caduques. Coussinets saillants, non décurrents. Cônes pédonculés, souvent
agrégés, réfléchis, longs de 12 — 18 centimètres, larges d'environ 3, fusiformes, souvent
un peu arqués, atténués aux deux bouts, mais surtout au sommet, qui est presque
pointu. Ecailles à apophyse à peine épaissie au centre, amincie vers les bords; protubérance terminale petite, rugueuse, comme un peu mucronée.

Habite la Californie, les montagnes de Columbia. Introduit en 1831. Très-rustique.

Pinus monticola cærulescens. *C. S.*

PIN DES MONTAGNES A FEUILLAGE BLEUATRE.

Tronc droit. Branches assez grosses, courtes, étalées, dressées, à écorce d'un roux
ferrugineux obscur, recouverte d'un duvet laineux. Feuilles quinées, très-rapprochées,
raides, longues de 6 — 9 centimètres, droites ou légèrement courbées, d'un glauque
bleuâtre prononcé, triquètres, à bords anguleux, très-finement serrulées, dépourvues de
gaînes. Coussinets très-saillants non décurrents. Bel arbre reçu de M. Parmentier,
d'Enghien, d'une croissance lente.

Pinus nivea. *Booth.*

PIN A FEUILLES BLANC DE NEIGE.

Feuilles quinées, inégales, légèrement contournées, triquètres, longues de 3 — 5 centimètres, marquées sur deux faces de lignes très-glauques, comme farinacées ou blanc de neige. Gaines à écailles courtes, membraneuses, très-caduques. Coussinets peu saillants, non décurrents. Tige grêle, droite. Branches courtes, irrégulières, étalées. Du nordouest de l'Amérique septentrionale. Très-rustique.

Pinus Peuce. *Grisebach.*

PIN PEUCE.

Arbre pouvant atteindre 10 — 15 mètres de hauteur, formant une pyramide largement conique, quelquefois tortueux lorsqu'il est exposé aux grands vents, quelquefois même rabougri et tout petit lorsqu'il arrive à sa dernière limite de végétation. Port à peu près semblable à celui du P. excelsa. Feuilles quinées, souvent un peu plus courtes que celles du P. excelsa, mais ayant les mêmes caractères. Gaines caduques. Cônes d'abord dressés, puis pendants, à peu près semblables à ceux du P. excelsa, mais cependant un peu plus courts et plus petits, mûrissant à l'automne de la deuxième année.

Habite dans la Macédoine centrale, le mont Pérystère, jusqu'à 1800 mètres d'altitude. Introduit en 1864. Très-rustique.

Pinus Strobus. *L.*

PIN DE LORD WEYMOUTH.

Arbre élancé, pouvant atteindre 40 — 50 mètres de hauteur, recherchant de préférence les terrains légers et frais, humides et même tourbeux. Tronc droit, effilé, à écorce d'un vert gris-cendré, luisante. Branches verticillées, étalées, un peu grêles. Feuilles quinées, triquètres, très-ténues, à peine glaucescentes, carénées, lâches, finement serrulées, longues de 6 — 8 centimètres. Gaines courtes, écailleuses, très-caduques. Coussinets peu saillants, non décurrents. Cônes pédonculés, solitaires, ou plus souvent réunis par 2 — 3 à l'extrémité de courtes ramilles, très-résineux, fusiformes, ordinairement arqués, d'abord subdressés, puis pendants, longs de 10 — 16 centimètres, larges de 3, cylindriques, acuminés, atténués aux deux extrémités, d'un vert bleuâtre, devenant roux à leur maturité. Apophyse presque plane, à protubérance obtuse.

Habite les États-Unis, en deçà du fleuve Mississipi, jusqu'aux monts Alleghanys. Bois blanc, léger, de très-longue durée. Introduit en 1705. Très-rustique.

Pinus Strobus argentea. *C. S.*

PIN DE LORD WEYMOUTH ARGENTÉ.

Variété très-remarquable par ses feuilles nouvelles, toutes d'un blanc pur au printemps. Moins vigoureux que l'espèce.

Pinus Strobus aureo-variegata. *C. S.*

PIN DE LORD WEYMOUTH PANACHÉ-DORÉ.

Variété obtenue dans nos semis, à feuilles en partie dorées.

Pinus Strobus compressa. *Hort.*

PIN DE LORD WEYMOUTH A RAMEAUX COMPRIMÉS.

Arbrisseau arrondi ou conique, atteignant au plus 1 mètre 50 centimètres de hauteur. Branches nombreuses, dressées, courtes, comprimées et très-ramifiées. Feuilles plus courtes que dans l'espèce, réunies en fascicules au sommet des ramilles.

Pinus Strobus crispa. *Hort.*

PIN DE LORD WEYMOUTH A FEUILLES CRISPÉES.

Arbuste de forme conique à feuilles crispées, courtes, réunies en fascicules.

Pinus Strobus umbraculifera. *C. S.*

PIN DE LORD WEYMOUTH PARASOL.

Petit arbuste de forme arrondie, en boule très-compacte. Rameaux très-nombreux, comprimés, très-courts, très-rapprochés, se terminant par de petites ramilles courtes, poussant par 2 — 3 ensemble. Feuilles quinées, extrêmement ténues, triquètres, fortement carénées et marquées de deux lignes glauques en dessus, finement serrulées sur les bords, arrondies et vertes en dessous, longues d'environ 4 — 5 centimètres. Gaînes longues, lâches, à écailles très-minces, promptement caduques. Coussinets très-saillants, non décurrents.

Cette variété, des plus curieuses et des plus distinctes, fut découverte en 1839, sur un arbre provenant de nos semis; elle fut immédiatement fixée par la greffe et publiée dans notre catalogue de 1840 sous le nom de *P. umbraculifera*, et livrée à MM. Knight et Perry de Chelsea, en forts exemplaires multipliés par la greffe dite : *à cheval.*

Elle a parfaitement conservé depuis ses caractères primitifs.

TROISIÈME TRIBU : PSEUDO-STROBUS.

Feuilles quinées, très-rarement et alors partiellement ternées ou quaternées. Gaînes persistantes, fibro-laineuses, plus rarement écailleuses et, dans ce cas, subcaduques. Cônes obliques, horizontaux, parfois pendants, sessiles ou courtement pédonculés, à écailles solides fortement appliquées, ne s'ouvrant pas à l'automne. Apophyse plus ou moins élevée, souvent très-saillante, pyramidale. Protubérance termino-centrale. Graines ailées.

Pinus Apulcensis. *Lindl.*

PIN D'ACAPULCO.

Arbre d'environ 16 mètres de hauteur. Branches nombreuses, minces, étalées, irrégulières, quelquefois défléchies, assurgentes. Rameaux grêles, couverts d'une écorce gris-violacé. Feuilles quinées, très-ténues, flasques, quelquefois contournées, longues de 10 — 15 centimètres. Gaînes soyeuses, entières, longues de 15 — 20 millimètres, Cônes souvent résineux, longs d'environ 10 centimètres, larges de 5 à la base, ovales-coniques, pendants, à écailles brunes, un peu roussâtres. Apophyse très-élevée, pyramidale-aiguë; protubérance continue, droite ou légèrement courbée. Graines très-petites, ovales, à aile obliquement tronquée.

Habite au Mexique, dans les gorges des montagnes près d'Acapulco. Introduit en 1839. Assez sensible aux fortes gelées.

Pinus Devoniana. *Lindl.*

PIN DU DUC DE DEVONSHIRE.

Arbre magnifique s'élevant à 20 — 25 mètres de hauteur, peu ramifié. Tronc droit, épais, à écorce jaunâtre, fendillée, d'apparence subéreuse. Branches grosses, irrégulières, étalées, redressées au sommet. Bourgeons gros, courts, arrondis, roussâtres. Feuilles quinées, longues de 25 — 35 centimètres, triquètres, denticulées. Gaines persistantes, soyeuses, longues de 3 centimètres ; coussinets saillants, très-longuement décurrents. Cônes solitaires, pendants, oblongs-coniques, longs de 20 — 30 centimètres, atténués au sommet, légèrement courbés, à écailles longues, assez étroites. Apophyse blanchâtre, subpyramidale, transversalement carénée, aiguë. Protubérance brune, obtuse, non mucronée. Graines longues de 5 millimètres, larges de 4, grisâtres, pointues à la base, à aile striée de brun, longue de 25 — 30 millimètres.

Habite au Mexique le mont Ocotillo, entre Real del Monte et Regla. Introduit en 1839. Ce pin, remarquable par son port et la longueur de ses feuilles, est très-sensible à la gelée.

Pinus Ehrenbergii. *Endl.*

PIN D'EHRENBERG.

Feuilles quinées, longues d'environ 8 centimètres, raides. Gaines courtes, squameuses. Cônes ovales, longs de 5 — 6 centimètres. Apophyse rhomboïdale, déprimée, pyramidale, transversalement aiguë, carénée, à angle supérieur obtus ; celle des écailles inférieures latéralement plus étroite. Protubérance excentrique, orbiculaire, prolongée en un mucron aigu, réfléchi.

Habite au Mexique, dans les environs de Real del Monte, où il atteint 30 mètres.

Pinus filifolia. *Lindley.*

PIN A FEUILLES FILIFORMES.

Feuilles quinées, triquètres, longues de 25 — 30 centimètres, assez fines, lisses ou à peine serrulées, souvent un peu contournées. Gaines squameuses, longues de 3 centimètres, un peu frangées au sommet. Coussinets saillants, très-longuement décurrents. Cônes longs de 15 — 18 centimètres, larges de 5 — 6, parfois un peu courbés, atténués de la base au sommet. Écailles brunâtres ou d'un roux foncé. Apophyse pyramidale, élevée, aiguë transversalement, souvent rugueuse et comme veinée. Protubérance centrale, saillante, obtuse, plus colorée que l'apophyse, quelquefois légèrement mucronée, à mucron relevé vers le sommet du cône.

Arbre de 20 — 30 mètres de hauteur. Tronc recouvert d'une écorce épaisse, subéreuse, jaunâtre, se détachant en lames irrégulières. Branches très-grosses, peu nombreuses, irrégulières, inégalement distantes, se dénudant promptement, portant longtemps les cicatrices des vieilles feuilles. Boutons gemmaires gros, à écailles rougeâtres, fimbriées.

Habite le Guatemala, près le volcan de Fuego, à 3300 mètres d'altitude. Introduit en 1839. Assez rustique.

Pinus Gordoniana. *Hartweg.*

PIN DE GORDON.

Feuilles quinées, triquètres, ténues, très-rapprochées, finement serrulées sur les bords, longues de 25 — 40 centimètres. Gaines persistantes, longues de 3 — 4 centimètres, squameuses, presque scarieuses. Cônes pendants, pédonculés, souvent solitaires, légèrement recourbés, régulièrement atténués de la base au sommet, longs de 10 — 15 centimètres sur 4 — 5 de largeur à la base, portant 14 ou 15 rangées d'écailles larges à apophyse épaissie, rhomboïdale, rugueuse, obtuse. Graines petites, anguleuses, à aile droite, obtuse, demi-lancéolée.

Arbre très-remarquable par la longueur et l'élégance de son feuillage ; un des plus beaux pins du Mexique, où il s'élève à 25—30 mètres de hauteur. Tronc droit, gros. Branches nombreuses, grosses, étalées, relevées à l'extrémité. Bourgeons gros, écailleux, résineux.

Habite au Mexique sur le mont Cerro de San-Juan, près Tépic. Introduit en 1847. Sensible à la gelée.

Pinus Grenvilleæ. *Gordon.*

PIN DE LADY GRENVILLE.

Feuilles quinées, longues de 35 centimètres, triquètres, ténues, d'un vert foncé, très-finement serrulées. Gaines persistantes, rudes et squameuses, longues de 3 — 4 centimètres. Cônes pédonculés, pendants, longs de 40 centimètres, larges de 7 à la base, formés de 28 — 30 rangées d'écailles exsudant un peu de résine claire, souvent solitaires, légèrement courbés, régulièrement atténués de la base au sommet. Écailles larges, à apophyse épaissie surtout vers le milieu et le sommet. Graines petites, anguleuses, à aile étroite, obtuse, demi-lancéolée.

Arbre d'environ 25 mètres de hauteur, remarquable par son port et sa vigueur. Branches peu nombreuses, éparses, irrégulières. Boutons gemmaires très-gros, non résineux. à écailles nombreuses, étroites, brunes.

Habite au Mexique, sur le mont Cerro de San-Juan. Introduit en 1847. Passablement rustique.

Pinus Hartwegii. *Lindl.*

PIN DE HARTWEG.

Syn. : PINUS PALLO BLANCO. *Hort.*

Feuilles quinées, très-rapprochées, longues de 25 — 35 centimètres, lisses, triquètres. Gaines soyeuses, longues de 25 — 30 millimètres. Coussinets saillants, longuement décur-rents. Cônes longs de 10 — 14 centimètres, larges de 4, atténués au sommet, légèrement courbés, agrégés, presque pendants, à écailles brunes ou rousses. Apophyse généralement déprimée. Protubérance rhomboïdale déprimée, mutique, à bords rugueux. Graines obovales, longues d'environ 4 millimètres, larges de 3, brunes. Aile longue d'environ 20 millimètres. Branches grosses, étalées, défléchies, parfois pendantes.

Arbre d'une grande beauté, ressemblant beaucoup au P. Russelliana, mais à feuilles plus droites et plus longues.

Habite au Mexique le mont Campaniro, à environ 3000 mètres d'altitude, et sur le mont Orizaba. Introduit vers 1839. Rustique.

Pinus leiophylla. *Schied et Depp.*

PIN A FEUILLES LISSES.

Feuilles quinées, triquètres, très-ténues, lisses, glaucescentes. Gaines soyeuses, se dé-chirant souvent au sommet. Coussinets peu saillants, à peine décurrents. Cônes longs de 5 — 6 centimètres, larges de 3, solitaires ou agrégés, ovoïdes, acuminés au sommet, grisâtres, portés sur un pédoncule épais, très-court. Apophyse presque plane et légèrement épaissie. Protubérance centrale, irrégulière, ovale, plane, courtement mucronulée.

Bel arbre de 20—30 mètres de hauteur et plus. Bois très-résineux. Branches étalées ou réfléchies, redressées au sommet. Rameaux grêles, dressés, recouverts dans leur jeunesse d'une écorce blanchâtre, légèrement violacée.

Habite au Mexique, dans les régions élevées, entre la Croix-Blanche et Jacalinga, proche d'Unganguco. Introduit en 1839. Supporte assez bien les froids de nos contrées.

Pinus Lindleyana. *Gordon.*

PIN DE LINDLEY.

Arbre atteignant 15—20 mètres de hauteur. Branches grosses, nombreuses, étalées, défléchies, relevées au sommet. Boutons gemmaires gros, non résineux, à écailles d'un roux-foncé, brillantes, appliquées. Feuilles quinées, longues de 20—25 centimètres, grosses, triquètres, lisses ou à peine serrulées. Gaînes soyeuses, entières, quelquefois un peu lacérées au sommet; coussinets saillants, décurrents. Cônes longs d'environ 16 centimètres, larges d'à peu près 5 à la base, régulièrement coniques, un peu courbés, atténués et presque pointus au sommet, à écailles petites, nombreuses, régulièrement rhomboïdales; apophyse légèrement élevée, transversalement carénée, de couleur brune. Graines petites, munies d'une aile étroite relativement longue.

Habite les montagnes du Mexique près de la Sumate.

Pinus Lophosperma. *Lindl.*

PIN A GRAINES CRÊTÉES.

Feuilles quinées, grosses, raides, piquantes au sommet, triquètres, serrulées sur les bords, ressemblant à celles du P. macrocarpa, longues de 20—25 centimètres. Gaînes longues de 25 millimètres, plus courtes sur les anciennes feuilles, ridées à leur surface, épineuses au sommet. Jeunes rameaux courts, couverts d'une poussière blanche. Cônes de 9—14 centimètres de longueur, larges de 7—8, sphériques ou ovoïdes, élargis à la base, atténués au sommet, de la forme de ceux du P. pinea, mais moins gros. Écailles dures, luisantes, très-larges, diminuant graduellement vers la base du cône, terminées par un court mucron. Graines de la grosseur de celles du P. Sabiniana, surmontées d'une crête épaisse, d'un rouge obscur.

Arbre magnifique ressemblant un peu au P. Sabiniana, à feuillage glauque et à gros bourgeons. Habite la basse Californie, où il a été découvert par M. W. Lobb, et importé en 1860.

Espèce délicate, craint le froid et l'exposition directe au soleil.

Pinus macrophylla. *Lindl.*

PIN A TRÈS-GRANDES FEUILLES.

Feuilles quinées, longues de 25—35 centimètres, grosses, triquètres, serrulées sur les bords. Gaînes soyeuses, entières, longues d'environ 3 centimètres. Coussinets saillants, longuement décurrents. Cônes solitaires, longs de 12—18 centimètres, larges de 5—6, ovoïdes, acuminés au sommet, souvent un peu recourbés. Écailles légèrement rugueuses ou comme striées. Apophyse pyramidale, longue et épaissie transversalement, déprimée, oncinée.

Arbre de 10—12 mètres de hauteur, peu ramifié. Branches grosses. Cime touffue et large, terminée au sommet en une flèche étroite. Bourgeons gros, arrondis. Très-remarquable par la grandeur de ses feuilles. Habite au Mexique le mont Ocotillo. Introduit en 1839. Rustique.

Pinus Montezumæ. *Lambert.*

PIN DE MONTÉZUMA.

Arbre vigoureux atteignant 15—20 mètres de hauteur. Branches grosses, irrégulièrement étalées ou défléchies, redressées au sommet. Rameaux gros, étalés, recouverts d'une écorce brunâtre. Feuilles quinées, longues de 25 centimètres, triquètres, très-finement serrulées, glaucescentes, droites, parfois légèrement retombantes. Gaînes persistantes, longues de 15—30 millimètres; coussinets légèrement saillants, longuement décurrents. Cônes pédonculés, étalés ou presque pendants, longs de 12—20 centimètres, larges d'environ 5, cylindriques, légèrement recourbés, parfois un peu contournés, atténués, obtus au sommet, à écailles étroites; apophyse élevée, subtétragone, à angles arrondis, d'un gris-roux, à surface ridée; protubérance centrale saillante, obtuse, d'un gris-roux ou gris-cendré. Graines très-petites à ailes cunéiformes.

Habite divers lieux du Mexique jusqu'à une altitude de 3000 mètres. Bois résineux d'excellente qualité. Introduit en 1839. Rustique.

* **Pinus occidentalis.** *Swartz.*

PIN DE SAINT-DOMINGUE.

Arbre d'environ 15 mètres de hauteur. Rameaux et ramules dressés, cylindriques, scabres par la persistance des coussinets, dénudés de feuilles dans leurs parties inférieures. Feuilles quinées, longues de 15—20 centimètres, triquètres, très-finement serrulées sur les bords et canaliculées au milieu, rassemblées aux sommet des rameaux. Gaines persistantes, longues de 12—20 millimètres. Cônes oblongs, très-courtement pédonculés, réfléchis, longs de 6—8 centimètres, larges de 3—4, acuminés vers le sommet. Écailles gris-cendré, à apophyse élevée, arrondie; protubérance centrale brunâtre, arrondie, légèrement saillante, quelquefois terminée par un très-court mucronule droit.

Habite les montagnes de Saint-Domingue. Orangerie.

Pinus oocarpa. *Schiede.*

PIN A CÔNES OVIFORMES.

Feuilles quinées, triquètres, aiguës, luisantes. Gaines membraneuses, longues de 25 millimètres; coussinets décurrents, légèrement épaissis, convexes. Cônes pédonculés, ordinairement solitaires, longs de 8—10 centimètres, larges de 5—7, très-élargis à la base, atténués en pointe au sommet, parfois résineux. Écailles dures, très-fortement appliquées, luisantes, d'un gris de plomb; apophyse un peu épaissie, tétragone, carénée sur les angles; protubérance centrale, saillante, plus foncée que l'apophyse, quelquefois légèrement mucronée.

Habite au Mexique dans les régions chaudes près du volcan de Jorullo, où il s'élève à 12—15 mètres. Introduit vers 1839. Très-sensible aux gelées.

* **Pinus oocarpoïdes.** *Bentham.*

PIN A CÔNES D'ASPECT OVIFORME.

Arbre atteignant 15—20 mètres de hauteur, à branches étalées, grêles. Feuilles quinées, ténues, tombantes. Cônes plus petits que dans l'espèce précédente, à peu près de la même forme.

Habite au Mexique diverses parties du Guatemala, province de Vera-Paz, à une altitude de 1500 mètres. Espèce délicate et sensible au froid.

Pinus Orizabæ. *Gordon.*

PIN DES MONTS ORIZABA.

Feuilles quinées, très-ténues, triquètres, à angles aigus, serrulées, d'un vert-clair; longues de 16—20 centimètres. Gaines persistantes, membraneuses, longues de 12 millimètres. Coussinets décurrents, déprimés. Cônes pédonculés, pendants, souvent réunis par 3—5, ovoïdes-obtus. Écailles tronquées, très-élevées, légèrement curvées, fortement appliquées; apophyse très-saillante; protubérance légèrement penchée. Graines petites. Aile longue de 2 centimètres.

Arbre de 10—15 mètres de hauteur. Branches nombreuses, grêles, étalées, déclinées, assurgentes. Boutons gemmaires non résineux, brunâtres, à écailles très-imbriquées.

Habite au Mexique le mont Orizaba, à environ 3000 mètres d'altitude. Introduit en 1847. Craint la gelée.

Pinus pseudostrobus. *Lindl.*

PIN PSEUDOSTROBUS.

Arbre de 20—25 mètres de hauteur. Tige droite, revêtue d'une écorce lisse, marquée par les cicatrices des feuilles. Branches grêles, verticillées, horizontalement étalées, parfois défléchies-assurgentes, Rameaux effilés, dressés-étalés. Feuilles quinées, très-ténues, triquètres, d'un vert clair, presque glaucescentes, longues de 12—18 centimètres, pendantes sur les branches. Gaines d'environ 2 centimètres ; coussinets peu saillants, non décurrents. Cônes horizontaux, ovoïdes, légèrement courbés, d'environ 12—15 centimètres de longueur sur 6 de large, acuminés au sommet. Écailles à apophyse élevée, anguleuse, un peu rugueuse ; protubérance saillante, obtuse, non mucronée, plus colorée que l'apophyse. Graines à aile longue d'environ 3 centimètres, membraneuse, souvent striée de noir.

Habite au Mexique les montagnes du Campaniro, à une altitude de 2760—3000 mètres. Introduit en 1839. Très-sensible à la gelée.

Pinus rudis. *Endlicher.*

PIN A FEUILLES RUDES.

Feuilles quinées de 15 centimètres environ de longueur, raides. Gaines squameuses, longues de 3 centimètres. Cônes oblongs, obtus, longs de 8 centimètres. Apophyse des écailles rhomboïdo-pyramidale à angle supérieur obtus, l'inférieur aigu, à carène transversalement élevée ; protubérance large, déprimée, à mucron tuberculiforme. Arbre de 16—18 mètres de hauteur, très-touffu.

Habite le Mexique, sur le mont Ajusco, à environ 2800 mètres d'altitude.

Pinus Russelliana. *Lindl.*

PIN DE LORD RUSSELL.

Arbre atteignant 20 — 25 mètres de hauteur. Tronc droit et robuste. Branches très-grosses, souvent irrégulières, étalées, relevées au sommet. Rameaux gros, couverts d'une écorce rouge foncé, quelquefois violacée. Bourgeons gemmaires arrondis, revêtus d'écailles rousses, fimbriées. Feuilles quinées, triquètres, étalées, retombantes, lisses ou à peine serrulées, longues de 18—30 centimètres. Gaines entières, longues de 2—3 centimètres. Coussinets arrondis, saillants, longuement décurrents. Cônes longs de 12 — 16 centimètres sur 5 — 6 de large, atténués et presque pointus au sommet. Apophyse pyramidale, tétragone, d'un gris cendré. Protubérance centrale brunâtre, obtuse, à peine saillante, légèrement rugueuse. Graines blanchâtres, munies d'une aile courte, large.

Pin d'une grande beauté, remarquable par ses longues feuilles du plus beau vert.

Habite au Mexique, proche de Real del Monte. Introduit en 1839. Assez rustique dans nos contrées.

Pinus tenuifolia. *Bentham.*

PIN A FEUILLES TÉNUES.

Arbre atteignant 30 mètres, parfois plus, de hauteur, sur 1 mètre 50 centimètres de diamètre. Branches verticillées, étalées, assurgentes, relativement grêles, recouvertes dans leur jeunesse d'une écorce violacée. Feuilles quinées, longues de 15-25 centimètres, étalées ou tombantes, très-ténues, à peine denticulées ; gaines persistantes, squameuses, d'environ 20 — 25 millimètres de longueur. Coussinets très-plats, à peine décurrents. Cônes horizontaux, souvent presque pendants, longs d'environ 4 — 8 centimètres, larges d'environ 3 — 5 à la base, ovoïdes, obtus, acuminés au sommet. Écailles brunes ou roussâtres. Apophyse plane ou peu élevée, légèrement carénée transversalement. Protubérance centrale peu saillante ; celle des écailles de la sommité du cône souvent mucronée, mutique ou à peine mucronulée dans la partie inférieure.

Habite au Guatemala les montagnes escarpées, à une altitude d'environ 1600 mètres. Introduit vers 1840. Sensible au gel.

Pinus Torreyana. *Parry.*

PIN DE TORREY.

Feuilles quinées, rarement quaternées, dures et coriaces, grosses, obtusément triquètres, ordinairement chagrinées, vertes, longues de 12 — 20 centimètres. Gaines gris cendré, longues d'environ 15 millimètres, presque nulles sur les vieilles feuilles. Coussinets très-plats, longuement décurrents. Cônes longs de 12 — 15 centimètres, sur 6 — 7 de large, ovoïdes, très-élargis à la base, légèrement atténués vers le sommet, qui est arrondi, très-obtus. Écailles très-solides, d'un brun roux, luisantes. Apophyse tétragone, pyramidale, très-élevée, pointue, aiguë au sommet. Protubérance terminale, allongée en pointe, ordinairement moins colorée que l'apophyse, excepté sur les écailles de la base du cône. Graines comestibles, à testa osseux, longues de 18 — 20 millimètres, larges de 12, ovales-oblongues, comprimées. Aile brune ou roussâtre, courte, obliquement tronquée, arrondie.

Grand arbre, très-vigoureux, élancé, peu ramifié, à port semblable au P. Sabiniana, se dégarnissant promptement. Branches d'abord dressées, plus tard légèrement étalées, peu nombreuses, éparses ou opposées dans les jeunes individus élevés en pots, plus tard verticillées. Boutons gemmaires très-allongés, coniques, pointus, non résineux, à écailles très-courtes, rousses.

Habite les parties basses de la Californie. Introduit en 1850.

Pinus Winccsteriana. *Gordon.*

PIN DU MARQUIS DE WINCHESTER.

Arbre vigoureux atteignant 25 mètres de hauteur. Branches peu nombreuses, irrégulièrement étalées, grosses, inégalement distantes. Bourgeons gemmaires, gros, non résineux, à écailles imbriquées. Feuilles quinées, triquètres, nombreuses, assez grosses, longues de 25 — 40 centimètres, très-finement serrulées, d'un vert glauque. Gaines persistantes, d'environ 3 centimètres de longueur, glabres. Cônes pendants, résineux, très-courtement pédonculés, réunis par 2 — 3, plus rarement solitaires, toujours courbés, diminuant régulièrement de la base au sommet, longs de 20 — 25 centimètres, sur 6 — 8 de diamètre à la base. Écailles à apophyse très-saillante, pyramidale, épaisse, pointue ; protubérance obtuse, plus rarement aiguë, mucronulée. Graines très-petites, anguleuses, à aile élargie, longues d'environ 25 millimètres.

Habite au Mexique le mont Cerro de San-Juan, près Tépic. Introduit en 1847. Très-sensible aux gelées.

Quatrième tribu : TÆDA.

Feuilles ternées, très-rarement géminées ou exceptionnellement quaternées. Cônes étalés ou obliques, plus rarement dressés ou pendants, sessiles ou courtement pédonculés. Écailles solides, plus ou moins fortement appliquées. Apophyse élevée, parfois pyramidale, plus rarement mince, déprimée au centre. Protubérance centrale.

Pinus Australis. *Michaux.*

PIN AUSTRAL

Syn. : PINUS PALUSTRIS. *Mill.*

Arbre atteignant, dans certaines parties des Etats-Unis, 25 — 30 mètres de hauteur, sur 60 — 80 centimètres de diamètre. Tronc droit, fort, dénudé dans sa partie inférieure, recouvert d'une écorce rugueuse, profondément fendillée, presque subéreuse. Branches étalées, courtes, grosses, éparses, irrégulièrement distantes. Bourgeons gemmaires très-gros, non résineux, revêtus d'écailles profondément fimbriées. Feuilles ternées, très-rapprochées, réunies en très-grand nombre au sommet des rameaux, triquètres, assez grosses, flexibles, souvent tombantes, longues de 30 — 40 centimètres, d'un beau vert foncé. Gaines longues d'environ 4 centimètres, persistantes, soyeuses, argentées, lacé-rées et fimbriées au sommet. Cônes longs de 15 — 20 centimètres, larges de 4, cylindri-ques, acuminés dès la base, obtus au sommet, souvent légèrement courbés, à écailles gris-roux. Apophyse rugueuse, légèrement épaissie, transversalement aiguë, creusée autour de la protubérance, qui est centrale, finement mucronulée. Graines irrégulière-ment elliptiques, comprimées, lisses d'un côté, sillonnées-côtelées de l'autre, à aile car-tilagineuse, longue d'environ 34 millimètres, larges de 8, d'un brun luisant, fortement adhérente à la graine.

Habite la Virginie, la Floride, dans les dunes voisines de la mer; c'est un des plus beaux pins des États-Unis; planté dans un terrain sec et léger, il résiste sans dommages à nos hivers. Introduit en 1730.

Pinus Australis excelsa. *Carr.*

PIN AUSTRAL ÉLEVÉ.

Variété du précédent, plus rustique et plus ramifiée; elle se dégarnit moins; ses feuilles plus courtes, plus ténues, sont aussi beaucoup plus dressées. Rustique. Origine inconnue.

Pinus Beardsleyi. *Laws.*

PIN DE BEARDSLEY.

Feuilles ternées, très-rapprochées au sommet des rameaux, arrondies en dessous, for-tement carénées en dessus, grosses, droites ou légèrement courbées, longues de 14 — 16 centimètres. Gaines persistantes, longues de 2 millimètres, squameuses. Branches dres-sées, grosses, courtes, à écorce rugueuse par la décurrence des coussinets. Graines sub-trigones, presque pointues d'un bout, obtuses, arrondies de l'autre, d'environ 5 milli-mètres de longueur.

Grand arbre du nord-ouest de l'Amérique boréale. Bois très-résineux et odorant. Introduit de graine en 1855. Très-rustique.

Pinus Benthamiana. *Hartweg.*

PIN DE BENTHAM.

Grand arbre, atteignant 50 — 60 mètres et quelquefois plus de hauteur sur un diamètre de 2 mètres 50 centimètres. Branches étalées, grosses, assurgentes, nombreuses. Ra-meaux courts, à écorce lisse, jaunâtre. Feuilles ternées, assez semblables à celles du P. ponderosa, mais plus fines et moins raides, longues de 12 — 20 centimètres, quelquefois beaucoup plus, triquètres, lisses, brusquement terminées par une pointe courte. Coussi-nets larges, peu saillants, décurrents. Cônes longs de 8 — 12 centimètres, larges de 5, cylindro-coniques, obtus au sommet, légèrement courbés, offrant à la base, du côté con-vexe, des écailles grandes, à apophyse assez élevée, transversalement aiguë, carénée, d'un jaune-rougeâtre luisant, souvent rabattues sur le pédoncule, qu'elles cachent; pro-tubérance centrale saillante, ordinairement plus foncée que l'apophyse, qui est terminée par un mucron droit, aigu. Graines longues de 6 millimètres, larges d'au moins 5 dans leur plus grand diamètre, subtrigones, légèrement comprimées, à aile longue de 12 — 13 millimètres.

Habite les montagnes de Santa-Cruz, dans la Californie, à une grande élévation. Bois résineux, très-estimé. Introduit en 1849. Très-rustique.

Pinus Bungeana. *Zuccarini.*

PIN DE BUNGE.

Feuilles ternées, irrégulières, grosses, raides, très-droites, d'un vert clair pâle, rhomboïdales-comprimées, très-courtement acuminées au sommet en une pointe aiguë, scarieuse, blanchâtre, longues de 5 — 8 centimètres. Gaines écailleuses, très-courtes, très-caduques. Coussinets légèrement saillants, non décurrents. Branches nombreuses, diffuses. Rameaux très-rapprochés, grêles. Boutons gemmaires très-petits, coniques-aigus, composés d'écailles violettes. Cônes ovoïdes, atténués aux deux bouts, mais davantage au sommet, qui est obtus, longs d'environ 5 centimètres, larges de 4, à écailles lâchement appliquées, brunâtres, comme sillonnées ou ridées transversalement. Apophyse à peine sensible. Graines comestibles, longues d'environ 8 millimètres, larges de 4, comprimées, arrondies, obtuses aux deux bouts.

Grand arbre. Bois blanc résineux. Écorce lisse; celle de la tige gris-cendré; celle des rameaux d'un vert pâle ou jaunâtre, luisante, se détachant annuellement par plaques minces, d'un effet singulier.

Habite le nord de la Chine, cultivé dans l'ile de Chusan. Introduit en 1846; très-rustique.

Pinus Californica. *Loisel.*

PIN DE CALIFORNIE.

Feuilles géminées ou ternées, longues, ténues. Cônes longs de 33 centimètres, ovoïdes-oblongs. Apophyse tétragone, élevée, pyramidale. Protubérance courtement oncinée. Cônes de la grosseur de ceux du P. pinaster. Amande comestible.

Arbre de 25 — 30 mètres de hauteur. Introduit en 1846. Assez rustique.

Pinus Californica nova species. *Hort.*

PIN NOUVEAU DE CALIFORNIE.

Feuilles ternées, triquètres, ténues, très-étalées, longues de 8 — 10 centimètres, arrondies en dessous, finement serrulées sur les trois angles, d'un vert foncé, terminées par un mucron aigu. Gaines scarieuses, d'abord blanches, puis d'un brun noirâtre, longues de 5 — 10 millimètres. Coussinets très-saillants, non décurrents.

Espèce vigoureuse et très-rustique, reçue de graines en 1862.

Pinus Californica. *n. sp. Hort.*

PIN DE CALIFORNIE A MACULE ROUGE.

Feuilles ternées, très-rapprochées, horizontalement étalées, puis tombantes, longues de 4 — 6 centimètres, assez ténues, planes ou arrondies en dessus, convexes en dessous, d'un beau vert, finement serrulées sur les côtés. Gaines longues de 2 — 3 millimètres, promptement caduques. Coussinets saillants et persistants. Rameaux courts, horizontalement étalés, à écorce rugueuse, d'un brun foncé.

Introduit de graines en 1862. Très-rustique.

Pinus Canariensis. *Chr. Smith.*

PIN DES ILES CANARIES.

Arbre de 20 — 25 mètres et plus de hauteur. Branches primordiales, grêles, diffuses, élancées, conservant longtemps des feuilles isolées, glauques ou blanchâtres. Branches et rameaux adultes, dressés-étalés ou défléchis, assurgents. Feuilles ternées, triquètres, assez ténues, finement serrulées, longues de 15 — 20 centimètres, brusquement terminées en une pointe courte, d'un vert foncé, souvent très-glauques. Gaines courtes, entières, longues de 15 — 25 millimètres, très-caduques, composées d'écailles scarieuses, rougeâtres, fimbriées, lacérées au sommet. Coussinets légèrement saillants. Cônes longs d'environ 10 — 15 centimètres sur 5 de large, légèrement atténués aux deux extrémités, mais beaucoup plus au sommet, qui est obtus. Apophyse en losange assez régulier et élargi, peu élevée, carénée transversalement, luisante, roux foncé, à surface comme ridée. Protubérance centrale plus ou moins saillante, obtuse, aiguë-carénée, comme l'apophyse. Graines inéquilatérales, subtrigones, comprimées, longues de 13—15 millimètres, épaisses de 4, à aile d'un roux presque noir, inéquilatérale, longue de 40 — 45 millimètres, large de 11 — 12.

Habite les montagnes de Ténériffe et des Grandes Canaries, à une altitude de 1600—2000 mètres. Introduit en 1815. Cet arbre ne peut supporter les hivers de la France centrale; il réussit à merveille sur le littoral de la Méditerranée.

Pinus Coulteri. *Don.*

PIN DE COULTER.

Syn. : PINUS MACROCARPA. *Lindl.*

Très-bel arbre de 25 — 30 mètres de hauteur. Branches longues, étalées, souvent verticillées par 5, celles de la base défléchies, puis redressées au sommet, portant longtemps les cicatrices de l'insertion des feuilles. Bourgeons gemmaires résineux, gros, obtus, couverts d'écailles d'un brun-roux. Feuilles ternées, subtrigones, arrondies en dessous, longues de 22—32 centimètres, à peine serrulées. Gaines persistantes, longues de 15—25 millimètres. Cônes très-résineux, pédonculés, subverticillés, subglobuleux, d'abord obliques, puis pendants, ovoïdes-obtus, atteignant jusqu'à 30 centimètres de longueur sur 10—15 de diamètre, fortement attachés par un gros pédoncule ligneux. Écailles très-solides, d'un brun-roux luisant, atteignant 30 centimètres et plus de longueur.

Apophyse dure, très-proéminente, anguleuse, comprimée. Protubérance distincte de l'apophyse, et allongée en forme de grosse épine ; celle de la base du cône réfléchie et relevée à l'extrémité, pointue, cylindrique. Graines comestibles, longues de 12—15 millimètres, larges de 8—10, comprimées, oblongues, rétrécies aux deux extrémités, à testa dur roux-foncé, d'un côté, noir de l'autre, recouvert d'une poussière roussâtre.

Habite dans la Californie les montagnes de Ste-Lucie, à une altitude d'environ 1400 mètres. Introduit en 1832. Très-rustique.

Pinus Gerardiana. *Wall.*

PIN DU CAPITAINE GÉRARD.

Syn. : PINUS NEOSA. *Govan.*

Arbre atteignant 15 — 20 mètres de hauteur. Branches dressées-étalées. Rameaux confus. Feuilles ternées, droites, longues de 10 — 15 centimètres, triquètres ou presque rhomboïdales, grosses, raides, brusquement terminées en une pointe courte. Gaines lâches, courtes, caduques. Coussinets légèrement saillants, non décurrents. Cônes ovoïdes-obtus, longs d'environ 15 — 20 centimètres, larges de 5 — 6. Écailles, épaisses, rugueuses, rougeâtres. Apophyse allongée, pyramidale, convexe, recourbée. Protubérance à peine distincte. Graines comestibles, subcylindriques ou très-légèrement comprimées, longues de 18 — 20 millimètres, larges de 5—7, à aile large, dolabriforme.

Habite diverses parties de l'Himalaya, les montagnes du Thibet. Arbre très-résineux, d'une croissance lente. Introduit vers 1820. Rustique.

Pinus Ghiesbreghtii. *Linden.*

PIN DE GHIESBREGHT.

Feuilles toutes ternées, excessivement ténues, très-nombreuses, très-rapprochées, d'abord dressées contre le rameau, puis tombantes, planes ou légèrement arrondies en-dessus, arrondies en dessous, finement serrulées sur les bords, d'un beau vert luisant, longues de 10—14 centimètres, terminées au sommet en une pointe très-fine. Gaines persistantes, membraneuses, très-minces, d'un blanc brillant, longues de 12—18 millimètres, lacérées au sommet. Coussinets très-saillants, longuement décurrents. Tige droite, élancée, grêle. Branches grêles, flexibles, longuement étalées, infléchies, à écorce brun-pâle, pubescente, puis rugueuse par la persistance des coussinets.

Espèce vigoureuse et d'une grande beauté, mais très-sensible au froid. Introduite en 1859.

Pinus Hondurensis. *C. S.*

PIN DE HONDURAS.

Feuilles réunies par 3, 4, quelquefois même par 5, 6, dans la même gaine, ténues, triquètres, lisses, d'un beau vert tendre luisant, très-inégales, souvent tortueuses, longues de 12— 22 centimètres. Gaines membraneuses, brun clair, lisses et luisantes. Longues de 10—20 millimètres. Coussinets peu saillants, longuement décurrents. Écorce d'un bronze clair, brillant, profondément sillonnée par la décurrence des coussinets.

Belle espèce, rustique. Reçue en 1854.

Pinus insignis. *Douglas.*

PIN REMARQUABLE.

Feuilles ternées, très-rapprochées, longues de 8—15 centimètres, raides, d'un vert foncé, irrégulièrement triquètres. Gaines courtes ou presque nulles. Coussinets peu saillants, non décurrents, transversalement élargis. Branches étalées, redressées au sommet, nombreuses, grosses dès leur base. Rameaux étalés, verticillés, recouverts d'une écorce roux-brunâtre. Cônes rarement solitaires, longs de 8—10 centimètres, larges de 4.—5, inéquilatéraux, arqués, très-rarement droits, ovoïdes, obtus. Écailles lisses, luisantes, roux foncé; apophyse très-saillante sur le côté convexe du cône, dure, arrondie sur les bords, obtuse, plus développée à la base du cône; celles du côté opposé presque plane. Protubérance centrale, à peine saillante, tronquée, portant au centre un petit mucron réfléchi. Graines d'un brun noirâtre, longues d'environ 1 centimètre.

Superbe pin importé en 1833 de la Californie, où il atteint 25—30 mètres de hauteur; d'une croissance vigoureuse. Rustique.

Pinus Jeffreyi. *Balfour.*

PIN DE JEFFREY.

Feuilles ternées, fortes, d'un vert foncé, étalées, canaliculées sur les deux faces supérieures, arrondies sur le dos, longues de 15—20 millimètres. Gaines persistantes longues d'environ 3 centimètres. Coussinets saillants, largement décurrents. Bourgeons courts, vigoureux, résineux. Branches étalées ou subdressées, à écorce d'un jaune pâle. Rameaux gros à écorce violet glaucescent. Cônes gros, ovales-coniques, atténués par les deux bouts, longs de 15—18 centimètres, larges de 7—8, réunis en groupes nombreux autour des branches, rarement solitaires. Écailles à apophyse pyramidale, souvent très-saillante. Protubérance prolongée en une pointe très-forte, obtuse, un peu courbée vers la base du cône. Graines subtrigones, longues de 10—14 millimètres sur 7—8 de largeur.

Arbre magnifique et très-rustique atteignant 50 mètres de hauteur sur 1 mètre 50 centimètres de diamètre. Habite dans le nord de la Californie, principalement sur les sols pauvres et siliceux. Introduit en 1854.

* **Pinus longifolia**. *Roxb*.

PIN A LONGUES FEUILLES.

Arbre d'environ 30 mètres de hauteur et plus, à écorce épaisse, gris-cendré, se détachant en lames. Branches irrégulières, éparses, étalées, relevées au sommet, dénudées et longtemps rugueuses par la persistance des écailles de la base des coussinets. Feuilles ternées, très-rapprochées, très-fines, triquètres, longues de 25—30 centimètres, finement serrulées, d'un vert clair, luisantes, dressées le long des jeunes rameaux. Gaines soyeuses, gris-cendré, persistantes, lacérées au sommet, longues de 15—20 millimètres. Cônes longs de 12—18 centimètres, larges de 4—5, à écailles solides, roux foncé. Apophyse très-saillante, pyramidale, anguleuse, à angles arrondis, transversalement aiguë-carénée, plus ou moins réfléchie. Protubérance terminale et centrale, obtuse, mutique. Graines irrégulièrement trigones, longues d'environ 12 millimètres, larges de 6—7 ; à aile dolabriforme, longue de 25—28 millimètres.

Habite communément l'Himalaya, le Népaul, le Cachemyr, le Boutan, où il s'élève jusqu'à 2000 mètres d'altitude, constituant presque partout d'immenses forêts. Bois très-résineux et très-estimé. Il réussit parfaitement en pleine terre dans le midi de la France. Introduit en 1801.

Pinus muricata. *Don*.

PIN MURIQUÉ.

Feuilles géminées, quelquefois ternées, exceptionnellement quaternées dans les jeunes sujets vigoureux, droites, très-grosses, longues de 10—15 millimètres, planes ou légèrement creusées en dessus, arrondies en dessous, fortement denticulées sur les bords. Gaines squameuses, grises, longues de 5—6 millimètres. Coussinets très-courts, décurrents. Cônes réunis par 2—3, plus rarement solitaires, subsessiles, brun rougeâtre dans le jeune âge, pendants, droits ou à peine courbés, longs de 6—8 centimètres, larges de 3—4, atténués au sommet, obtus. Écailles cunéaires, très-épaisses, à mucron élevé, aigu, d'un beau rouge bronzé luisant. Arbre d'environ 12—15 mètres de hauteur. Branches peu nombreuses, irrégulières, assez grosses. Boutons gemmaires non résineux, très-pointus.

Habite en divers lieux de la Californie, dans les montagnes aux environs de Monterey, jusqu'à une altitude de 2800 mètres. Introduit en 1840. Très-rustique.

Pinus Parryana. *Gord*.

PIN DE PARRY.

Feuilles ternées, fines, déliées, ondulées, de 15—20 centimètres de longueur, subtrigones, très-aiguës, creusées sur la face intérieure, finement serrulées sur les bords, arrondies en dessous, terminées en une pointe aiguë. Gaines courtes, écailleuses, persistantes, presque noires, dentelées sur les bords. Branches longues, horizontalement étalées, relativement grêles. Cônes réunis en groupes autour des branches, un peu déclinés, régulièrement coniques, épaissis à la base, atténués au sommet, longs d'environ 14 centimètres sur 6 de large, sessiles, à nombreuses écailles rhomboïdales, unies, dures, ligneuses, très-serrées, à apophyse légèrement saillante, mucronée. Graines petites, presque rondes, à aile étroite, presque linéaire, assez épaisse.

Grand arbre, ayant quelques rapports avec le P. Benthamiana dont il diffère par ses cônes ressemblant à ceux du P. pinaster, et différant de toutes les espèces californiennes. Introduit en 1855.

Habite la Sierra-Nevada, à 3000—3300 mètres d'altitude. Très-rustique.

Pinus patula. *Schied. et Depp*.

PIN A FEUILLES ÉTALÉES.

Arbre de 20—25 mètres. Branches étalées, relevées au sommet. Rameaux allongés, grêles, étalés, recouverts dans leur jeunesse d'une écorce gris-cendré pâle, quelquefois violacée. Feuilles ternées, longues de 10—15 centimètres, ténues, étalées, flasques, retombantes, irrégulièrement triquètres. Gaînes soyeuses, longues de 10—20 millimètres. Coussinets très-peu saillants, décurrents. Cônes groupés autour des branches, plus rarement solitaires, longs d'environ 10 centimètres, larges de 3—4, très-courtement pédonculés, acuminés au sommet. Écailles lisses, d'un jaune pâle, très-fortement appliquées. Apophyse très-plane. Protubérance légèrement saillante, portant au milieu un très-petit mucronule. Graines petites, à aile élargie, longue d'environ 26 millimètres.

Habite au Mexique les parties froides, aux environs de Real-del-Monte, jusqu'à 3000 mètres d'altitude. Introduit vers 1820. Assez rustique.

Pinus ponderosa. *Douglas.*

PIN A BOIS LOURD.

Syn. : PINUS CRAIGIANA. *Hort.*

Arbre de 25—30 mètres de hauteur. Tronc droit, gros. Branches étalées, écartées, souvent défléchies, relevées au sommet, peu ramifiées et dénudées par le bas. Feuilles ternées, longues de 12—25 centimètres, grosses, droites, ou très-légèrement ondulées, triquètres, lisses, très-faiblement serrulées sur les deux côtés. Gaînes persistantes, squameuses, longues de 12—15 centimètres, plus courtes et ridées sur les vieilles feuilles. Coussinets peu saillants, largement décurrents, terminés au sommet par une écaille saillante. Cônes de 8—12 centimètres de longueur et d'environ 5 de largeur, ovoïdes-coniques, arrondis obtus au sommet, portés sur un gros et court pédoncule ligneux. Écailles gris-rougeâtre. Apophyse, transversalement élevée, subpyramidale, aiguë. Protubérance légèrement saillante, portant au centre un petit mucron pointu. Graines brunâtres, longues d'environ 7 millimètres, larges de 5, légèrement comprimées, à aile scarieuse, d'environ 12 millimètres de longueur. Bel arbre, très-rustique, à bois très-lourd et de qualité excellente.

Habite les côtes du nord-ouest de l'Amérique, la Californie et les montagnes Rocheuses. Introduit en 1826.

Pinus radiata. *Don.*

PIN A ÉCAILLES RAYONNANTES.

Syn. : PINUS INSIGNIS MACROCARPA. *Hartw.*

Feuilles ternées, fines, contournées, d'un vert obscur, rapprochées sur les branches, de 9—14 centimètres de longueur. Gaînes unies sur les jeunes branches, persistantes, beaucoup plus courtes sur les vieilles branches. Bourgeons nombreux, petits, imbriqués, résineux. Branches nombreuses, compactes, régulières, déliées. Cônes agrégés, ovoïdes, de 16 centimètres environ de longueur, renflés à la base; à écailles cunéiformes, épaisses, rouge-brun, luisantes, déprimées. Apophyse épaissie, plus élevée et quelquefois pyramidale, anguleuse sur la partie la plus dilatée du cône. Protubérance très-petite, à peine saillante.

Beau Pin très-droit d'environ 30 mètres de hauteur, ayant des rapports avec le P. insignis, dont il diffère cependant par ses feuilles et ses cônes plus gros, et spécialement par sa rusticité. Il sera surtout avantageux pour les plantations au bord de la mer.

Habite les mêmes lieux que le P. Insignis. Introduit vers 1846.

Pinus rigida. *Miller.*

PIN RAIDE.

Arbre de grandeur et de formes très-variables, suivant les localités qu'il habite; s'élevant à 20—30 mètres sur 60 centimètres de diamètre; ou buisson tortueux de 3—6 mètres. Feuilles ternées de 8—20 centimètres de longueur, épaisses, raides, d'un vert très-foncé. Gaînes très-courtes, soyeuses. Branches nombreuses, étalées, défléchies, redressées au sommet, souvent diffuses; écorce grise, fendillée, jaunâtre et à peu près lisse sur les jeunes rameaux. Cônes agglomérés, souvent en très-grand nombre, plus rarement solitaires, ovoïdes, coniques, obtus, longs de 5—10 centimètres, larges d'environ 3. Apophyse presque plane dans les écailles de la base du cône, celles du milieu et du sommet plus épaisses et plus fortement aiguës transversalement. Protubérance très-saillante, rougeâtre, fortement mucronée, à mucron tourné vers le sommet du cône. Graines très-petites, brunes, irrégulièrement trigones, plus rarement ovales, à testa noir, dur, cotelé.

Habite dans l'Amérique boréale, les États du Maine, de la Pensylvanie, de la Virginie et du Maryland, où il forme un bois très-résineux, très-compacte et très-pesant. Très-rustique. Introduit en 1750.

Pinus Sabiniana. *Douglas.*

PIN DE SABINE.

Feuilles ternées, flexueuses, irrégulièrement triquètres, fortement serrulées, d'un vert glauque, étalées, souvent tombantes. Gaines soyeuses, gris-cendré ou brunes, lacérées au sommet, longues de 1 centimètre. Coussinets peu saillants, larges, décurrents. Cônes pédonculés, subverticillés, d'abord obliques, subglobuleux, puis pendants, ovoïdes, obtus, atteignant jusqu'à 25 centimètres de longueur, sur 12—15 de diamètre. Écailles roux foncé. Apophyse très-élevée, pyramidale, comprimée transversalement, de là presque aiguë sur les côtés. Protubérance subrugueuse, formant une pointe solide, recourbée surtout dans les écailles inférieures et alors confondue avec l'apophyse. Graines grosses, longues d'environ 18—25 millimètres, un peu atténuées à la base, arrondies, obtuses au sommet, à testa solide, brun ou presque noir, à aile membraneuse, enveloppant la graine. Arbre magnifique, atteignant 30—40 mètres de hauteur sur 1 mètre 50 centimètres de diamètre. Tige droite, élancée, à écorce gris-cendré, lisse. Branches verticillées, dressées ou assurgentes, relativement faibles. Rameaux verticillés, allongés, grêles, à écorce lisse, blanchâtre, glauque violacé. Boutons gemmaires petits, allongés, coniques, très-résineux, à écailles roux-ferrugineux très-fortement appliquées.

Habite dans le nord-ouest de l'Amérique, la chaine subalpine de la Nouvelle-Albion, par 40 degrés de latitude boréale, où il s'élève jusqu'à la limite des neiges éternelles. Bois blanc, flexible, très-propre à la charpente. Espèce des plus rustiques et des plus vigoureuses.

Introduit en 1823.

Pinus Sabiniana aurea. *Carr.*

PIN DE SABINE DORÉ.

Belle variété du précédent, assez vigoureuse, à feuilles dorées aux extrémités. Nous la devons à l'obligeance de M. E. A. Carrière qui l'a obtenue dans ses semis. Très-distincte et très-remarquable.

Pinus serotina. *Michaux.*

PIN TARDIF.

Feuilles ternées, raides, étalées, longues de 12—15 centimètres. Gaines persistantes, longues de 8 millimètres. Coussinets saillants, décurrents. Branches nombreuses, irrégulières, étalées, relevées au sommet. Cônes pédonculés, rarement sessiles, solitaires ou réunis, étalés, ovoïdes, arrondis, obtus. Apophyse déprimée, pyramidale, tétragone. Protubérance centrale, saillante, terminée par un mucron court, droit, horizontalement étalé.

Arbre de 10—15 mètres de hauteur, sur 40—50 centimètres de large, souvent tortueux. Habite les parties maritimes de la Pensylvanie, de la Caroline. Bois de médiocre valeur. Introduit en 1713. Rustique.

Pinus Sinensis. *Lambert.*

PIN DE LA CHINE.

Feuilles ternées, rarement géminées, ténues, dressées, d'un vert gris, longues de 8—15 millimètres. Gaines persistantes, scarieuses, de 8—15 millimètres. Coussinets saillants, non décurrents. Cônes longs de 5—6 centimètres, ovoïdes, acuminés au sommet, brunâtres, très-courtement pédonculés, à écailles épaisses, ligneuses. Apophyse tétragone rhomboïdale, dilatée au sommet. Protubérance tronquée, mutique ou mucronulée. Graines très-petites à aile droite, longues d'environ 15 millimètres.

Arbre dépassant rarement 12—20 mètres de hauteur. Tige élancée, dénudée à la base. Branches dressées, étalées, rarement défléchies.

Habite la Chine, le Japon et divers points du Népaul; un peu sensible à la gelée. Introduit vers 1829.

Pinus species è Crimea. *Veitch.*

PIN ESPÈCE DE CRIMÉE.

Feuilles ternées, triquètres, arrondies en dessous, serrulées des deux côtés et sur la nervure médiane, longues de 12—15 centimètres, très-rapprochées au sommet des rameaux et terminées brusquement en un court mucron aigu. Gaines membraneuses, longues de 1 centimètre. Coussinets très-saillants, rendant l'écorce très-scabre par leur persistance. Introduit d'Angleterre en 1855.

Pinus tæda. *Linné.*

PIN A L'ENCENS.

Arbre de 20—30 mètres de hauteur, sur 80 centimètres, 1 mètre de diamètre. Cime élargie. Écorce gris-cendré ou jaunâtre, lisse, puis épaisse et profondément fendillée. Feuilles ternées, subtriquètres, très-finement serrulées, longues de 15—25 centimètres. Gaines persistantes, longues de 12—18 millimètres. Coussinets légèrement saillants, à peine décurrents. Cônes sessiles, longs de 8—12 centimètres cylindro-coniques, souvent légèrement rétrécis vers la partie moyenne, atténués vers le sommet, obtus. Apophyse irrégulièrement rhomboïdale, élevée, carénée transversalement ; protubérance centrale, saillante, aiguë-carénée, mucronée. Graines petites, très-longuement ailées.

Habite les champs sablonneux et incultes de la Floride et de la Virginie, où il forme de vastes forêts. Introduit en 1713. Rustique.

Pinus Teocote. *Cham. et Sclecht.*

PIN TORCHE.

Bel arbre d'environ 30 mètres de hauteur sur 1 mètre—1 mètre 50 centimètres de diamètre. Tige droite, élancée. Branches étalées, redressées au sommet. Rameaux grêles, étalés, redressés au sommet, à écorce violacée-cendrée. Feuilles ternées, nombreuses, ténues, effilées ; longues de 10—15 centimètres, raides, linéaires, aiguës, comprimées, souvent contournées, d'un vert gai, légèrement scabres sur les bords. Gaines membraneuses, longues de 15—20 millimètres, fimbriées, lacérées. Coussinets très-petits, à peine saillants. Cônes pédonculés, pendants, ovoïdes, coniques, atténués et presque pointus au sommet, ordinairement réunis en verticilles sur les branches. Écailles fortement appliquées, de couleur gris-cendré. Apophyse un peu épaissie, irrégulièrement rhomboïdale, tétragone, légèrement proéminente transversalement. Protubérance centrale large, déprimée, parfois mucronulée. Graines brunes, quelquefois presque noires, subtrapéziformes, à aile membraneuse, linéaire, obliquement tronquée, longue d'environ 25 millimètres.

Habite au Mexique les montagnes d'Orizaba, à environ 2500 mètres d'altitude. Bois très-résineux, de bonne qualité. Introduit vers 1839. Assez rustique.

Pinus tuberculata. *Don.*

PIN A CÔNES TUBERCULEUX.

Arbre d'environ 12—15 mètres de hauteur, sur 60 centimètres de diamètre. Branches peu nombreuses, irrégulières, assez grosses. Boutons gemmaires non résineux, très-pointus.

Feuilles géminées, parfois ternées et exceptionnellement quaternées dans les jeunes sujets de graines, très-fortes, longues de 12—20 centimètres, étalées, comprimées, subrhomboïdales, parfois légèrement contournées, finement serrulées sur les bords. Gaînes courtes, lisses. Cônes subsessiles, résineux, réunis, plus rarement solitaires, brun rougeâtre dans le jeune âge, pendants, droits, ou à peine légèrement courbés, longs de 8-12 centimètres, larges de 4—5, atténués au sommet, obtus. Ecailles placées du côté supérieur ou convexe du cône, à apophyse élevée, droite ou légèrement réfléchie, parfois très-saillante, pointue, longue de 8—10 millimètres; celles qui sont placées sur la partie concave ou plate, beaucoup plus petites; l'apophyse beaucoup moins élevée, est presque plane, excepté dans les écailles du sommet, où elles portent un mucronule court, brun au centre. Graines d'un brun obscur, à aile longue de 12 millimètres.

Habite dans différentes parties de la Californie et notamment près de San-Luis, à une altitude d'environ 1000 mètres et sur les montagnes aux environs de Monterey, à une altitude de 2800 mètres. Introduit en 1846. Très-Rustique.

Pinus Wolfarth. *C. S.*

PIN WOLFARTH.

Feuilles ternées, rarement géminées, droites, fines, très-rapprochées, étalées, rayonnant autour du bourgeon, triquètres, arrondies en dessous, finement serrulées sur les bords supérieurs, d'un beau vert brillant. Gaines membraneuses, persistantes, longues de 10—15 millimètres, un peu fimbriées au sommet. Coussinets peu saillants, décurrents. Branches relativement grosses. Écorce très-rugueuse par la persistance des coussinets.

Beau Pin, rustique, origine inconnue, reçu sous le nom de P. Wolfarth, en 1856.

CINQUIÈME TRIBU : PINASTER.

Feuilles géminées, très-rarement ternées. Gaînes persistantes. Cônes obliques ou pendants, très-exceptionnellement dressés, sessiles ou très-courtement pédonculés, ne s'ouvrant, en général, que la troisième année de leur apparition. Apophyse plus ou moins saillante. Protubérance centro-terminale. Graines ailées.

Pinus Abhazica. *Fischer.*

PIN D'ABHAZIE.

Feuilles caulinaires, chez les jeunes sujets, rapprochées, d'un vert glauque ou bleuâtre, longues de 2—3 centimètres, légèrement triquètres ou presque rhomboïdales, lisses ou à peine serrulées, brusquement terminées en une pointe blanchâtre. Feuilles géminées très-rarement ternées, longues de 7—10 centimètre , très-ténues, flexibles, légèrement contournées, subtriquètres, finement denticulées sur les bords, d'un vert gai, luisantes. Gaînes membraneuses, minces, longues de 4—5 millimètres. Coussinets peu saillants, décurrents. Cônes intermédiaires entre ceux du P. Halepensis et ceux du P. Brutia. Arbre tortueux. Branches très-rapprochées, diffuses. Rameaux nombreux, effilés, grêles, à écorce d'un brun-clair.

Habite, dans l'Asie Mineure, l'Abhazie. Introduit en 1851. Très-rustique.

Pinus Austriaca. *Hoss.*

PIN NOIR D'AUTRICHE.

Syn. : PINUS LARICIO AUSTRIACA. *Loud.*

Feuilles géminées, longues d'environ 8—12 centimètres, droites, épaisses, arrondies en dessous, luisantes, d'un vert sombre, finement denticulées. Gaînes membraneuses, minces, longues d'environ 1 centimètre sur les jeunes feuilles, très-courtes sur les anciennes et d'un gris noirâtre. Coussinets peu saillants, larges, longuement décurrents. Cônes longs de 6—7 centimètres, larges de 3—4, atténués au sommet, solitaires ou réunis autour des branches, étalés ou horizontaux, à écailles d'un gris-cendré. Apophyse un peu élevée, arrondie, transversalement aiguë. Protubérance centrale, terminale, rougeâtre, légèrement creusée au milieu, mucronulée.

Grand arbre d'environ 30—40 mètres de hauteur. Branches nombreuses, très-grosses, étalées à partir du tronc, promptement relevées au sommet, très-ramifiées. Espèce éminemment forestière, d'une reprise facile à la transplantation, très-propre au reboisement des terrains calcaires et montagneux. Très-rustique. Bois dur et résineux.

Habite les hautes montagnes calcaires de la Styrie et de l'Autriche méridionale.

Pinus Banksiana. *Lambert.*

PIN DE SIR BANKS.

Feuilles géminées, courtes, raides, divariquées, contournées, très-distantes, longues de 2—4 centimètres, de couleur vert-grisâtre. Gaînes très-courtes, marginées au sommet, persistantes. Coussinets très-courts. Cônes géminés, plus rarement solitaires, petits, sessiles, dressés, rarement pendants, courbés vers l'axe du rameau, à écailles gris-cendré. Apophyse très-épaissie, arrondie du côté convexe du cône, principalement vers sa base, presque plane du côté opposé. Protubérance centrale, un peu enfoncée, blanchâtre, très-finement mucronulée. Graines semblables à celles du P. sylvestris.

Petit arbre d'environ 8—10 mètres de hauteur, grêle, tortueux, diffus, d'une croissance très-lente. Habite les parties froides de l'Amérique boréale jusqu'au 68e degré de latitude. Introduit en 1785. Très-rustique.

Pinus Boursierii. *Carr.*

PIN DE BOURSIER.

Feuilles géminées, rarement ternées, longues de 3—6 centimètres, lisses, luisantes, raides, épaisses, planes ou légèrement concaves en dessus, épaisses et arrondies en dessous. brusquement terminées en une pointe courte, raide. Gaînes persistantes, longues de 7—10 millimètres. Cônes longs de 4—6 centimètres, larges d'environ 3 à la base, droits, plus rarement très-légèrement courbés, cylindriques, obtus, atténués au sommet, Apophyse un peu épaissie-arrondie, légèrement bosselée. Protubérance centrale, saillante, obtuse, mutique ou mucronulée. Graines irrégulièrement rhomboïdales, d'un gris jaunâtre, striées, tiquetées de brun, longues de 4 millimètres, larges d'environ 3, à aile mince, cultriforme, longue de 9—12 millimètres à partir du sommet de la graine.

Arbre atteignant 20 mètres et plus de hauteur, de l'aspect général du P. sylvestris, découvert en Californie par M. Boursier de la Rivière. Introduit de graines en 1853. Très-rustique.

Pinus Brutia. *Tenore.*

PIN DES ABRUZES.

Arbre atteignant 20—25 mètres de hauteur, très-rameux, souvent buissonneux et diffus dans nos cultures. Branches grosses, dressées ou assurgentes. Rameaux nombreux, gros, allongés. Boutons gemmaires assez gros, renflés, arrondis, très-courtement acuminés au sommet. Feuilles géminées, quelquefois ternées, étalées ou tombantes, longues de 10—18 centimètres, très-fortement serrulées, brusquement terminées en une pointe courte. Gaînes promptement caduques, longues de 7—10 millimètres. Cônes très-nombreux, agglomérés, très-rarement solitaires, dressés, puis étalés, d'un roux foncé, longs de 7—10 centimètres, larges de 4—5, ovoïdes, coniques, obtus, droits ou légèrement courbés, à écailles luisantes, d'un roux-brun. Apophyse légèrement élevée au centre, plus rarement presque plane, très-finement carénée transversalement sur le bord supérieur. Protubérance centrale, gris-cendré ou blanchâtre, concave, mutique.

Habite dans la Calabre, le mont Aspero, de 800 à 1200 mètres d'altitude, bois de bonne qualité. Introduit vers 1812. Très-rustique.

Pinus Caramanica. *Loud.*

PIN DE CARAMANIE.

Arbre moins vigoureux et moins élevé que le P. Laricio de Corse, dont il semble être une variété ; il en diffère par ses feuilles d'un vert sombre, des cônes plus gros et sa large tête de forme arrondie, ainsi que par les extrémités de ses rameaux couvertes d'une résine blanche. Très-belle espèce. Très-rustique.

Pinus densiflora. *Sieb. et Zucc.*

PIN A FLEURS ÉPAISSES.

Arbre atteignant 12—15 mètres et plus de hauteur. Tronc droit, cylindrique, à écorce lisse, brun-cendré. Ramules scabres, rugueux par la persistance de la base des écailles. Boutons gemmaires nombreux, verticillés au sommet des ramules, ovoïdes, aigus, composés d'écailles lancéolées, acuminées, sphacélées. Feuilles géminées, ténues, raides, très-finement serrulées, longues de 8—10 centimètres, subglaucescentes, concaves en dessus, arrondies en dessous. Cônes courtement pédonculés, ovoïdes, coniques, longs d'environ 45 millimètres, larges de 25 au milieu, à écailles oblongues, épaissies au sommet. Apophyse rhomboïdale tronquée ; protubérance finement cuspidée. Graines petites, elliptiques, tronquées au sommet, à aile cultriforme, obtuse, blanchâtre.

Espèce commune dans tout le Japon, où elle constitue des forêts à partir des plaines jusqu'à 1200 mètres d'altitude. Introduit vers 1862. Très-rustique.

Pinus Fenzleyi. *Antoine et Kotschy.*

PIN DE FENZLEY.

Syn. : PINUS HELDREICHII. *Vilmorin.*

Feuilles géminées, étalées, retombantes, contournées, longues de 10—12 centimètres, planes ou légèrement canaliculées en dessus, convexes en dessous, plus lâches et plus distantes que celles du P. Saltzmanni. Gaînes courtes, gris-cendré, fimbriées, écailleuses, promptement caduques. Coussinets plats, largement décurrents. Branches longuement étalées, assurgentes, remarquables par de grandes cicatrices causées par la chute des feuilles. Cônes longs de 6—7 centimètres, légèrement arqués, très-atténués au sommet. Apophyse légèrement élevée, transversalement saillante. Protubérance peu élevée, mutique. Grand arbre vigoureux. Très-rustique. Introduit en 1856.

Habite le mont Taurus dans l'Asie Mineure, le mont Olympe en Thessalie, à une altitude de 1000—1500 mètres.

Pinus Foordii. *C. S.*

PIN DE FOORD.

Feuilles géminées, plus rarement ternées, triquètres, légèrement arrondies en dessous, concaves en dessus, finement serrulées sur les bords et souvent sur toute la partie supérieure, dressées contre les rameaux, souvent contournées ou tordues, longues d'environ 45 millimètres et terminées brusquement par un mucron court, piquant. Gaines squameuses, persistantes, longues de 3—4 millimètres, d'un roux brillant. Coussinets longuement décurrents; écorce d'un brun-jaunâtre, fortement ridée et anguleuse par la saillie des coussinets. Tronc droit. Branches courtes, dressées ou un peu étalées.

Reçu de Belgique en 1855. Lieu d'origine inconnu. Très-rustique.

Pinus Halepensis. *Aiton.*

PIN DE JÉRUSALEM. — PIN D'ALEP.

Feuilles géminées, souvent ternées, très-rarement quaternées, ténues, presque triquètres, lisses, longues de 8—16 centimètres, d'un vert tendre, légèrement glaucescent. Gaines soyeuses, courtes, à peu près nulles sur les vieilles feuilles. Coussinets plats, décurrents. Tronc un peu tortueux, à écorce gris-cendré, lisse et unie, finalement épaisse, rougeâtre, fendillée. Branches nombreuses, dressées, étalées, relevées au sommet. Rameaux et ramules très-rapprochés, élancés, grêles, à écorce gris-cendré, glaucescente. Boutons gemmaires petits, allongés. Cônes pédonculés, pendants, solitaires, plus rarement réunis, longs de 8—12 centimètres, cylindro-coniques, un peu arqués, atténués au sommet. Apophyse rhomboïdale, plane, très-légèrement épaissie vers le milieu, transversalement carénée, aiguë. Protubérance centrale, légèrement saillante, quelquefois mutique. Graines noirâtres, ovales-oblongues, longues de 7 millimètres, à aile roussâtre, d'environ 25 millimètres.

Arbre de 15—20 mètres de hauteur, très-répandu sur les côtes méditerranéennes, où il croit spontanément sur les montagnes sèches et calcaires, sur les terrains les plus pauvres et les plus arides, même sur des rochers nus et jusqu'aux bords de la mer.

Bois d'excellente qualité, très-dur, recherché pour les pilotis et les charpentes.

Pinus Halepensis amabilis. *C. S.*

PIN D'ALEP GRACIEUX.

Branches et rameaux élancés, dressés, minces; ces derniers fort courts. Feuilles toujours géminées, dressées contre le rameau; très-rapprochées, ténues, droites, planes en dessus, arrondies en dessous, finement serrulées sur les bords, longues de 8—10 centimètres, d'un beau vert clair sur les deux faces, terminées brusquement en une pointe aiguë, jaunâtre. Gaines longues de 5 millimètres, membraneuses et d'un brun noir. Coussinets saillants, décurrents. Écorce un peu ridée, jaune gris-cendré. Cônes coniques renflés à la base, pointus au sommet, agglomérés autour des rameaux par groupes de 10—20, portés sur un pédoncule très-court. Écailles lisses, d'un bronze luisant. Apophyse transversale, plus élevée sur les bords. Protubérance petite, creusée, noire.

Belle variété du P. Halepensis, que nous avons trouvée aux environs d'Alger et rapportée en 1846. Arbre de forme pyramidale étalée, très-vigoureux, beaucoup plus rustique que l'espèce.

Pinus Halepensis aureo-variegata. *C. S.*

PIN D'ALEP A FEUILLES PANACHÉES DORÉES.

Variété à feuilles panachées de jaune, un peu moins vigoureuse que l'espèce; panachure constante.

Pinus Halepensis brevifolia. *C. S.*

PIN D'ALEP A FEUILLES COURTES.

Variété à rameaux grêles, peu nombreux, courts, étalés, dressés. Ramilles et ramules très-courts, tortueux. Feuilles géminées, très-rarement ternées, longues de 10—15 millimètres; très-rarement sur quelques rameaux de 35—45 millimètres, légèrement canaliculées en dessus, arrondies en dessous, finement serrulées sur les bords, recourbées au sommet, d'un vert légèrement glaucescent. Gaines squameuses, à peine longues de 2 millimètres, gris de fer argenté. Coussinets peu saillants, décurrents. Petit arbre peu vigoureux, rustique.

Pinus Halepensis Carica. *Carr.*

PIN DE CARIE.

Rameaux minces, allongés, droits. Feuilles géminées et ternées, naissant dans l'aisselle de la feuille primordiale; cette dernière sessile, courte, large à la base, carénée en dessous; les autres assez épaisses, arrondies en dessous, très-finement serrulées sur les bords, longues de 8—10 centimètres et plus.

Habite l'Asie Mineure.

Pinus Halepensis fastigiata. *Hort.*

PIN D'ALEP PYRAMIDAL.

Variété très-élégante. Branches droites. Rameaux et ramules courts, strictement dressés, très-nombreux, à écorce d'un gris cendré, légèrement violacé, scabre par la décurrence des coussinets. Feuilles géminées, fines, très-nombreuses, strictement dressées contre le rameau qu'elles recouvrent entièrement, planes en dessus, arrondies en dessous, finement serrulées dessus et sur les bords, longues de 5—6 centimètres, terminées au sommet par une pointe courte, fine, un peu recourbée. Gaines membraneuses, longues de 5 millimètres. Coussinets saillants, décurrents.

Jolie variété de forme pyramidale.

Pinus Halepensis nana. *C. S.*

PIN D'ALEP BOULE.

Très-jolie et très-curieuse variété, excessivement naine, obtenue par MM. Audibert de Tonelle, formant une boule compacte. Ramules très-courts, serrés, grêles, étalés, divergents. Feuilles courtes et ténues. Arbuste délicat en forme de boule. Sensible à la gelée.

Pinus Hamiltoniana. *Tenore.*

PIN D'HAMILTON.

Syn. : PINUS CORTESIANA. *Hort.*

Feuilles géminées ou quelquefois ternées, très-grosses, raides, très-nombreuses et rapprochées, canaliculées en-dessus, arrondies en dessous, étalées ou dressées, d'un beau vert foncé brillant, longues de 20—25 centimètres, terminées par un court mucron aigu. Gaines squameuses, persistantes, lacérées au sommet, longues de 10—15 millimètres. Coussinets saillants, largement décurrents. Tronc droit, très-gros. Branches étalées, assurgentes, grosses, les supérieures dressées; écorce scabre et très-rude par la persistance des coussinets. Bourgeons terminaux couverts de nombreuses écailles serrées. Cônes solitaires, cylindro-coniques, atténués au sommet, longs de 20—24 centimètres. Apophyse très-élevée, pyramidale, aiguë, droite; protubérance rugueuse, striée.

Très-grand arbre; habite l'Espagne, le Portugal et la France méditerranéenne. Très-rustique.

Pinus Hamiltoniana minor. *Hort.*

PIN D'HAMILTON PETIT.

Syn. : PINUS PINASTER MINOR. *Loud.*

Arbre grêle et délicat dans les cultures, où il atteint 12—15 mètres de hauteur. Branches verticillées, grêles, s'épuisant promptement; écorce des jeunes rameaux jaune-rougeâtre. Feuilles géminées, glaucescentes, plus petites que dans l'espèce. Coussinets largement aplatis. Cônes courtement pédonculés, pendants, ordinairement réunis, plus rarement solitaires, droits ou très-légèrement arqués, longs de 4—5 centimètres, larges de 30—35 millimètres, atténués aux deux bouts, obtus. Écailles très-solides, à apophyse saillante, carénée, aiguë transversalement. Protubérance saillante, distincte de l'apophyse, à peine mucronée.

Pinus inops. *Solander.*

PIN CHÉTIF.

Arbre diffus, tortueux, de 8—10 mètres de hauteur au plus. Branches irrégulières, distantes, étalées, assurgentes. Rameaux minces, couverts d'une écorce glabre, luisante, violacée. Feuilles géminées ou ternées, courtes, raides, tordues, d'un vert gai, longues de 6—10 centimètres. Cônes étalés, souvent obliquement pendants, longs de 5—7 centimètres, larges de 20—25 millimètres, souvent groupés par 2—3, plus rarement solitaires, droits ou légèrement courbés, courtement pédonculés, un peu atténués vers le sommet, obtus. Apophyse peu saillante, large, aiguë, carénée transversalement. Protubérance terminale, prolongée en un mucron fin, aigu, souvent légèrement courbé.

Habite dans les sols arides et sablonneux de la Virginie et du Maryland. Introduit en 1739. Très-rustique.

Pinus inops variegata. *C. S.*

PIN CHÉTIF PANACHÉ.

Jolie variété obtenue dans nos semis, très-remarquable par ses feuilles panachées d'un beau jaune d'or.

Pinus Laricio. *Poiret.*

PIN LARICIO. — PIN DE CORSE.

Feuilles géminées, étalées, longues de 12—16 centimètres, souvent contournées, diffuses. Gaines membraneuses, longues de 4—6 millimètres. Coussinets très-saillants, décurrents. Tronc droit, élancé, à écorce épaisse, fortement fendillée, rugueuse sur les vieux individus. Branches verticillées, étalées, diffuses. Cônes solitaires ou réunis par 2—3, longs de 6—7 centimètres, larges d'environ 3, un peu courbés, atténués, obtus au sommet; apophyse élevée, légèrement épaissie transversalement, à carène souvent aiguë. Protubérance saillante, rougeâtre, mutique ou mucronulée dans la partie supérieure du cône. Graines ovales, longues d'environ 6—7 millimètres, à testa grisâtre. Très-grand arbre, s'élevant à 40 mètres et plus, en pyramide élancée, conique. Bois blanc ou légèrement coloré, résineux, de très-bonne qualité.

Habite la Corse, la Sicile, l'Espagne. Très-rustique.

Pinus Laricio Calabrica. *Hort.*

PIN DE CALABRE.

Syn. : PINUS LARICIO STRICTA. *Carr.*

Tige élancée, effilée, très-régulièrement cylindro-conique. Branches régulièrement verticillées, courtes, minces, légèrement étalées, promptement dressées. Rameaux effilés, dépourvus de feuilles dans une grande partie de leur longueur. Feuilles géminées, droites, distantes, plus ténues que dans l'espèce, à peine contournées.

Espèce très-vigoureuse et élancée, s'élevant à 25—30 mètres de hauteur. Originaire de la Calabre. Introduit vers 1819. Très-rustique.

Pinus Laricio monstrosa. *C. S.*

PIN LARICIO MONSTRUEUX.

Monstruosité très-remarquable, consistant en rameaux soudés latéralement et fasciés, formant une tête touffue; fixée par la greffe et très-constante. Variété très-vigoureuse. Obtenue dans nos cultures.

Pinus Laricio pygmæa. *Rauch.*

PIN LARICIO PYGMÉE.

Rameaux et ramules dressés, réunis par 3. Feuilles géminées et ternées, très-rapprochées, un peu tordues, concaves en dessus, arrondies en dessous, assez larges, longues de 7—10 centimètres. Gaînes très-petites, caduques. Coussinets peu saillants, largement décurrents.

Petit arbuste s'élevant à peine à quelques mètres, en pyramide touffue.

Pinus Laricio Romaniæ. *Hort.*

PIN DE LA ROMAGNE.

Belle variété du P. Laricio, ayant quelques rapports avec le P. Lemoniana, mais plus vigoureuse et de plus grandes dimensions. Feuilles géminées, planes ou légèrement concaves en dessus, arrondies en dessous, grosses, très-raides et terminées au sommet par un fin mucron. Gaînes soyeuses, noires, longues de 5—10 millimètres. Coussinets persistants, longuement décurrents.

Pinus Lemoniana. *Bentham.*

PIN DE LÉMON.

Feuilles géminées, très-grosses, très-rapprochées au sommet des rameaux, puis étalées ou pendantes, souvent contournées, largement arrondies en dessous, légèrement concaves en dessus, très-finement serrulées dans toute leur largeur, ainsi que sur les côtés, longues de 12—14 centimètres, épaisses de 2 millimètres, d'un vert foncé luisant, glaucescent, brusquement terminées au sommet en une courte pointe très-aiguë. Gaînes membraneuses, longues de 1 centimètre. Coussinets très-saillants, décurrents. Cônes solitaires, longs d'environ 6—8 centimètres, larges de 3—4; presque fusiformes, obtus aux deux bouts, d'un roux luisant. Apophyse saillante, aiguë, carénée transversalement. Protubérance gris-cendré, obtuse.

Arbre diffus, buissonneux, dépassant rarement 8—10 mètres, à cime largement arrondie. Branches nombreuses, grosses, étalées, éparses et irrégulières. Rameaux gros, allongés, dressés.

Pinus Loiseleuriana. *Carr.*

PIN DE LOISELEUR.

Syn. : PINUS RESINOSA. *Loisel.*

Feuilles géminées, très-rarement ternées, longues de 8—12 centimètres, quelquefois plus sur les jeunes sujets, étalées, souvent contournées, finement denticulées. Gaînes soyeuses, longues de 10—12 millimètres sur les jeunes feuilles. Coussinets plats, légèrement saillants, décurrents. Cônes ovoïdes, obtus, persistant très-longtemps sur l'arbre et ne s'ouvrant presque jamais seuls, excessivement nombreux, pédonculés, réunis par 2, souvent verticillés par 3—4 au sommet de courts ramules, d'abord dressés, puis étalés, jamais pendants, longs de 3—5 centimètres, larges d'environ 3, à écailles gris-cendré. Apophyse rhomboïdale, légèrement épaissie, arrondie, à peine carénée transversalement. Protubérance centrale, petite, enfoncée, non mucronée.

Arbre atteignant environ 12 mètres de hauteur, très-buissonneux, à cime très-largement arrondie. Branches rapprochées, étalées, assurgentes, très-promptement dégarnies de feuilles. Rameaux et ramules courts, étalés ou diffus, très-nombreux. Bois blanc, cassant, presque dépourvu de résine. Origine inconnue. Très-rustique.

Pinus Mac-Intoshiana. *Lawson.*

PIN DE MAC-INTOSH.

Syn. : PINUS CONTORTA. *Douglas.*

Feuilles géminées, longues de 6 centimètres, à gaines très-courtes, à écailles lâches, brun-foncé, ridées, résineuses. Cônes petits, allongés, longs de 4—5 centimètres, larges de 3, écailles imbriquées, noirâtres.

Arbre de 4—6 mètres de hauteur, buissonneux et tortueux. Rameaux grêles, feuilles distantes. Reçu en 1854 de graines apportées par le comité de l'Orégon. Très-rustique.

Pinus Massoniana. *Sieb. et Zucc.*

PIN DE MASSON.

Grand arbre atteignant 15—20 mètres et plus de hauteur. Branches étalées, souvent assurgentes. Rameaux scabres par les coussinets saillants, décurrents. Bourgeons verticillés, ovoïdes, aigus. Feuilles géminées, longues de 8—15 centimètres, très-rapprochées, raides, grosses, d'abord très-dressées, puis étalées, retombantes, concaves en dessus, convexes en dessous, serrulées, glauques sur les deux faces, parfois tordues, courtement terminées au sommet en un mucron très-aigu, scarieux, blanchâtre. Gaines soyeuses, blanchâtres, d'environ 6 millimètres, bientôt nulles. Cônes longs d'environ 5 centimètres, arrondis à la base, sensiblement atténués vers le sommet, portés sur un pédoncule court, réfléchis, à écailles ligneuses, oblongues, légèrement épaissies supérieurement, obliquement rhomboïdales au sommet, aréolées, de couleur brun-marron. Graines subrhomboïdales, à aile membraneuse, cultriforme, d'un blanc roussâtre, légèrement striée, trois fois plus longue que la graine.
Habite au Japon. Introduit en 1862. Très-rustique.

Pinus mitis. *Michaux.*

PIN DOUX. — PIN JAUNE.

Feuilles géminées et ternées, ténues, longues de 7—10 centimètres, irrégulièrement triquètres, finement serrulées sur les bords, d'un beau jaune verdâtre sur les jeunes tiges. Gaines très-courtes, membraneuses, érosées au sommet. Coussinets plats, décurrents. Cônes ovoïdes, oblongs, légèrement atténués au sommet, d'environ 5—6 centimètres de longueur. Apophyse saillante, carénée, aiguë transversalement. Protubérance légèrement saillante, finement mucronée. Graines petites, à aile assez large, longue d'environ 15 millimètres.

Arbre de 15—20 mètres. Branches étalées, inégales et irrégulières. Habite dans l'Amérique boréale les terrains maigres et arides, les sources de la Delaware, sur la rive droite de l'Hudson, etc. Bois d'excellente qualité. Introduit vers 1739. Très-rustique.

Pinus Pallasiana. *Lambert.*

PIN DE PALLAS. — PIN DE TAURIDE.

Feuilles géminées, grosses, étalées, dressées à l'extrémité des rameaux, chagrinées, longues de 12—15 centimètres, d'un vert foncé. Cônes longs d'environ 8 centimètres, atténués au sommet, contournés. Apophyse légèrement élevée. Protubérance centrale, terminale, brun rougeâtre, tronquée très-légèrement, mucronée au centre.
Arbre de 12—20 mètres de hauteur. Tronc droit, gros. Branches nombreuses dès la base, verticillées, dressées, formant une pyramide étroite. Bois compacte, résineux, très-noueux.
Habite les montagnes calcaires de la Tauride occidentale. Introduit vers 1790. Très-rustique.

Pinus Pallasiana major. *Hort.*

PIN DE PALLAS ÉLEVÉ.

Feuilles géminées, raides, très-nombreuses, droites ou légèrement courbées, planes ou faiblement concaves en dessus, arrondies en dessous, serrulées sur les bords, longues de 9—11 centimètres, légèrement glaucescentes, et terminées par une pointe courte, aiguë, jaunâtre. Gaines squameuses, d'un gris noirâtre, longues de 4—5 millimètres. Coussinets très-saillants, squamifères, décurrents.
Arbre de 20—30 mètres, très-vigoureux et très-rustique.

Pinus Persica. *Strangways.*

PIN DE PERSE.

Arbre pyramidal, ayant le facies du P. Halepensis, d'une croissance assez lente, ne paraissant pas devoir dépasser 8—10 mètres. Écorce gris-cendré, lisse. Boutons gemmaires petits, obtus, non résineux, à écailles soyeuses, imbriquées. Branches verticillées, dressées, étalées, courtes. Feuilles nombreuses, géminées, parfois ternées, très-rarement quaternées, souvent inégales sur le même rameau, les unes longues de 6—8 centimètres, les autres de 4, irrégulièrement triangulaires par la carène saillante, fortement serrulée, ainsi que les bords, quelquefois planes en dessus, épaisses et arrondies en dessous, très-lisses et seulement serrulées sur les deux bords. Coussinets peu saillants, à peine décurrents.
Habite la Perse australe. Introduit vers 1825. Rustique.

Pinus Pinaster. *Solander.*

PIN MARITIME.

Arbre de 15—25 mètres et plus de hauteur. Tronc droit, gros, quelquefois un peu tortueux, à cime conique. Branches nombreuses, étalées, défléchies ou assurgentes, les supérieures dressées, toutes verticillées, relativement faibles, s'épuisant promptement et laissant les arbres dénudés dans leur partie inférieure. Feuilles géminées, longues de 12—20 centimètres, souvent larges de plus de 2 millimètres, épaisses, luisantes, souvent tordues, d'un vert clair jaunâtre; celles des jeunes rameaux, dressées, celles des vieilles branches, étalées, souvent pendantes. Gaines membraneuses, longues de 1 centimètre. Coussinets saillants, non décurrents. Cônes portés sur de gros pédoncules ligneux, persistant longtemps, réunis par 2—3 au plus, rarement solitaires, étalés ou obliquement pendants, ovoïdes-coniques, atténués et presque pointus au sommet, longs de 10—15 centimètres, larges de 6—8. Écailles très-serrées, fortement appliquées, jaune-roussâtre, luisantes; apophyse très-élevée, à angles aigus, pointue. Protubérance centrale légèrement saillante, carénée, blanchâtre, toujours distincte de l'apophyse. Graines noirâtres, luisantes, oblongues, longues de 6—8 millimètres, à aile lancéolée, cultriforme.
Habite les parties maritimes et les landes de l'Europe. Espèce très-précieuse par sa prompte croissance, et le brai ou goudron qu'on en retire. Rustique.

Pinus Pinaster longifolia. *Hort.*

PIN MARITIME A LONGUES FEUILLES.

Belle variété du précédent, à feuilles géminées, épaisses, longues de 20—25 centimètres, planes ou légèrement concaves en dessus, arrondies en dessous, très-finement serrulées sur les bords, d'un vert foncé, luisantes, terminées au sommet en un mucron fin, aigu. Gaînes soyeuses, longues de 10—12 millimètres. Coussinets peu saillants, largement décurrents.

Pinus Pithyusa. *Strangw.*

PIN DE COLCHIDE.

Feuilles géminées, très-rarement ternées, ténues, longues d'environ 12 centimètres, confuses, tordues, chiffonnées; les ternées subtriquètres; les géminées planes ou à peine concaves en dessus, arrondies en dessous, serrulées sur les bords, et terminées par un mucron fin aigu. Gaînes soyeuses, longues de 10—12 millimètres sur les jeunes feuilles, presque nulles sur les vieilles. Coussinets peu saillants, largement décurrents. Cônes ovoïdes, pédonculés, défléchis, très-petits.

Arbre très-rameux et buissonneux, s'élevant à 7-10. mètres. Branches étalées, très-nombreuses, diffuses, promptement relevées à l'extrémité. Rameaux et ramilles effilés, grêles.

Habite les montagnes de la Syrie, de la Colchide et de la Grèce. Introduit vers 1840. Très-rustique.

Pinus pumilio. *Hænke.*

PIN DES MONTAGNES. — PIN DIFFUS.

Petit arbre ou arbrisseau, dépassant rarement 4—6 mètres de hauteur, en forme de buisson touffu, étalé. Branches très-nombreuses à partir du sol, longuement étalées et comme rampantes, relevées à leur extrémité, les supérieures dressées. Feuilles géminées, très-rapprochées, souvent un peu contournées, longues de 3—5 centimètres, d'un vert obscur. Gaînes persistantes, blanches, soyeuses, longues de 6—10 millimètres sur les jeunes feuilles, finalement brunâtres, très-courtes. Cônes ovoïdes, obtus, très-courtement pédonculés, longs de 3—4 centimètres, larges d'environ 2, d'abord dressés, puis horizontaux ou obliques. Apophyse un peu élevée, déprimée au sommet. Protubérance légèrement saillante, mucronulée.

Habite les Alpes de l'Europe centrale, principalement dans les terrains calcaires; le Tyrol, les Carpathes à 2500 mètres d'altitude, jusqu'au-dessus de la limite des Picéa.

Pinus pungens. *Michaux.*

PIN PIQUANT.

Arbre de 15—20 mètres de hauteur, souvent tortueux. Branches très-irrégulières, nombreuses, très-étalées ou défléchies, divariquées. Feuilles géminées, longues de 3—7 centimètres, rapprochées, épaisses, souvent tordues, finement serrulées sur les bords, très-courtement terminées en une pointe scarieuse. Gaînes très-courtes. Coussinets saillants, décurrents, persistants. Cônes sessiles, groupés, rarement solitaires, longs de 7—9 centimètres, larges de 4—5, ovoïdes, atténués vers le sommet. Apophyse transversalement élevée, légèrement aiguë. Protubérance terminale assez allongée, comprimée, à mucron réfléchi, piquant. Graines très-petites, rudes, noires, à aile étroite, longue de 25 millimètres.

Habite les montagnes des Alléganys et celles de la Table, dans le nord de la Caroline, et les montagnes Bleues dans la Virginie. Introduit en 1804. Très-rustique.

Pinus Pyrenaïca. *Lapeyrouse.*

PIN NAZARON. — PIN PINCEAU.

Arbre de 20—30 mètres de hauteur. Branches étalées, promptement relevées, nombreuses, relativement grêles. Rameaux verticillés, grêles. Feuilles géminées, très-rarement ternées, raides, droites, rapprochées en pinceau à l'extrémité des ramules, planes ou à peine canaliculées en dessus, arrondies en dessous, visiblement serrulées sur les bords, longues de 10—12 centimètres. Gaines persistantes, membraneuses, écailleuses, longues de 10 millimètres, plus courtes de moitié dans les vieilles feuilles. Coussinets saillants, écailleux, décurrents, largement aplatis sur les branches vigoureuses, d'un bronze clair. Cônes longs de 7—10 centimètres, larges de 4—5, légèrement courbés, quelquefois un peu gibbeux sur la partie convexe, fortement pédonculés, atténués vers le sommet, qui est arrondi, obtus, d'abord dressés, finalement obliques, horizontaux ou un peu défléchis, jamais pendants. Apophyse largement arrondie, convexe, peu saillante, rouge-fauve, luisante, rugueuse ou fortement veinée, radiée. Protubérance large, subellipsoïde, plane ou légèrement concave, d'un gris cendré, faiblement mais visiblement carénée. Graines ellipsoïdes ou obovales comprimées, longues de 8—9 millimètres, larges de 5—6, rétrécies aux deux bouts, à aile rousse ou brunâtre, longue de 24 millimètres.

Habite diverses parties du midi de la France, sur le versant des Pyrénées espagnoles. Très-rustique.

Pinus rubra. *Michaux.*

PIN ROUGE.

Grand arbre de 22—25 mètres de hauteur, sur 50—60 centimètres de diamètre. Feuilles géminées, d'un vert sombre, longues de 13—14 centimètres, ramassées en faisceaux vers l'extrémité des branches. Cônes longs de 3 centimètres, élargis, arrondis à la base, promptement acuminés-pointus au sommet, laissant échapper leurs graines la première année.

Habite dans l'Amérique septentrionale, entre les 40 et 48e degrés de latitude. Cet arbre fournit un bois excellent, d'un grain très-fin, assez pesant à cause de la grande quantité de résine qu'il renferme, serré et compacte, sans nœuds, de très-longue durée. Très-rustique.

Pinus Saltzmanni. *Dunal.*

PIN DE MONTPELLIER.

Feuilles géminées, longues de 12 centimètres, droites, planes en dessus, arrondies en dessous, d'un vert foncé, finement serrulées sur les bords; gaines persistantes, longues de 8—15 millimètres; coussinets imbriqués, larges et plats, très-longtemps apparents. Cônes longs de 7—9 centimètres, légèrement courbés, très-atténués vers le sommet, obtus, à écailles jaune-roussâtre, luisantes; apophyse irrégulièrement rhomboïdale, élevée, dilatée vers le sommet de l'écaille, transversalement aiguë; protubérance presque terminale, saillante, plus colorée que l'apophyse, obtuse, mutique, très-rarement mucronulée.

Arbre de 15—20 mètres et plus. Branches nombreuses, grosses, étalées, assurgentes, les supérieures dressées. Rameaux allongés, étalés, à écorce jaune rougeâtre, dénudés à la base, portant au sommet des feuilles dressées ou couchées sur la tige.

Habite particulièrement, dans le midi de la France, le département de l'Hérault, dans les forêts de Saint-Guilhen-le-Désert et sur le versant des Pyrénées qui regarde l'Espagne. Rustique.

Pinus Saltzmanni variegata. *C. S.*

PIN DE MONTPELLIER PANACHÉ.

Superbe variété de nos semis, trouvée en 1865. Très-distincte de l'espèce par ses feuilles un peu plus courtes et plus ténues, d'un vert tendre, un peu étalées, dont la moitié supérieure est d'un beau jaune doré, passant au blanc à leur maturité.

Pinus species Pekin's. *Standish*.

PIN DE PÉKIN.

Feuilles géminées, raides, distantes, très-étalées, tombantes, d'un vert foncé, planes en dessus, arrondies en dessous et parcourues dans leur longueur par deux légers sillons, finement serrulées sur les bords, très-ténues, longues de 6—10 centimètres, gaines écailleuses, minces; longues de 5—8 millimètres; coussinets saillants à peine décurrents. Tige droite, grêle. Branches étalées, dressées.

Arbre assez vigoureux, très-rustique. Introduit de Chine en 1861.

Pinus sylvestris. *L.*

PIN SYLVESTRE.

Feuilles géminées, raides, épaisses, legèrement contournées, longues de 5-8 centimètres, planes ou faiblement concaves en dessus, parcourues dans leur longueur et jusque sur les bords de très-fines nervures; celles du milieu et des bords un peu plus saillantes, toutes finement serrulées; arrondies en dessous, glaucescentes sur les deux faces, brusquement terminées au sommet en un court mucron, très-aigu, jaunâtre. Gaines membraneuses, grisâtres, lacérées au sommet, longues de 5-7 millimètres, très-courtes et presque nulles sur les vieilles feuilles. Coussinets peu saillants, comme imbriqués, longuement et largement décurrents. Bourgeons terminaux verticillés, petits, coniques, pointus, formés d'écailles très-serrées, très-résineuses. Cônes petits, solitaires, rarement réunis par 2-3, coniques, pendants, longs d'environ 4-5 centimètres, larges environ de 2, atténués, obtus au sommet. Apophyse élevée, transversalement carénée, réfléchie sur les écailles de la base du cône; protubérance tronquée, mutique, rarement mucronulée. Graines très-petites.

Grand arbre indigène très-résineux s'élevant à 30—40 mètres de hauteur, sur 80 centimètres 1 mètre de diamètre, très-répandu dans toute l'Europe centrale et s'étendant jusqu'au 70e degré de latitude dans la partie boréale. Tronc droit, allongé. Branches nombreuses, verticillées, étalées, souvent irrégulières. Cette espèce est des plus rustiques et d'une prompte venue; elle réussit bien à la transplantation et se multiplie aussi par les semis sur place, elle préfère les terrains granitiques ou schisteux, secs et légers, même de peu de profondeur, et les expositions froides et élevées. Son bois est de la plus grande utilité, très-recherché pour la marine et pour les constructions civiles.

Pinus sylvestris Altaica. *Ledeb.*

PIN SYLVESTRE DES MONTS ALTAÏ.

Syn. : PINUS SYLVESTRIS URALENSIS. *Fischer.*

Arbre de forme pyramidale compacte, s'élevant à 15—20 mètres, croissant sur les monts Altaï. Feuilles très-courtes, très-raides.

Pinus sylvestris argentea. *Stew.*

PIN SYLVESTRE ARGENTÉ.

Espèce distincte par la nuance argentée de ses feuilles et de ses cônes. Cet arbre atteint une grande hauteur sur les chaînes de montagne avoisinant la mer Noire.

Pinus sylvestris aureo-picta. *C. S.*

PIN SYLVESTRE A FEUILLES DORÉES.

Belle variété, remarquable par ses feuilles, dont la moitié supérieure est d'un beau jaune d'or; panachure très-constante.

Pinus sylvestris Bujotii. *Hort.*

PIN SYLVESTRE DE BUJOT.

Tige non ramifiée, couverte de ramilles excessivement nombreuses, courtes, formant une masse compacte. Feuilles très-rapprochées, contournées, d'un vert obscur. Variété buissonneuse et rabougrie.

Pinus sylvestris Caucasica. *Fischer.*

PIN DU CAUCASE.

Feuilles géminées, droites, canaliculées en dessus, arrondies en dessous, finement serrulées sur les bords, luisantes et d'un beau vert gai sur les deux faces, longues de 12—15 centimètres; gaines squameuses, très-courtes, 1—2 millimètres; coussinets peu saillants, largement décurrents; écorce d'un gris bronzé.
Grand arbre, d'une croissance rapide et vigoureuse. Habite les montagnes du Caucase et près d'Erzéroun en Perse.

Pinus sylvestris fastigiata. *Barillet.*

PIN SYLVESTRE PYRAMIDAL.

Feuilles géminées, étalées, dressées, très-rapprochées, planes ou légèrement concaves en dessus, arrondies en dessous, longues de 8—10 centimètres, larges, un peu contournées, d'un vert grisâtre argenté. Tronc droit, tige élancée, forte. Rameaux courts, strictement dressés contre la tige en forme de colonne étroite et très-serrée. Variété des plus remarquables et très-vigoureuse, trouvée au bois de Boulogne en 1857 ; nous la devons à l'obligeance de M. Barillet.

Pinus sylvestris variegata. *C. S.*

PIN SYLVESTRE A FEUILLES PANACHÉES.

Variété remarquable par ses feuilles panachées.

Pinus sylvestris Imeritiana. *Regel.*

PIN SYLVESTRE D'IMÉRITIE.

Espèce ou variété du P. Sylvestre, d'une croissance extrêmement lente dans sa jeunesse. Rameaux grêles, un peu diffus. Feuilles géminées, étalées, recourbées, minces, fortement concaves en dessus, arrondies en dessous, à peine serrulées sur les bords, longues de 35—40 millimètres, terminées par un mucron fin, très-aigu. Gaines squameuses, très-courtes, 1—2 millimètres, promptement caduques. Coussinets peu saillants, non décurrents.
Habite les montagnes de l'Iméritie, d'où nous avons reçu les semences de M. de Hartviss.

Pinus sylvestris monophylla. *Loud.*

PIN SYLVESTRE A FEUILLES SOUDÉES.

Variété beaucoup moins vigoureuse que l'espèce, et ne formant ordinairement qu'un grand arbrisseau diffus; très-distincte par les deux feuilles de chaque gaine complétement appliquées et comme soudées entre elles, se détachant la deuxième année lorsque l'arbre pousse vigoureusement, et reprenant alors leur caractère normal.

Pinus sylvestris nana. *Carr.*

PIN SYLVESTRE NAIN.

Arbuste buissonneux, aplati, à peine conique. Branches nombreuses, très-courtes, dressées. Feuilles longues de 2—4 centimètres, glaucescentes; gaînes très-courtes, bientôt nulles ou presque nulles.

Pinus sylvestris pendula. *C. S.*

PIN SYLVESTRE PLEUREUR.

Rameaux très-allongés, grêles, déclinés, longuement pendants. Feuilles géminées, étalées, rapprochées, droites, ou le plus souvent contournées, planes et argentées en dessus, arrondies en dessous, finement serrulées sur les bords, longues de 4—5 centimètres; gaînes longues d'à peine 1 millimètre, promptement caduques; coussinets saillants, décurrents. Cette belle variété n'est réellement pendante que lorsque l'arbre placé dans une position ombragée prend un certain développement; le pied mère sur lequel nous avons pris les greffes avait la plupart de ses branches pendant strictement jusqu'à terre le long de la tige, ce qui lui donnait à distance, l'aspect d'un arbre pyramidal.

Pinus sylvestris pygmæa microphylla. *C. S.*

PIN SYLVESTRE PYGMÉE A TRÈS-PETITES FEUILLES.

Arbuste très-nain, étalé, compacte, s'élevant au plus à 20—30 centimètres, en buisson aplati. Ramules et ramilles très-nombreux, relativement gros, courts, étalés, puis verticalement redressés. Écorce rugueuse par la persistance des coussinets. Feuilles géminées, très-nombreuses et très-rapprochées au sommet des ramilles, très-ténues, comme subulées, droites, d'un vert foncé, longues de 5—15 millimètres, terminées en une pointe fine, piquante.
Cette jolie et curieuse variété, bien plus petite dans toutes parties que le P. Sylvestris nana, a été trouvée dans nos bois de pins sylvestres; le pied déjà assez âgé ne s'élève pas à plus de 30 centimètres, formant une touffe aplatie de plus d'un mètre de circonférence. Elle ne réussit bien que sur des terrains secs et rocailleux, exposés au soleil.

Pinus sylvestris Rigensis. *Desf.*

·PIN SYLVESTRE DE RIGA.

Le plus grand des pins sylvestres, croissant en vastes forêts au nord de l'Europe, très-estimé comme bois de mâture et de construction.

Pinus sylvestris rubra. *Hort.*

PIN SYLVESTRE D'ÉCOSSE.

Syn. : PINUS SYLVESTRIS HORIZONTALIS. *Don.*

Variété des Higlands d'Écosse. Branches horizontalement étalées. Feuilles longues, argentées. Écorce et bois rouges. C'est un arbre de très-grandes dimensions, dont le bois est d'excellente qualité pour tous les usages.

Pinus sylvestris spiralis. *C. S.*

PIN SYLVESTRE A FEUILLES DISPOSÉES EN SPIRALE.

Variété des plus remarquables. Rameaux droits, allongés. Feuilles longues de 6—7 centimètres, épaisses et larges, concaves et finement sillonnées en dessus, arrondies en dessous, serrulées sur les bords, glauque-argenté sur les deux faces, très-rapprochées, contournées, redressées en sorte de spirales contre les rameaux, avec lesquels elles forment une petite colonne à jour, à peine épaisse de 4—5 centimètres. Gaînes longues de 5—7 millimètres, promptement caduques. Coussinets plats, très-longuement décurrents. Arbre très-vigoureux, à tiges élancées, fortes.

Pinus sylvestris trocata. *C. S.*

PIN SYLVESTRE A CÔNES AGGLOMÉRÉS.

Variété remarquable par l'agglomération en trochets très-serrés autour des rameaux, de ses petits cônes, dont chaque groupe contient souvent une centaine et plus.

Pinus uncinata. *Ram.*

PIN MUGHO. *Poir.*

Arbre de 6—12 mètres et plus, disposé en buisson étalé et serré. Branches et rameaux dressés. Feuilles géminées, très-denses, appliquées sur les ramilles, raides, quelquefois contournées, d'un vert sombre presque glaucescent, longues de 7—9 centimètres, terminées au sommet par un court mucron. Gaînes membraneuses, longues de 6 millimètres. Coussinets peu saillants, largement décurrents. Cônes réunis par 2—3, ovoïdes, obtus, longs de 5—7 centimètres, larges de 3—4, droits ou légèrement contournés; apophyse subtétragone, très-développée, fortement comprimée, réfléchie dans les écailles inférieures. Protubérance large, tronquée, mutique ou mucronulée.
Habite les montagnes Alpines et froides de l'Europe.

Pinus uncinata rostrata. *Ant.*

PIN A CROCHETS.

Cette variété diffère de l'espèce par les écailles de ses cônes plus élevées et terminées par une pointe longue et crochue.
Habite les parties froides des Pyrénées, où elle acquiert une élévation de 10—15 mètres, quelquefois beaucoup plus.

Pinus uncinata uliginosa. *Vimmer.*

PIN MUGHO DE FISCHER.

Espèce assez vigoureuse, disposée en pyramide. Feuilles géminées, dressées-étalées, d'un beau vert, longues de 5—8 centimètres, terminées par un court mucron presque obtus.
Habite les montagnes en Autriche.

Sixième tribu : PINEA.

Feuilles géminées et ternées, très-rarement quaternées. Cônes ovoïdes, sessiles ou subsessiles, arrondis, obtus. Apophyse élevée, obtuse arrondie ou subanguleuse, tronquée. Protubérance centrale. Graines dépourvues d'ailes.

Pinus Cembroïdes. *Gordon.*

PIN FAUX CEMBRO.

Feuilles ternées, triquètres, longues de 4—5 centimètres. légèrement tordues à la base d'un vert clair glaucescent. Gaînes courtes, très-caduques. Cônes ovales, arrondis, atténués au sommet, obtus; apophyse élevée, pyramidale, comme tronquée. Graines dépourvues d'ailes.

Arbre de 8—10 mètres de hauteur, souvent tortueux. Habite au Mexique les montagnes d'Orizaba, à environ 3000 mètres d'altitude. Introduit en 1848. Assez rustique.

Pinus edulis. *Wisliz.*

PIN A AMANDE COMESTIBLE.

Feuilles géminées, plus rarement ternées, courtes, raides, curvées, très-finement striées, concaves et glauques en dessus, convexes et vertes en dessous, lisses sur les bords. Cônes sessiles, dressés, subglobuleux, coniques; écailles à apophyse dilatée, pyramidale, non mucronée. Graines longues de 12 millimètres et larges de 8, contenant une amande d'un goût très-agréable, surtout lorsqu'elle est cuite.

Petit arbre de 5—10 mètres de hauteur sur 16—30 centimètres de diamètre. Habite les parties septentrionales du Mexique.

Pinus Fremontiana. *Endlicher.*

PIN DU COLONEL FRÉMONT.

Feuilles géminées et ternées, souvent en apparence solitaires par soudure ou accollement, longues de 3—6 centimètres, d'un vert-glauque, ordinairement courbées, raides et terminées au sommet en une pointe piquante. Gaînes excessivement courtes, très-promptement caduques. Cônes très-nombreux, ovoïdes, irrégulièrement subglobuleux, composés de 6—7 rangées d'écailles épaisses, d'un brun luisant. Apophyse renversée, fortement déprimée au sommet; protubérance tronquée. Graines dépourvues d'ailes, oblongues ou ovoïdes, obtuses-arrondies aux deux bouts, à testa jaunâtre tiqueté de brun, très-fragile, renfermant une amande d'un goût agréable.

Arbre atteignant 8—10 mètres de hauteur, à écorce gris cendré, glaucescente, lisse, ou légèrement marquée par la chute des feuilles. Branches très-rapprochées, étalées. Rameaux très-nombreux, grêles, diffus.

Habite en Californie, sur les deux versants de la Sierra-Nevada, à la limite des neiges. Il produit en quantité des amandes comestibles. Introduit en 1847. Rustique.

Pinus Llaveana. *Schiede.*

PIN DE LLAVE.

Arbre des montagnes froides du Mexique, où il acquiert 8—10 mètres de hauteur. Branches nombreuses, étalées. Rameaux étalés, grêles. Feuilles ternées, plus rarement géminées, longues de 5—6 centimètres, comprimées, irrégulièrement rhomboïdales, carénées et bisulquées, la plupart incurvées, d'un vert-glauque. Gaines très-courtes et très- caduques; coussinets arrondis, plats, non décurrents. Cônes longs d'environ 4 centimètres, larges de 35 millimètres à la base, souvent déprimés; écailles courtes, épaisses, très-lâches; apophyse élevée, pyramidale, presque tétragone, tronquée, sillonnée-ridée, brunâtre; protubérance plane, non mucronée. Graines comestibles dépourvues d'aile, irrégulièrement obovales, obtuses aux deux bouts, longues d'environ 15 millimètres, larges de 8—10, à testa dur, osseux, blanchâtre.

Habite au Mexique les parties froides de Réal-del-Monte, à une altitude de 2500 à 3000 mètres. Assez rustique. Introduit en 1830.

Pinus osteosperma. *Wisliz.*

PIN A AMANDE OSSEUSE.

Feuilles ternées, rarement géminées, courtes, ténues, presque droites, lisses sur les deux bords, glauques en dessus, vert pâle en dessous, très-finement striées sur les deux faces. Cônes sessiles, subglobuleux, dressés. Graines obovales, longues de 12 millimètres, dépourvues d'aile, à testa dur. Arbre de 5—6 mètres de hauteur, des montagnes nord du Mexique. Introduit vers 1850. Rustique.

Pinus pinea. *L.*

PIN PIGNON.

Arbre de 15—20 mètres de hauteur et plus. Tronc droit, noueux, dénudé dans sa partie inférieure, à rameaux très-nombreux, largement étalés au sommet en forme de parasol. Écorce rouge très-épaisse et très-dure. Feuilles géminées, rarement ternées, nombreuses et dressées à l'extrémité des jeunes rameaux, longues de 10—16 centimètres, étalées et plus courtes sur les branches adultes, lisses, presque triquètres, épaisses st arrondies en dessous; gaines très-courtes; coussinets saillants, décurrents. Cônes très-gros, ovoïdes, très-obtus, arrondis au sommet; écailles à apophyse très-épaisse, luisante, roux foncé, largement déprimée, quelquefois saillante, blanchâtre ou d'un roux fauve. Graines dépourvues d'aile, oblongues ou ellipsoïdes, longues de 18—20 millimètres, larges de 5—7, à testa très-dur couvert d'une poussière fuligineuse, contenant une amande comestible appelée dans le Midi *pignon*.

Habite dans la région méditerranéenne et dans quelques parties de l'Asie. Son bois est blanc et de bonne qualité. Sensible au froid dans sa jeunesse.

Pinus pinea fragilis. *Loisel.*

PIN PIGNON A COQUE TENDRE.

Variété à coque très-tendre et facile à rompre entre les doigts.

DEUXIÈME SECTION.

PINS NOUVEAUX DU MEXIQUE.

DÉCOUVERTS PAR M. B. ROELZ, DE MEXICO, ET REÇUS DIRECTEMENT
DE GRAINES EN 1858—1859.

Nous possédons la collection entière des nouveaux pins mexicains dont nous avons reçu les semences de M. B. Roezl de Napoles près Mexico.

Malgré l'immense différence climatérique des contrées dont ils proviennent, l'élévation supra-marine de leur habitat jusqu'à 4000 mètres et souvent près de la limite des neiges persistantes, nous a donné l'espoir de les naturaliser dans le centre de la France, de les habituer avec quelques précautions dans leur jeunesse aux atteintes de nos froids assez rigoureux et de les répandre ensuite dans le Midi, où leur réussite est pleinement assurée.

C'est dans ce but que nous avons disposé en plein air dans notre *Pinetum*, où déjà prospéraient admirablement des espèces de même provenance, dans les années consécutives de 1862 à 1866, la majeure partie de ces beaux pins, aux formes si étranges; et à notre vive satisfaction nous les avons vus supporter sans dommages nos froids assez rigoureux : 0° 08° à 0° 12° degrés , et acquérir une végétation des plus luxuriantes, des tiges d'une force et d'une vigueur remarquables, longues de 60 centimètres jusqu'à un mètre, couvertes de feuilles nombreuses, excessivement rapprochées, généralement ténues, longues de 15 à 35 centimètres et plus, et des nuances les plus riantes.

Dans notre opinion, ces nouveaux pins sont d'introduction encore trop récente pour pouvoir être exactement décrits et définitivement classés, sur des échantillons secs et incomplets de feuilles ou de cônes; on ne pourra donc bien apprécier leurs caractères que sur des plants en vigueur et d'une certaine force.

Nous croyons, avec M. E. A. Carrière, qui les a sérieusement étudiés dans notre établissement, en 1866, nous croyons, disons-nous, qu'on s'est trop hâté de réduire à un petit nombre d'espèces, ou d'assimiler à des espèces et variétés plus anciennement introduites, des pins de provenances si distantes et offrant même des différences caractéristiques assez saillantes.

C'est pourquoi jusqu'à plus amples informations, nous devons nous borner dans cette monographie à les ranger dans les classifications usitées, en conservant la nomenclature et les descriptions de M. Roezl, et en y joignant quelques observations et renseignements particuliers ou tirés de divers auteurs.

PINS NOUVEAUX DU MEXIQUE.

Première tribu : STROBUS.

Feuilles généralement quinées, triquètres, courtes, très-fines, glauques. Cônes longs et gros ; protubérance terminale.

Pinus Ayacahuite blanco. *Ehrenb.*

Feuilles réunies par 5 et quelquefois par 6 dans la même gaine, ténues, triquètres, glauques, de 8 centimètres de longueur. Gaines courtes, à écailles nombreuses, lâches et très-caduques. Cônes presque cylindriques, de 30—36 centimètres de longueur sur 9—12 de diamètre.

Arbre d'une grande élévation, croissant sur les hautes montagnes du Mexique, à 4000 mètres d'altitude. Bois blanc, très-résineux, d'excellente qualité. Très-rustique.

Pinus Ayacahuite colorado. *Ehrenb.*

Feuilles quinées, un peu raides, très-glauques, longues de 12—13 centimètres; gaines courtes, à écailles membraneuses, lâches et très-caduques. Cônes longs de 30 à 35 centimètres sur 9—10 de longueur, très-résineux, un peu tordus vers le sommet; écailles recourbées, sillonnées longitudinalement de raies très-fortes; protubérance terminale, large de 10 millimètres sur 6 de longueur.

Arbre de 35 à 40 mètres, très-rameux, à feuillage très-glauque. C'est un des plus beaux arbres qu'on puisse voir ; ses cônes, qui poussent à l'extrémité des branches, ont de loin une telle ressemblance avec l'ananas, que les habitants des environs leur donnent le même nom : *Pina.*

Il croit sur le côté est du Popocatepetl, à une altitude d'environ 2800 mètres.

Pinus Bonapartea. *Roezl.*

Feuilles réunies dans la même gaine par 5, 6, 7, 8 et même 9, très-tenues, glauques, triquètres, longues d'environ 12 centimètres ; gaines composées d'écailles linéaires, aiguës, lâches, frisées au sommet, bientôt caduques. Cônes dressés, presque cylindriques, de 25—30 centimètres de longueur sur 8—12 de diamètre.

Pin magnifique, appelé Pino Real au Mexique, à cause de la majesté de son port et de ses dimensions colossales. Il s'élève à plus de 40 mètres sur un tronc droit, garni de longues branches verticillées, couvertes à leur extrémité de cônes très-gros. Il habite dans la province de Durango, sur la Sierra-Madre, à 3000—4000 mètres d'altitude. Il produit une substance résineuse très-sucrée et agréable à manger. L'habitat de cet arbre étant très-froid, tout fait présumer qu'il sera parfaitement rustique dans l'Europe centrale.

Pinus dom Pedri. *Roezl.*

Feuilles quinées, triquètres, ténues, très-glaucescentes, longues de 12 centimètres ; gaines courtes, à écailles membraneuses, lâches, très-caduques. Cônes souvent droits, parfois un peu recourbés, longs de 25 à 40 centimètres sur 10 de diamètre.

Écailles larges, droites, lisses ; protubérance terminale recourbée vers le sommet, large de 8 millimètres sur 4—5 de longueur, très-caduques.

Arbre de 35 à 45 mètres avec des branches et des rameaux longs et flexibles. Il croit à 3500—4000 mètres d'altitude dans les environs de Tenango, où il est connu sous le nom d'Ayacahuite. Il a en effet quelques ressemblances avec le Pinus Ayacahuite, *Ehrenberg;* mais il en diffère par ses dimensions plus grandes, par la couleur de ses cônes et par l'aile des graines qui est beaucoup plus courte, ayant à peine 1 centimètre.

Pinus hamata. *Roezl.*

Feuilles quinées, triquètres, raides, glauques. très-ténues, très-finement serrulées, longues de 10—12 centimètres ; gaines courtes à écailles membraneuses, larges et très-caduques. Cônes droits ou très-légèrement arqués, fusiformes, obtus, arrondis, longs de 25 centimètres sur 5—6 de large. Écailles et protubérance terminale très-recourbées, formant de véritables crochets, en forme de hameçons.

Arbre de 40 à 50 mètres. Branches retombantes portant les cônes à leur extrémité. Croit sur les montagnes de la Sierra-Madre, à environ 2600 mètres d'altitude. Bois de qualité supérieure.

Pinus Popocatepetlli. *Roezl.*

Très-grand arbre à feuilles quinées, triquètres, glauques, longues de 10—12 centimètres ; cônes très-gros, très-résineux.

Il croit sur les pentes du Popocatepetl, à une grande élévation ; espèce voisine du P. Dom Pedri. Bois d'excellente qualité.

Pinus Veitchii. *Roezl.*

Feuilles quinées, quoique la même branche porte souvent 6, 7, 8 et même 9 feuilles dans une gaine, très-ténues, glauques, serrulées, longues de 12 centimètres ; gaines courtes, caduques, écailleuses. Cônes droits, longs de 25 à 30 centimètres, sur 10 de large ; apophyse large de 35 à 40 millimètres et 12 de haut, forte, recourbée, épaissie au centre, avec plusieurs lignes très-saillantes ; protubérance saillante, large de 10 millimètres sur 12 de long.

Le Pinus Veitchii croît sur le côté est du Popocatepetl, à une élévation de 4000 mètres; il atteint une hauteur de plus de 40 mètres. Son tronc est entièrement droit, très-garni de branches longues et minces; les rameaux, qui ont la grosseur d'un crayon ordinaire, ont de 60 centimètres à 1 mètre de long.

Deuxième tribu : PSEUDO-STROBUS.

Feuilles quinées, longues. Gaînes persistantes, fibrolaineuses, plus rarement écailleuses. Cônes longs ou moyens, obliques, horizontaux, parfois pendants, sessiles ou courtement pédonculés, à écailles solides, ne s'ouvrant pas à l'automne. Apophyse plus ou moins élevée, souvent très-saillante, pyramidale. Protubérance termino-centrale. Graines ailées.

Pinus angulata. *Roezl.*

Feuilles quinées, un peu raides, serrulées, longues de 26 centimètres. Gaînes écailleuses, soyeuses, brunes, longues de 2 centimètres. Coussinets longuement décurrents. Cônes légèrement courbés, longs de 15 centimètres, larges de 5, atténués et presque pointus au sommet; apophyse rhomboïdale, denticulée au sommet, transversalement carénée, très-élevée au centre, large de 20 millimètres sur 13 de hauteur; protubérance large, mucronée, de couleur gris-cendré.

Arbre de 35 à 40 mètres. Feuillage d'un beau vert et très-touffu. Il croît sur l'Iztacihuatl, de 2500 à 3000 mètres d'altitude.

Pinus Antoineana. *Roezl.*

Feuilles quinées, longues de 30 centimètres, minces, ténues, triquètres, lisses ou à peine serrulées ; gaînes soyeuses, longues de 20 millimètres. Cônes recourbés, longs de 12 centimètres, sur 4 de diamètre ; apophyse irrégulièrement rhomboïdale, bombée à la base, assez saillante ; protubérance petite, recourbée vers le sommet.

Bel arbre de 25—30 mètres, très-touffu. Branches étalées, longues, d'un très-bel effet. Habite près de la Hacienda de Zavaleta, à une altitude de 2600 mètres.

Pinus Aztecaensis. *Roezl.*

Feuilles quinées, triquètres (le côté extérieur du triquètre beaucoup plus large que les intérieurs) ; ténues, très-finement serrulées, retombantes, luisantes, d'un vert gai magnifique; longues de 25—30 centimètres ; gaînes de 10—11 millimètres. Cônes des plus beaux qu'on puisse voir, courtement pédonculés, coniques, légèrement recourbés au sommet, longs de 12—16 centimètres, larges de 7. Apophyse rhomboïdale, de 20 millimètres de large sur 15 de haut, bombée, très-saillante à son sommet, d'un brun rougeâtre ; protubérance saillante, plus claire que l'apophyse.

Cet arbre qui n'atteint que 20 mètres de hauteur, offre le plus bel aspect par ses branches courtes et garnies de feuilles longues qui retombent en un panache des plus gracieux. Il habite la Sierra en avant de Zacatlan, sur le chemin de Mexico à Tampico à une altitude de 2500 mètres.

Pinus Boothiana. *Roezl.*

Feuilles quinées et quaternées, triquètres, longues de 22 centimètres, raides ; gaînes soyeuses de 20 millimètres. Cônes longs de 17 centimètres, larges de 4. Apophyse quadrangulaire ; carénée transversalement et du centre à la base ; protubérance très-déprimée avec un petit mucron caduc.

Arbre de 25 à 30 mètres, à branches courtes et à feuilles redressées. Branches dressées, écorce gris-cendré. Habite les volcans Popocatepetl et Iztacihuatl, à une altitude d'au moins 3000 mètres.

Pinus Boucheiana. *Roezl.*

Feuilles quinées, triquètres, finement serrulées, longues de 20 à 28 centimètres. Gaines longues de 20 à 22 millimètres, soyeuses, persistantes. Cônes légèrement courbés, longs de 13 centimètres, larges de 5. Apophyse rhomboïdale, transversalement carénée, déprimée à la base ; protubérance saillante, pointue.

Arbre de 30 à 35 mètres de hauteur, de forme très-régulière ; il habite sur le versant ouest de l'Iztacihuatl près d'Améca.

Pinus bullata. *Roezl.*

Feuilles quinées, triquètres, ténues, lisses ou à peine serrulées, longues de 30 centimètres ; gaines soyeuses, brunes, longues de 20 millimètres, déchirées-frangées au sommet. Cônes sessiles, ou très-courtement pédonculés, légèrement courbés, longs de 15 à 18 centimètres, larges de 6, élargis dès la base, convexes d'un côté, à peine concaves de l'autre, atténués, obtus au sommet. Apophyse rhomboïdale, bullée, large de 15 millimètres sur 12 de haut ; protubérance ronde avec un mucron relevé vers le sommet.

Arbre de 15 à 20 mètres de hauteur, couvrant une surface de 25 à 30 mètres de diamètre.

Il croit près du village de San-Matheo, à une altitude d'environ 2600 mètres.

Pinus Carrierei. *Roezl.*

Feuilles quinées, longues de 30 à 33 centimètres, aiguës, raides, triquètres, très-finement serrulées. Gaines écailleuses, blanchâtres, fimbriées, longues de 3 centimètres. Cônes assez fortement pédonculés, allongés, presque fusiformes, longs de 14 centimètres, larges d'au moins 4, légèrement atténués aux deux bouts, courtement obtus au sommet. Apophyse rhomboïdale, bombée, carénée transversalement, d'une couleur brun rougeâtre ; protubérance large, saillante, terminée par un mucron recourbé.

Arbre de 35 à 40 mètres, qui habite les forêts de Tulancingo, à une altitude de 2600 à 3000 mètres.

Quoique ses feuilles soient très-longues, elles ne sont pas retombantes, elles sont raides et droites, ce qui rend son aspect unique.

Pinus Cedrus. *Roezl.*

Feuilles quinées, triquètres, glaucescentes, très-ténues, à peu près lisses, longues de 10—12 centimètres. Gaines écailleuses, membraneuses, très-caduques. Cônes pédonculés, régulièrement ovoïdes, coniques, atténués et presque pointus au sommet, longs de 5 centimètres, larges de 3 ; apophyse irrégulière, quelquefois arrondie ; protubérance plane, armée d'un mucron épineux, assez saillant à la base et vers le sommet du cône.

Cet arbre a une ressemblance telle avec le cèdre du Liban, que de loin on ne croirait jamais avoir vu un Pin. Ses branches qui commencent tout près de la terre, sont étalées, et de même que le tronc, tellement garnies de jeunes pousses, qu'on croirait voir une pyramide de gazon. Il atteint 20 mètres à peu près, ombrageant une espace de 40 mètres de diamètre au moins.

Habite sur une colline près la route de Mexico à Cuernavaca, à une altitude de 2600 mètres.

Pinus Chalmaensis. *Roezl.*

Feuilles quinées, longues de 45—50 centimètres, assez ténues, un peu tourmentées, retombantes, d'un vert obscur. Gaines soyeuses, entières. Branches grosses, écorce gris-roux.

Pinus coarctata. *Roezl.*

Feuilles quinées, triquètres, un peu raides, à peu près lisses, grosses, droites, longues de 15 à 20 millimètres ; gaines soyeuses, brunes, entières, longues de 15—20 millimètres. Cônes pédonculés, légèrement courbés, longs de 13 à 15 centimètres sur 4 de large. Apophyse rhomboïdale, arrondie au sommet, large de 15 millimètres sur 12 de haut : protubérance très-large, bombée, avec un mucron gros, saillant.

Arbre de 25 à 30 mètres, très-droit ; ses branches sont horizontales, un peu redressées au sommet. Il croit sur la montagne Tzompoli à une altitude d'environ 2600 à 3000 mètres.

Pinus Comonfortii. *Roezl.*

Feuilles quinées, ténues, triquètres, assez fortement serrulées, longues de 10—11 centimètres, d'un vert gai : gaines courtes ; coussinets à peine saillants. Cônes droits, très-régulièrement coniques, atténués à partir de la base, longs de 7 centimètres, larges de 3, à écailles luisantes, d'un gris blanc. Apophyse déprimée, irrégulière ; protubérance peu saillante.

Très-joli arbre, assez touffu, régulier, à rameaux horizontaux. Il s'élève seulement à 12—15 mètres et croit dans les montagnes les plus élevées des environs de Huisquiluca, à une altitude de plus de 3500 mètres.

Pinus cornea. *Roezl.*

Arbre remarquable, ayant du rapport avec le P. Devoniana, mais distinct. Feuilles quinées, longues et ténues. Cônes à peu près les mêmes que ceux du P. pseudo-strobus, longs, arqués et ressemblant à une petite corne de vache.

Pinus Decaisneana. *Roezl.*

Feuilles quinées, longues de 16 centimètres (le côté extérieur du triquètre très-large et arrondi), raides et très-aiguës, glaucescentes, finement serrulées ; gaines de 12 millimètres. Cônes légèrement recourbés, courtement pédonculés, longs de 10 centimètres, larges de 4, souvent convexes d'un côté, presque droits de l'autre ; apophyse rhomboïdale, transversalement carénée, déprimée à la base, brun-rougeâtre ; protubérance plus foncée.

Arbre de 15 à 18 mètres de hauteur, à rameaux très-gros et touffus. Feuilles très-droites et raides. Sa forme l'éloigne beaucoup des espèces mexicaines, pour le rapprocher de celles de la Californie.

Habite les environs de Pachuca, à la hauteur d'environ 2600 mètres.

Pinus Decandolleana. *Roezl.*

Feuilles quinées, ténues, glaucescentes, longues de 10 centimètres, lisses ou à peine serrulées ; gaines membraneuses, courtes, très-caduques ; coussinets très-plats. Cônes très-régulièrement ovoïdes-coniques, longs de 6 centimètres, larges de 4. Apophyse plane, irrégulière, large de 15 millimètres sur 10 de haut : protubérance déprimée, légèrement mucronée.

Arbre pyramidal de 25—30 mètres de hauteur, ressemblant beaucoup au premier abord à un P. Strobus, croissant sur les hautes montagnes du Mexique. Branches longues relativement faibles.

Pinus depauperata. *Roezl.*

Feuilles quinées. Branches étalées, ascendantes, un peu diffuses.

Pinus dependens. *Roezl.*

Feuilles quinées, souvent quaternées sur le même rameau, triquètres, très-ténues, longues de 10—12 centimètres; gaines écailleuses, membraneuses, très-caduques. Cônes coniques, longs de 5 centimètres, larges de 35 millimètres; pédoncule très-long et très-gros. Apophyse très-irrégulière, tout à fait plane à la base du cône et saillante au sommet: protubérance large, ovale, munie d'un gros mucron, qui devient très-saillant vers le sommet du cône.

Arbre de 20 à 25 mètres, très-droit; ses branches sont pendantes comme celles du Cupressus pendula, ce qui le fait distinguer de loin. Il croît sur une colline, près de la route de Mexico à Cuernava, à une altitude d'environ 2600 mètres.

Pinus Dolleriana. *Roezl.*

Feuilles quinées, assez ténues, triquètres, longues de 25—27 centimètres, finement serrulées, un peu arrondies extérieurement : gaines persistantes, écailleuses ou soyeuses, longues de 25—27 millimètres. Cônes longs de 12 centimètres, larges de 5, légèrement courbés, un peu rétrécis à la base, atténués au sommet, obtus; apophyse rhomboïdale, arrondie au sommet, carénée transversalement; protubérance plus foncée que l'apophyse.

Arbre de 20 à 25 mètres, à branches redressées, très-grosses et très-courtes, à feuillage très-touffu, ce qui lui donne un aspect très-agréable ; c'est un des plus jolis du groupe.

Il habite dans les hautes montagnes de Toluca, à une altitude de 3000—3500 mètres.

Pinus elegans. *Roezl.*

Feuilles quinées, triquètres, longues de 28 centimètres; gaines soyeuses de 25 millimètres. Cônes recourbés, longs de 10 centimètres sur 3 de large ; apophyse très-irrégulière, légèrement carénée aux deux extrémités; protubérance un peu déprimée.

Arbre de 30 mètres, d'un port magnifique et d'une élégance à charmer la vue. Habite entre les volcans Popocatepelt et Iztacihuatl, à une altitude de 3000 mètres.

Pinus Endlicheriana. *Roezl.*

Feuilles quinées, longues de 15 centimètres, raides, triquètres : gaines de 15 millimètres; coussinets peu saillants; cônes un peu recourbés, effilés, très-régulièrement atténués en pointe de la base au sommet. Apophyse irrégulière, protubérance saillante.

Il ressemble par sa forme au P. robusta, dont il diffère par ses cônes et son feuillage moins touffu. Croît sur le mont Ajusco avec le P. robusta.

Pinus Endlicheriana longifolia. *Roezl.*

Arbre d'environ 30 mètres de hauteur, d'une grande beauté. Ses feuilles quinées, raides, longues de 18 centimètres, triquètres, d'une couleur glauque très-prononcée, le font ressortir de toutes les autres espèces à longues feuilles. Gaines soyeuses, longues de

15 millimètres. Cônes coniques, longs de 9 centimètres sur 4 de diamètre. Apophyse rhomboïdale, transversalement carénée, déprimée au centre. Protubérance petite, un peu saillante, légèrement mucronée.

Habite les montagnes du Mexique, à plus de 3000 mètres d'altitude.

Pinus Escandoniana. *Roezl.*

Feuilles quinées, très-ténues, triquètres, longues de 18 centimètres; gaines soyeuses, blanchâtres, longues de 15 millimètres. Cônes droits, cylindriques, obtus, longs de 9 centimètres, larges de 4. Apophyse rhomboïdale, transversalement carénée, large de 14 millimètres sur 10 de haut; protubérance saillante, pyramidale, avec un mucron aigu. Cet arbre se rencontre très-rarement; il est d'un port exquis et d'une transparence parfaite, due à son feuillage très-clair-semé. Habite le mont Tzompoli, à environ 3000 mètres d'altitude.

Pinus exserta. *Roezl.*

Feuilles quinées, triquètres, étalées, à peine serrulées, longues de 30 à 35 centimètres; gaines soyeuses, écailleuses, brunâtres. Cônes légèrement courbés, déprimés à la base, longs de 16 à 18 centimètres sur 6 de large. Apophyse excentrique rhomboïdale, arrondie au sommet, carénée transversalement, déprimée à la base, large de 20 millimètres sur 10 de haut; protubérance bombée, terminée par un fort mucron.

Arbre de 25 à 30 mètres, à branches étalées, presque horizontales; croît près de Guarda, sur la route de Mexico à Cuernavaca, à une altitude de 2600 à 3000 mètres.

Pinus Geitneri. *Roezl.*

Bel arbre de 25—30 mètres de haut; cime compacte et touffue; feuillage d'un beau vert foncé. Feuilles quinées, longues de 18 centimètres. Écailles du cône aplaties. Habite le mont Orizaba, à plus de 3000 mètres d'altitude.

Pinus gracilis. *Roezl.*

Feuilles quinées, très-fines, retombantes, triquètres, lisses, longues de 9—10 centimètres; gaines courtes, écailleuses, très-caduques. Cônes ovoïdes, très-réguliers, réunis, plus rarement solitaires, longs de 5 centimètres, larges de 3, pendants; pédoncule moyen. Apophyse rhomboïdale, arrondie au sommet, transversalement carénée; protubérance mucronée.

Arbre de 25 à 30 mètres, très-rameux et à feuillage très-touffu. L'une des espèces les plus jolies.

Habite le revers des Cordillères, du côté du Pacifique, à une altitude de 3000 à 3300 mètres.

Pinus grandis. *Roezl.*

Feuilles quinées, triquètres, raides, assez grosses, à peine serrulées, longues de 30 centimètres. Gaines soyeuses, persistantes, d'environ 2 centimètres, fimbriées au sommet. Cônes coniques, courtement pédonculés, droits, longs de 15 centimètres sur 6 de diamètre; apophyse rhomboïdale, légèrement carénée transversalement; protubérance déprimée, portant un léger mucron très-caduc.

Arbre de 30 mètres, à branches grosses et fermes et à feuillage très-touffu. Il habite entre les volcans de Popocatepetl et Iztacihuatl, à une altitude d'au moins 3000 mètres.

Pinus Haageana. *Roezl.*

Feuilles quinées, triquètres, assez grosses, serrulées, longues de 25—26 centimètres. Gaines soyeuses, d'environ 20 millimètres. Cônes coniques, droits, longuement ovales, longs de 17 centimètres sur 6 de large, légèrement atténués vers le sommet, qui est obtus; apophyse rhomboïdale, un peu arrondie vers le sommet, bombée au centre, très-déprimée à la base, légèrement carénée transversalement; protubérance large, pyramidale, avec un petit mucron recourbé.

Arbre de 30—35 mètres, qui habite près de San Rafael, à une altitude d'environ 2600 mètres.

Pinus Hendersonii. *Roezl.*

Feuilles quinées, ténues, de grosseur moyenne, longues de 25—27 centimètres, à peine serrulées. Gaines persistantes, soyeuses, de 25 à 28 millimètres, longuement fimbriées au sommet. Cônes légèrement courbés, longs de 13 centimètres sur 4 de large, d'une couleur très-claire, presque couleur de paille; apophyse rhomboïdale, un peu carénée transversalement, légèrement bombée; protubérance saillante, mucronulée.

Arbre de 30—35 mètres, à branches grosses et à feuillage touffu. Il croît près de Riofrio.

Pinus heteromorpha. *Roezl.*

Feuilles quinées, triquètres, ténues, serrulées, longues de 20—22 centimètres; gaines soyeuses, blanchâtres, longues de 20 millimètres. Cônes fusiformes, droits ou à peine très-légèrement courbés, atténués aux deux bouts, obtus, longs de 12 centimètres, larges de 4. Apophyse hétéromorphe, élevée, irrégulièrement bosselée, striée-ridée, rousse; protubérance très-large, très-saillante, un peu comprimée, à peine carénée, droite, parfois un peu penchée.

Arbre de 20 à 25 mètres, avec des branches minces et des feuilles retombantes. Il croît sur une colline du mont Tzompoli.

Pinus horizontalis. *Roezl.*

Feuilles quinées, triquètres, assez ténues, finement serrulées, longues de 25 à 28 centimètres; gaines soyeuses, entières, longues de 2 centimètres. Cônes pédonculés longs de 15 centimètres, larges de 45 millimètres, légèrement recourbés, atténués aux deux bouts. Apophyse quadrangulaire et transversalement carénée, ainsi que la protubérance, qui est large, déprimée, mucronée.

Arbre de toute beauté; son tronc est tout à fait droit et ses branches sont régulières et parfaitement horizontales; si ce n'était pour la longueur de ses feuilles, il offrirait dans sa forme une *ressemblance très-grande* avec l'Araucaria excelsa.

Il croît sur le versant nord de la montagne Tzompoli, à une altitude de 2600 mètres.

Pinus Hoseriana. *Roezl.*

Feuilles quinées, triquètres, très-finement serrulées, retombantes, longues de 15—20 centimètres; gaines soyeuses, blanchâtres, fimbriées, longues de 15 millimètres. Cônes pédonculés, longs de 10 centimètres, larges de 4, légèrement courbés, atténués au sommet; apophyse rhomboïdale, transversalement carénée, large de 18 millimètres sur 4 de hauteur; protubérance excentrique, large, un peu recourbée, d'un gris cendré, très-peu mucronée.

Arbre de 20 à 25 mètres, d'une régularité parfaite, avec des branches redressées qui lui donnent un aspect tout à fait particulier.

Il habite le côté nord du mont Tzompoli à une altitude d'environ 2600 mètres.

Pinus Huisquilucaensis. *Roezl.*

Feuilles quinées, ténues, d'un vert clair, longues de 9 centimètres; gaines caduques. Cônes droits, longs de 5 centimètres sur 3 de large. Apophyse rhomboïdale, arrondie au sommet; protubérance peu saillante, déprimée au centre.

Cet arbre ressemble beaucoup, par son port et son feuillage, au P. Comonfortii; mais il a presque le double de sa hauteur. Il croît dans les montagnes les plus élevées des environs de Huisquiluca, à une altitude de 3600 mètres.

Pinus inflexa. *Roezl.*

Feuilles quinées, grosses, triquètres, serrulées, longues de 12 centimètres; gaînes très-courtes, persistantes. Coussinets larges et peu saillants. Cônes un peu recourbés, longs de 9 centimètres, larges de 4, portés sur un pédoncule très-court. Apophyse petite, carrée, pointue au sommet, de couleur brun foncé, protubérance aiguë.

Cet arbre diffère des Pinus Endlicheriana et robusta, par ses feuilles fortement recourbées. Il croît sur le mont Ajusco à une altitude de 3000 mètres.

Pinus inflexa varietas. *Roezl.*

Feuilles quinées, très-rarement ternées, ténues, droites, redressées contre le rameau, puis étalées, longues de 10—15 centimètres, triquètres, planes en dessus, traversées par un léger sillon au milieu, le long de la face supérieure, serrulées sur les bords; gaînes membraneuses, lacérées au sommet, longues de 17 millimètres, beaucoup plus courtes dans les vieilles feuilles, d'un bronze clair, passant au brun. Coussinets non saillants, largement décurrents.

Branches assez grosses, droites, à écorce d'un brun violacé, glaucescent. Du Mexique.

Pinus interposita. *Roezl.*

Feuilles quinées, ténues, réunies par 3, par 4 et par 5 dans chaque gaîne. Branches étalées, ascendantes, relativement grêles, un peu diffuses. Écorce des jeunes rameaux lisse, gris-blanc. Cônes un peu plus longs que ceux du P. Teocote. Habite le Mexique.

Pinus Jostii. *Roezl.*

Feuilles quinées, longues de 30 à 37 centimètres; gaînes soyeuses, quelquefois squameuses, longues de 23 à 28 millimètres. Cônes légèrement recourbés, longs de 16 centimètres, larges de 5. Apophyse rhomboïdale, carénée transversalement, ainsi que du centre à la base, la partie supérieure et le centre bombés, le bas déprimé; protubérance plane, avec un petit mucron recourbé.

Cet arbre qui croît sur une petite montagne, près de l'Iztacihuatl, produit un effet merveilleux par ses grosses branches très-nombreuses et la longueur et la flexuosité de ses feuilles, les plus longues de tous les pins de la collection de Roezl.

Pinus Keteleeri. *Roezl.*

Feuilles quinées, triquètres, ténues, serrulées, d'environ 20—25 centimètres, d'un vert superbe. Gaînes écailleuses, longues de 22 à 23 millimètres. Branches ascendantes, grosses, à écorce brun foncé, noirâtre. Cônes longs de 15 centimètres, sur 6 de large, légèrement recourbés au sommet. Apophyse rhomboïdale, plane, transversalement et légèrement carénée vers les encoignures. Protubérance légèrement déprimée, de couleur gris-cendré.

Arbre de 30 à 35 mètres, ressemblant par le port au P. Russelliana. Il croît dans les hautes montagnes des environs de Toluca, à une altitude de 3300 à 3500 mètres.

Pinus Lerdoi. *Roezl.*

Feuilles quinées, triquètres, glauques, assez ténues, longues de 10 à 13 centimètres. Gaînes caduques. Coussinets peu saillants, non décurrents. Rameaux grêles à écorce glaucescente. Cônes pyramidaux, longs de 6 centimètres, larges de 3. Apophyse arrondie au sommet, large de 12 millimètres sur 11 de hauteur. Protubérance couleur brun foncé, pourvue d'un mucron aigu qui se détache au toucher.

Arbre de 15 à 20 mètres, à branches étalées, très-longues et très-serrées, forme de parasol, aspect tout particulier. Il habite le versant méridional de l'Ajusco, à une altitude d'environ 3500 mètres.

Pinus Leroyi. *Roezl.*

Feuilles quinées, longues de 35 centimètres. Gaines squameuses, d'environ 3 centimètres. Cônes oblongs, longs de 18 centimètres.

Arbre de 25 à 30 mètres, d'une grande beauté, des montagnes du Mexique.

Pinus Lowii. *Roezl.*

Feuilles quinées, triquètres, raides, finement serrulées, assez grosses, longues de 15 centimètres. Gaines soyeuses, entières, longues de 13 millimètres. Cônes pyramidaux, légèrement recourbés, longs de 11 centimètres, larges de 4. Apophyse très-irrégulière, quelquefois rhomboïdale, bombée légèrement au sommet, déprimée à la base. Protubérance assez large et peu saillante.

Arbre de 35 mètres, à rameaux raides et touffus.

Pinus magnifica. *Roezl.*

Feuilles quinées, triquètres, raides, droites, serrulées, longues de 30 à 35 centimètres. Gaines persistantes, soyeuses, rougeâtres, de 30 à 35 millimètres. Cônes très-courbés, longs de 27 centimètres, sur 5 à 6 de large. Apophyse rhomboïdale, rugueuse, transversalement carénée, bombée au sommet et déprimée à la base, large de 25 millimètres sur 18 de hauteur. Protubérance large, un peu recourbée.

Ce magnifique arbre croit dans les montagnes de Morélia, où il atteint une hauteur de 35 à 40 mètres. En le voyant si régulier, d'un port irréprochable, avec ses longues feuilles raides, méritant le nom de magnifique au dernier degré, on ne peut pas moins que d'admirer la grandeur de la nature.

Pinus Michocaensis. *Roezl.*

Feuilles quinées, assez grosses, triquètres, très-finement serrulées, longues de 35 centimètres. Gaines soyeuses, brunâtres, de 25 millimètres, fimbriées au sommet. Cônes légèrement recourbés, longs de 20 centimètres sur 8 de large. Apophyse irrégulièrement rhomboïdale, de 20 millimètres de large sur 15 de haut, transversalement carénée, très-saillante à la partie supérieure, déprimée à la base. Protubérance large, pyramidale.

Un des plus beaux arbres qui puisse exister ; il a quelque ressemblance avec le Pinus Aztecaensis ; mais ses cônes sont beaucoup plus grands, et ses feuilles sont aussi plus longues et plus raides. Il atteint de 30 à 35 mètres et croît dans la province de Michoacan.

Pinus monstrosa. *Roezl.*

Feuilles quinées, assez ténues, triquètres, à peine serrulées, longues de 33—35 centimètres. Gaines persistantes de 3 centimètres, écailleuses, finement soyeuses, fimbriées au sommet. Cônes longs de 17 centimètres sur 45 millimètres de diamètre, légèrement courbés. Apophyse large de 20 millimètres sur 15 de hauteur, transversalement carénée, bombée au sommet et déprimée à la base. Protubérance moyenne, un peu saillante, portant un gros mucron. Chaque cône offre la particularité d'avoir deux ou trois apophyses, hautes de 8 à 10 millimètres, terminées par un mucron de même hauteur.

Arbre de 30 à 35 mètres de hauteur, très-gros. Branches droites et horizontales, très-régulières. Il croit au sud-ouest de l'Iztacihuatl, à une altitude de 3000 mètres et plus.

Pinus Monte Allegri. *Roezl.*

Feuilles quinées, fines, longues de 15 centimètres. Gaines écailleuses, promptement caduques. Cônes pyramidaux, longs de 5—6 centimètres, larges de 3. Apophyse plate. Protubérance peu saillante, terminée par un mucron très-aigu.

Arbre de 30 à 35 mètres. Tronc très-gros. Branches longues, étalées, retombantes, relevées vers le sommet. Feuillage très-touffu. C'est le plus joli du groupe; il croit aux environs de Xoxiltepec (*colline des fleurs*), près de Zitacuaro, à une altitude de 3150 à 3500 mètres.

Pinus nec plus ultra. *Roezl.*

Feuilles quinées, longues de 45—50 centimètres, retombantes, d'un vert obscur. Cônes longs de 24—26 centimètres, larges de 7—8.

Arbre de 20—25 mètres de haut, le plus extraordinaire de tous les Pins. Habite près de Malinalco.

Pinus Nesseroldiana. *Roezl.*

Feuilles quinées, de 32 centimètres, un peu raides, triquètres, à peu près lisses. Gaines écailleuses, soyeuses-laineuses, longues de 25 millimètres. Cônes longs d'environ 15 centimètres sur 5 de large, légèrement arqués et atténués aux deux bouts, obtus. Apophyse rhomboïdale, un peu arrondie au sommet, transversalement carénée, bombée. Protubérance large et saillante.

Arbre de toute beauté par la régularité de ses branches et son feuillage touffu. Il croit entre deux volcans, à une altitude d'environ 3500 mètres.

Pinus nitida. *Roezl.*

Feuilles quinées, rarement quaternées, raides, très-ténues, triquètres, finement serrulées, ondulées et souvent même tordues, longues d'environ 25 centimètres, luisantes, brillantes, d'un vert clair, dressées-étalées, très-nombreuses et très-rapprochées sur les rameaux qu'elles cachent entièrement. Gaines persistantes, membraneuses, très-minces, longues de 20—25 millimètres, lacérées au sommet. Coussinets très-saillants, longuement décurrents. Bourgeons gemmaires, coniques, pointus, petits, écailleux, non résineux. Jeunes rameaux assez gros, dressés, étalés, couverts d'une écorce rouge-cuivré, laineuse, profondément sillonnée par la décurrence des coussinets. Cônes courtement pédonculés, légèrement arqués, longs de 18 centimètres, larges de 5. Apophyse à contour régulier, un peu allongée vers son sommet, légèrement concave au centre, où se trouve placé un mucron irrégulièrement triquètre, tourné vers la base du cône. Habite le Mexique.

Pinus Northumberlandiana. *Roezl.*

Feuilles quinées, triquètres, finement serrulées, assez raides, longues de 30 centimètres; gaines soyeuses, entières, persistantes, longues de 25 à 30 millimètres. Cônes recourbés, longs de 11 centimètres, larges de 4. Apophyse très-irrégulièrement rhomboïdale, transversalement carénée, relevée vers le centre; protubérance très-large, obtuse, presque plane, avec un petit mucron.

Arbre de 20 à 30 mètres qui se trouve sur le versant ouest du Popocatepetl.

Pinus Ocampii. *Roezl.*

Feuilles quinées, triquètres, finement serrulées, longues de 26 centimètres. Gaines soyeuses, entières, rougeâtres, longues de 25 millimètres. Cônes droits, longs de 17 centimètres, larges de 5. Apophyse presque quadrangulaire, déprimée au centre, carénée transversalement du centre à la base, large de 15 millimètres; protubérance déprimée légèrement mucronée.

Très-bel arbre de 30 à 35 mètres, à feuillage très-serré. Il croît dans une forêt de la Hacienda de M. Melchior Ocampo près de Morélia. M. Ocampo en possède plusieurs exemplaires d'une rare beauté, cultivés dans son jardin.

Pinus Ortgiesiana. *Roezl.*

Feuilles quinées, longues de 22-25 centimètres, ténues, triquètres, finement serrulées; gaines persistantes, soyeuses, fimbriées, longues de 20 millimètres. Cônes longs de 15 centimètres sur 5 de diamètre : apophyse rhomboïdale, raboteuse, carénée transversalement; protubérance large, conique.

Arbre d'environ 30 mètres. Rameaux gros, à écorce glauque violacé; croissant près de San Rafael.

Pinus Ortgiesiana varietas. *Roezl.*

Feuilles quinées, grosses, très-longues, tombantes. Branches très-robustes.

Pinus Paulikoskiana. *Roezl.*

Feuilles quinées, longues, assez-fortes, un peu tourmentées. Coussinets peu saillants, non décurrents. Arbre vigoureux. Branches énormément grosses. Cônes courtement pédonculés, régulièrement arqués, longs de 20 centimètres, larges de 6 : apophyse régulière à contour allongé en cœur vers le sommet, élevée au centre, pyramidale, carénée transversalement; protubérance grosse, saillante, arrondie, obtuse, légèrement carénée, terminée par un mucron élargi.

Pinus Paxtonii. *Roezl.*

Feuilles quinées, triquètres, longues de 20 centimètres, ténues; gaines soyeuses. Cônes recourbés, longs de 16 centimètres sur 4 de large. Apophyse à sommet arrondi, carénée transversalement, ainsi que du centre à la base, déprimée au centre; protubérance presque plane avec un petit mucron.

Très-bel arbre de 30 à 35 mètres, à branches longues et étalées. Il croît près de Tomacoco, à une altitude de près de 3000 mètres.

Pinus Pescatorei. *Roezl.*

Feuilles quinées, longues. Cônes assez longuement pédonculés, longs d'environ 12 centimètres, larges de 45 millimètres, légèrement arqués, à pédoncule implanté tout à fait sur le côté ; apophyse petite, élevée, arrondie, à contour surbaissé, légèrement atténuée en cœur au sommet, obtuse, beaucoup plus large que haute, carénée dans les écailles inférieures ; protubérance légèrement saillante, obtuse, déprimée, un peu concave, portant dans la dépression un mucronule court, tourné vers le bas du cône. Branches très-grosses, peu nombreuses. Boutons gemmaires coniques, pointus. Rameaux vigoureux à écorce jaune-rougeâtre.

Pinus Planchonii. *Roezl.*

Feuilles quinées, grosses, longues de 30 centimètres, triquètres : gaines de 15—18 millimètres. Cônes de 15 centimètres sur 5 de diamètre. Apophyse carrée, très-saillante à la partie supérieure, déprimée à la base, d'un brun jaunâtre. Protubéranee large et saillante, recourbée.

Cette espèce est assez voisine du P. Carrierei, mais ses feuilles sont plus courtes et raides. Habite les forêts de Tucilango.

Pinus Prasiwa. *Roezl.*

Feuilles quinées, très-ténues, d'un vert clair, droites, lisses, longues de 22—25 centimètres; gaines soyeuses, blanchâtres, fimbriées, longues de 12—15 millimètres. Cônes pédonculés, ovales, ventrus, longs de 8—9 centimètres; larges de 4. Apophyse souvent trilobée, très-saillante au sommet et déprimée à la base; protubérance large, presque terminale, mucronée.

Cet arbre, d'un effet frappant, se distingue de loin par sa couleur d'un vert de pré; ses cônes sont réunis par 3 et 4 d'une couleur brun clair. Il croit près du village de San-Mathéo à une altitude d'environ 2600 mètres.

Pinus protuberans. *Roezl.*

Feuilles quinées, très-ténues, triquètres, lisses ou à peine serrulées, longues de 25 centimètres; gaines persistantes, écailleuses, fimbriées, longues de 2 centimètres. Cônes élégamment recourbés vers le sommet, pointus, réunis par 3—4, longs de 14—15 centimètres sur 5—6 de largeur; apophyse irrégulière, large de 20 à 23 millimètres sur 10 à 12 de hauteur, arrondie au sommet, plane; protubérance excentrique, à mucron très-saillant et redressé.

Arbre de 30 à 35 mètres de hauteur, à branches un peu relevées, à feuilles retombantes. Très-belle espèce, croissant à une lieue au-dessus de Contréras, à une élévation de 3000 mètres et plus.

Pinus Regeliana. *Roezl.*

, Feuilles quinées, ténues, triquètres, très-finement serrulées, longues de 25 à 28 centimètres, tombantes; gaines soyeuses, blanchâtres, longues de 15 à 20 millimètres. Cônes longs de 12 centimètres sur 4 de large, presque droits. Apophyse bombée, transversalement carénée, large de 15 millimètres sur 10 de haut; protubérance déprimée, légèrement mucronée.

Son port est admirable. Ses branches longues et touffues commencent à 1 mètre du sol. Il habite le versant sud-ouest de l'Iztacihuatl, tout près de la Hacienda de Zavaleta, à une altitude de 2500 à 3000 mètres.

Pinus Richardiana. *Roezl.*

Feuilles quinées, très-raides, longues de 14 centimètres. Gaines soyeuses, longues de 11 à 12 millimètres, coussinets plats. Cônes pyramidaux, longs de 11 centimètres sur 5 de diamètre. Apophyse large de 20 millimètres sur 10 de haut, très-déprimée à la base; protubérance large, plane.

Arbre de 35 à 40 mètres, qui croit sur les parties les plus élevées du mont Ajusco, à une altitude de 2600 à 4000 mètres.

Pinus Rinzii. *Roezl.*

Feuilles ténues, triquètres, longues de 22 à 25 centimètres; gaines soyeuses, jaunâtres, longues de 25 à 28 millimètres. Cônes longs de 15 centimètres sur 5-6 de large, droits, un peu déprimés à la base. Apophyse très-irrégulière, large de 25 millimètres sur 15 de hauteur, relevée sur les bords, très-déprimée au centre; protubérance bombée, redressée vers le sommet, munie d'un petit mucron arrondi.

Cette espèce a, par ses cônes, beaucoup d'analogie avec les Pinus Ortgiesiana et Rohanii; mais ces derniers ont les branches retombantes, tandis que le Pinus Rinzii les a relevées.

Il habite la partie nord-ouest de la province de Michoacan.

Pinus robusta. *Roezl.*

Feuilles quinées, très-grosses, triquètres, serrulées, très-raides, longues d'environ 16 centimètres; gaînes longues de 11 à 12 millimètres; coussinets saillants, décurrents. Cônes droits, pyramidaux, longs de 12 à 13 centimètres, larges de 4-5. Pédoncule court; apophyse petite, arrondie au sommet; protubérance en forme d'œil.

Superbe arbre de 20 à 25 mètres, à branches et à feuillage touffus et robustes, qui se rapprochent élégamment du sommet. C'est un des plus beaux pins du Mexique. Il croit sur le mont Ajusco, à une altitude de 3250 à 3500 mètres.

Pinus Rohanii. *Roezl.*

Feuilles quinées, fines, triquètres, droites, serrulées, longues de 25 centimètres; gaînes de 25 millimètres, fimbriées au sommet. Cônes longs de 16 centimètres sur 5 de large, recourbés. Apophyse grande, large de 20 millimètres sur 18 de haut, bombée sur les bords et déprimée vers la protubérance, qui se distingue à peine par sa couleur.

Arbre très-haut et très-imposant, qui croit près de San Rafael, à une altitude de 2600 à 3000 mètres.

Pinus Rohanii varietas. *Roezl.*

Diffère de l'espèce par ses feuilles plus longues, qui atteignent jusqu'à 30 centimètres; l'apophyse est aussi plus brune, et la protubérance, plus saillante et plus forte, est terminée par un mucron gros et court. Habite avec le type.

Pinus Rubescens. *Roezl.*

Feuilles quinées, raides, triquètres, grosses, lisses, longues de 30 centimètres; gaînes soyeuses, rougeâtres, squameuses, longues de 3 centimètres. Cônes droits, déprimés à la base, longs de 15 à 20 centimètres, larges de 5. Apophyse épaisse, quadrangulaire; transversalement carénée, relevée au centre, large de 15 millimètres sur 15 de haut; protubérance plane avec un petit mucron recourbé.

Arbre de 25 à 30 mètres, ayant l'écorce du tronc et des branches très-rougeâtre, les branches grosses et dressées. Il croit aux environs de San-Agustin, à environ 2500 mètres d'altitude.

Pinus Rumeliana. *Roezl.*

Feuilles quinées, triquètres, de moyenne grosseur, longues de 18 à 21 centimètres, très-rapprochées au sommet des rameaux; gaînes soyeuses de 20 millimètres. Cônes légèrement recourbés au sommet, à écailles brunâtres, comme maculées, longs de 14 centimètres sur 45 millimètres de large. Apophyse très-lisse, bombée, arrondie au sommet et déprimée à la base. Protubérance arrondie, avec un pe it mucron.

Arbre de 30 mètres, à branches très-grosses, courtes et à feuilles peu serrées. Habite près de San Rafael, sur le chemin de Zavaleta, à une altitude de 2500 mètres.

Pinus San-Rafaeliana. *Roezl.*

Feuilles quinées, triquètres, très-fines, longues de 20 à 25 centimètres; gaînes longues de 18 à 20 millimètres, très-minces, persistantes. Cônes longs de 10 centimètres, larges de 4-5, droits. Apophyse irrégulièrement rhomboïdale, striée, peu saillante, légèrement carénée transversalement, très-petite et fortement appliquée vers la base du cône; protubérance petite, mucronée.

Un superbe arbre de 30 à 35 mètres, ressemblant beaucoup par ses branches longues et grêles et ses feuilles retombantes, au Pinus Patula, seulement son feuillage est plus touffu que celui de ce dernier.

Il croît sur la descente de Aculco à San Rafael, à une altitude de plus de 3200 mètres.

inus Soulangeana. *Roezl.*

Feuilles quinées, raides, triquètres, serrulées, longues de 26 centimètres, glaucescentes; gaines soyeuses, écailleuses, longues de 25 millimètres. Cônes assez finement pédonculés, de 13 centimètres de longueur sur 5 de largeur, légèrement courbés ; apophyse irrégulière, quelquefois quadrangulaire, transversalement carénée, bombée au sommet, très-arrondie à la base, large de 23 millimètres sur 18 de hauteur ; protubérance très-petite, portant un mucronule recourbé.

Cet arbre atteint 25 mètres et se distingue par son feuillage très-touffu. Il croît sur le côté du sud-ouest de l'Iztacihuatl, à une altitude de 3000 à 3250 mètres.

Pinus Soulangeana varietas. *Roezl.*

Cette variété diffère du type par des feuilles plus courtes, beaucoup plus ténues et plus chagrinées. Les écailles du cône ont l'apophyse moins saillante, plus unie, plus régulière et plus rouge ; la carène transversale est plus marquée ; la protubérance qui forme un losange régulier est brune et mucronulée comme chez le type.

Pinus spinosa. *Roezl.*

Feuilles quinées, triquètres, longues de 22 centimètres ; gaines soyeuses de 18 à 20 millimètres. Cônes recourbés, longs de 10 centimètres, larges de 3. Apophyse irrégulièrement rhomboïdale, légèrement carénée, transversalement bombée au sommet, déprimée à la base ; protubérance saillante, terminée par un mucron épineux et recourbé.

Arbre très-régulier, de 25 à 30 mètres, offrant par ses feuilles retombantes un aspect des plus agréables. Croît en haut d'Amécaméca, à une altitude de 2600 à 3000 mètres.

Pinus Tenangaensis. *Roezl.*

Feuilles quinées, de 23—30 centimètres, fines, triquètres, légèrement serrulées, glauques, aiguës et pendantes. Gaines squameuses, rougeâtres, entourées d'une membrane laineuse d'environ 26 millimètres ; coussinets saillants, longuement décurrents. Boutons gemmaires gros, obtus. Rameaux à écorce glaucescente. Cônes longs de 18 centimètres, larges de 5, légèrement recourbés ; apophyse rhomboïdale de 15 à 23 millimètres de largeur sur 14 de hauteur, transversalement aiguë, brunâtre ; protubérance à peine saillante, légèrement mucronée.

Cet arbre, de 35 à 40 mètres de hauteur, se rapproche par ses feuilles et ses cônes des Pinus macrophylla et Russelliana ; mais il en diffère beaucoup par ses branches plus minces et son port plus élégant. Découvert en 1857, sur le versant ouest du mont Ajusco, à une altitude de 2600 à 3000 mètres.

Pinus Thelemannii. *Roezl.*

Feuilles quinées, triquètres, ténues, finement serrulées, longues de 20—22 centimètres. Gaines soyeuses, persistantes, entières, de 18 à 22 millimètres. Cônes longs de 15 centimètres, larges de 5, pyramidaux ; apophyse rhomboïdale, arrondie vers le sommet, transversalement carénée, large de 15 millimètres sur 10 de haut ; protubérance d'un gris-cendré, déprimée, munie d'un petit mucron aigu.

Pinus Thibaudiana. *Roezl.*

Feuilles quinées, ténues, triquètres, serrulées, longues de 23 centimètres; gaines soyeuses, écailleuses, longues de 20 millimètres, fimbriées au sommet. Cônes très-recourbés, longs de 15 centimètres sur 4 de diamètre; apophyse rhomboïdale, arrondie vers le sommet, carénée transversalement et légèrement du centre à la base; protubérance moyenne, bombée avec un petit mucron.

Arbre d'un port très-élégant avec les branches redressées. Il croît sur le Popocatepetl, à une altitude de 2600 à 3000 mètres.

Pinus Tomacocaensis. *Roezl.*

Feuilles quinées, triquètres, assez ténues, finement serrulées, dressées, puis retombantes, longues de 28—30 centimètres, très-rapprochées sur les rameaux; gaines membraneuses, blanchâtres, longues de 25—28 millimètres; coussinets peu décurrents. Bourgeons gemmaires moyens, coniques, très-pointus, écailleux, laineux. Jeunes rameaux très-courts, gros, couverts d'un écorce brun-foncé, glaucescente.

Pinus Troubezkoïana. *Roezl.*

Feuilles quinées, triquètres, longues de 28 centimètres : gaines soyeuses, rouge-foncé, de 3 centimètres. Cônes courbés, longs de 15 centimètres, sur 5 de diamètre : apophyse rhomboïdale, transversalement carénée, ainsi que du centre à la base, bombée ; protubérance large et très-saillante, finement mucronée.

Arbre de 25—30 mètres, très-gros; branches droites et horizontales, très-régulières. Même habitat que le Pinus Soulangiana.

Pinus Tzompoliana. *Roezl.*

Feuilles quinées, ténues, triquètres, serrulées, étalées, longues de 20 centimètres ; gaines soyeuses, blanchâtres, longues de 15 millimètres. Cônes assez largement ovales, régulièrement atténués au sommet, obtus, longs de 10 centimètres, larges de 5; apophyse presque ovale, saillante au sommet et déprimée à la base, transversalement carénée, large de 15 centimètres sur 10 de haut; protubérance presque terminale, un peu relevée vers le sommet, avec un petit mucron obtus.

Cet arbre, qui atteint 25 à 30 mètres, est très-commun sur le mont Tzompoli ; ses branches sont assez régulières et redressées ; il croît à une altitude d'environ 3000 mètres.

Pinus valida. *Roezl.*

Feuilles quinées, assez grosses, triquètres, à peine serrulées, très-rapprochées, raides et dressées sur les jeunes bourgeons, réunies par 5—8 dans chaque gaine, longues de 30 centimètres ; gaines longues de 25 millimètres, à filaments soyeux, déchirés, dressés. Cônes ovales, longs de 15 centimètres sur 5 de diamètre : apophyse rhomboïdale, transversalement carénée, bombée, un peu déprimée à la base ; protubérance portant un mucron recourbé.

Cet arbre d'une extrême vigueur, à branches longues et redressées, croît sur un monticule de l'Iztacihuatl à une altitude de 2600 à 3000 mètres.

Pinus Van Geertii. *Roezl.*

Feuilles quinées, triquètres, assez grosses, longues de 26 centimètres; gaines très-longues, de 30 à 36 millimètres, très-soyeuses. Cônes recourbés, longs de 15 centimètres, larges de 5. Apophyse presque quadrangulaire, très-plane horizontalement et transversalement carénée, très-déprimée au centre, finement rayée ; protubérance large, plane.

Arbre de 25 à 30 mètres, à branches étalées, relevées au sommet. Habite près la hacienda de Tomacoco.

Pinus Van Houttei. *Roezl.*

Feuilles quinées, de 25 à 30 centimètres de long, assez fortes, triquètres ; gaines soyeuses, longues de 20 à 22 millimètres. Cônes pyramidaux, longs de 14 centimètres, larges de 4, légèrement recourbés. Apophyse petite, irrégulière, légèrement carénée transversalement ; protubérance large, déprimée, garnie d'un mucron aigu qui se détache facilement au toucher.

Arbre de 25 à 30 mètres ; ses feuilles forment une multitude de panaches, dont chacun couronne un groupe de 4 à 5 cônes, ce qui lui donne une forme très-curieuse. Il habite le revers du mont Ajuco du côté du Pacifique à une altitude de 3000 à 3500 mètres.

Pinus verrucosa. *Roezl.*

Feuilles quinées, ténues, triquètres, droites, glauques, à peine serrulées, longues de 10—11 centimètres ; gaines écailleuses, membraneuses, très-caduques. Cônes ovoïdes-coniques, longs de 5 centimètres, larges de 4. Apophyse verruqueuse, gris-clair, arrondie au sommet ; protubérance peu saillante, brun-foncé.

Cette espèce est la plus petite de ce groupe. Habite les montagnes les plus élevées des environs de Huisquiluca à une altitude d'au moins 3500 mètres.

Pinus Verschaffeltii. *Roezl.*

Feuilles quaternées et ternées sur le même rameau, très-rarement quinées, carénées en dessus, arrondies en dessous, finement serrulées sur la carène et sur les bords, très-nombreuses et très-rapprochées sur le rameau, contre lequel elles sont dressées et qu'elles recouvrent entièrement, assez fines, raides, longues d'environ 20 centimètres ; gaines membraneuses, brunes, longues de 30—35 millimètres, lacérées au sommet ; coussinets saillants, décurrents. Jeunes rameaux gros, à écorce rouge-cuivré, glaucescente. Bourgeons gemmaires, petits, coniques, très-pointus, non résineux.

Espèce vigoureuse et très-distincte, ayant avec des feuilles ternées tous les caractères des P. Pseudo-Strobus.

Pinus Wilsonii. *Roezl.*

Feuilles quaternées et quinées sur le même rameau, grosses, triquètres, le côté extérieur large et arrondi, très-raides, glauques, finement serrulées, longues de 14 centimètres ; gaines courtes, soyeuses. Cônes pédonculés, longs de 9 centimètres, larges de 5, droits ; apophyse d'un brun très-foncé et luisant ; protubérance peu saillante, déprimée, gris-clair, mutique ou mucronulée.

Habite les environs de Pachuca, à une altitude d'environ 2500 mètres.

Pinus Zacatlanæ. *Roezl.*

Feuilles quinées, légèrement retombantes, longues de 20 à 25 centimètres ; gaines soyeuses, longues de 15 à 16 millimètres. Cônes coniques, longs de 9 centimètres sur 6 de large ; apophyse large de 20 millimètres sur 8 de hauteur, transversalement carénée, légèrement arrondie au sommet, de couleur brun-rougeâtre ; protubérance ovale plus foncée. Se rapproche beaucoup du Pinus Aztecaensis par la forme ; mais ses feuilles sont plus dressées.

Pinus Zamoraensis. *Roezl.*

Feuilles quinées, grosses, triquètres, fortement serrulées, droites, légèrement ondulées, longues de 30 centimètres, terminées par une fine pointe ; gaînes membraneuses, lâches, longues de 30 millimètres, lacérées au sommet ; coussinets saillants, largement décurrents. Bourgeons gemmaires petits, pointus, écailleux, résineux. Jeunes rameaux, gros, courts, à écorce d'un vert jaunâtre.

Pinus Zitacuarii. *Roezl.*

Feuilles quinées, ténues, longues de 25 à 30 centimètres ; gaînes soyeuses, de 25 à 30 millimètres. Cônes recourbés, rétrécis vers la base, longs de 25-26 centimètres, larges de 6. Apophyse quadrangulaire, pyramidale ; protubérance obtuse, avec un mucron gros et court.

Arbre de 30—35 mètres, d'une beauté et d'une régularité incomparables, à branches très-étalées. Il croît près de Zitacuaro, à une altitude de 2500 à 3000 mètres.

Troisième tribu : TÆDA.

Feuilles ternées, très-rarement géminées ou très-exceptionnellement quaternées. Cônes étalés ou obliques, plus rarement dressés ou pendants, sessiles ou courtement pédonculés. Écailles solides, plus ou moins fortement appliquées. Apophyse élevée, parfois pyramidale, plus rarement mince, déprimée au centre. Protubérance centrale.

Pinus Aculcensis. *Roezl.*

Feuilles ternées, comprimées, carénées, à carène sensiblement serrulée, longues de 14 centimètres ; gaînes persistantes, soyeuses, longues de 15 millimètres, fimbriées au sommet. Cônes d'un violet noir, ovales, légèrement recourbés, longs de 8 centimètres, larges de 3. Apophyse très-saillante, irrégulière, quelquefois quadrangulaire, déprimée au centre ; protubérance saillante, parfois tuberculiforme, déprimée, courtement mucronulée.

Pinus Amecaensis. *Roezl.*

Feuilles ternées, quelquefois quaternées sur la même branche, ténues, à carène saillante, serrulées, longues de 14 centimètres ; gaînes soyeuses, blanchâtres, fimbriées, longues de 12—14 millimètres. Cônes coniques, longs de 8 centimètres, larges de 3. Apophyse rhomboïdale, petite, transversalement carénée, large de 21 millimètres sur 7 de haut : protubérance petite, terminée par un mucron aigu.

Pinus Bessereriana. *Roezl.*

Feuilles ternées, parfois quaternées sur le même rameau, raides, plates, légèrement serrulées, longues de 13—14 centimètres ; gaînes soyeuses, entières, longues de 10 à 11 millimètres ; coussinets peu saillants. Cônes presque droits, longs de 6 centimètres, larges de 3. Pédoncule moyen. Apophyse cordiforme, trilobée au sommet, transversalement carénée ; protubérance très-large et très-saillante.

Pinus frondosa. *Roezl.*

Feuilles ternées, de longueur et de grosseur très-inégales sur le même rameau ; parfois longues de 9—10 centimètres, assez ténues ; parfois de 20—22 centimètres, très-grosses ;

toutes carénées en dessus, arrondies en dessous, serrulées sur les bords et sur la carène, fortement ondulées, très-rapprochées, étalées, divariquées, quelquefois tombantes, d'un vert pâle ou jaunâtre terne; gaînes écailleuses, scarieuses, lacérées au sommet, longues de 10—18 millimètres; coussinets saillants, décurrents. Bourgeons gemmaires très-nombreux, très-rapprochés au sommet des rameaux, cylindro-coniques, pointus, formés d'écailles imbriquées, très-serrées. Rameaux étalés, presque déclinés. Habite le Mexique.

Pinus Hugelii. *Roezl.*

Feuilles ternées, ténues; gaînes très-courtes; écorce blanchâtre.

Pinus Istacihuatlii. *Roezl.*

Feuilles ternées, grosses, légèrement serrulées, longues de 14 centimètres; gaînes soyeuses, fimbriées, longues de 13 à 15 millimètres. Cônes coniques, de couleur violet très-foncé, longs de 9 centimètres, larges de 3. Apophyse presque quadrangulaire; protubérance très-saillante.

Pinus Lawsonii. *Roezl.*

Feuilles ternées ou quaternées, longues d'environ 15 centimètres, assez ténues, lisses, non denticulées; gaînes des jeunes feuilles longues d'environ 25 millimètres, écailleuses, lâchement imbriquées, beaucoup plus courtes sur les vieilles feuilles. Cônes longs de 5 à 6 centimètres, larges d'à peine 2 à la base, coniques, de couleur gris-cendré, à écailles très-petites, ressemblant beaucoup à ceux du Pinus Sylvestris; protubérance arrondie sur les écailles inférieures, cannelée sur les supérieures, toutes terminées par une large pointe obtuse, de couleur sombre.

Espèce très-distincte. Arbre de moyenne grandeur, à rameaux grêles, très-feuillus. Habite les hautes montagnes du Mexique.

Pinus microcarpa. *Roezl.*

Feuilles ternées, presque plates, larges, raides, longues de 18 centimètres, terminées au sommet en une pointe courte; gaînes soyeuses, longues de 15 millimètres. Cônes pédonculés, longs de 4 centimètres, larges de 25 millimètres; apophyse rhomboïdale, arrondie, bombée au sommet; protubérance large, peu saillante.

Arbre de 40 à 45 mètres, qui se distingue facilement par ses petits cônes. Il croît dans les environs de Morélia.

Pinus Mulleriana. *Roezl.*

Feuilles ternées, grosses, dressées, raides et pointues, longues de 12 centimètres; gaînes soyeuses, persistantes, longues de 8 millimètres. Cônes coniques, longs de 8 centimètres sur 35 millimètres de diamètre. Apophyse rhomboïdale, plate, de couleur gris-jaunâtre; protubérance plus foncée et peu saillante.

Arbre très-vigoureux, élancé, de 25 à 30 mètres de hauteur. Il habite les environs de Real del Monte, à une altitude de 2500 à 2650 mètres.

Pinus Ottoeana. *Roezl.*

Feuilles ternées, droites, assez ténues, raides, dressées et rapprochées sur le rameau, carénées en dessus, arrondies en dessous, finement serrulées sur les trois angles, longues de 14—15 centimètres, terminées au sommet par une pointe jaunâtre, recourbée; gaînes membraneuses, entières, blanches, longues de 20—25 millimètres; coussinets plats décurrents. Bourgeons gemmaires, très-petits, courts, coniques, pointus. Jeunes rameaux de moyenne grosseur, à écorce brun-jaunâtre glaucescent.

Pinus Papeleui. *Roezl.*

Feuilles ternées, quaternées et quinées, raides, longues de 21 centimètres; gaines très-soyeuses de 20 millimètres de longueur. Cônes cylindriques, légèrement recourbés au sommet. Apophyse moyenne, déprimée au centre; protubérance très-déprimée, mucronée.

Pinus Roezlii. *Carr.*

Syn. : PINUS SPINOSA. *Roezl.*

Feuilles ternées, quaternées et quinées sur la même branche, d'un vert-gris, triquètres, longues de 13 centimètres; gaines soyeuses, longues de 15—18 millimètres. Cônes ovales, très-résineux, d'un violet presque noir, longs de 9 centimètres, larges de 4. Apophyse quadrangulaire, très-saillante, déprimée au centre ; protubérance petite, avec un mucron redressé.

Rameaux gros, rugueux dans la partie dénudée par suite des coussinets saillants, imbriqués, couverts, lorsqu'ils sont jeunes, d'une écorce violacée glaucescente.

Pinus scoparia. *Roezl.*

Feuilles ternées, souvent quaternées sur la même branche, longues de 10 centimètres; gaines soyeuses, longues de 12—13 millimètres. Cônes ovales, de 6—7 centimètres de longueur sur 3 de diamètre, résineux, d'un violet presque noir; apophyse large, très-irrégulière, déprimée à la base, large de 10 millimètres sur 5 de haut; protubérance petite, se terminant en un mucron recourbé.

Arbre très-droit, s'élevant à 40 mètres. Habite le Popocatepetl, à une élévation de 4000—4500 mètres. Bois d'excellente qualité.

Pinus Standishii. *Roezl.*

Feuilles ternées, quelquefois quaternées et quinées sur la même branche, longues de 12 centimètres, raides, carénées, finement serrulées ; gaines soyeuses, de 20 à 26 millimètres. Cônes ovales, atténués, obtus au sommet, longs de 11 centimètres, larges de 4. Apophyse irrégulière, très-déprimée au centre, saillante à la base, large de 21 millimètres sur 10 de hauteur; protubérance petite, très-finement mucronée.

Pinus suffruticosa. *Roezl.*

Feuilles ternées, triquètres, arrondies en dessous, serrulées sur les trois angles, droites, légèrement ondulées, très-rapprochées, longues de 20—26 centimètres, d'un vert pâle glaucescent ; gaines persistantes, membraneuses, longues de 25 millimètres; coussinets très-saillants, décurrents. Bourgeons gemmaires, cylindriques, pointus, non résineux, très-rapprochés à l'extrémité de rameaux très-courts, gros, à écorce d'un vert noirâtre, glaucescent, puis devenant scarieuse et très-rugueuse par la chute des feuilles.

Habite le Mexique.

Pinus tumida. *Roezl.*

Feuilles ternées, assez ténues, droites, raides, carénées en dessus, arrondies en dessous, très-finement serrulées sur les trois angles, longues de 10—12 centimètres, terminées brusquement par un mucron. Gaines membraneuses, entières, blanchâtres, longues de

15 millimètres; coussinets peu saillants, décurrents. Bourgeons gemmaires, petits, pointus, écailleux, non résineux. Jeunes rameaux de moyenne grosseur, courts, étalés, déclinés, à écorce brun-ferrugineux, glaucescente.

Pinus Vilmoriniana. *Roezl.*

Feuilles ternées, raides, plates, finement serrulées, longues de 12 centimètres. Gaînes soyeuses, longues de 7 millimètres. Cônes légèrement recourbés, longs de 4—5 centimètres, larges de 2; pédoncule court. Apophyse comparativement grande, arrondie au sommet; protubérance large, de couleur gris-cendré.

Cet arbre atteint 40 à 50 mètres; ses longs rameaux flexibles joints à sa taille, lui donnent un aspect des plus majestueux. Il croit entre le mont Ajusco et Las Cruces, à une altitude de 3200 à 3500 mètres.

QUATRIÈME TRIBU : PINEA.

Feuilles ternées ou géminées. Gaînes peu développées, le plus souvent caduques, dépourvues d'ailes. Graines comestibles.

Pinus fertilis. *Roezl.*

Feuilles géminées, très-courtes. Cônes petits, obtus. Graines grandes, dépourvues d'ailes, comestibles.

Pinus subpatula. *Roezl.*

Feuilles géminées, très-ténues, tombantes. Branches grêles, étalées, pendantes. Ecorce très-blanche. Plante remarquablement distincte.

PODOCARPUS. *Hérit.*

Arbres élevés ou arbrisseaux étalés, selon l'espèce. Feuilles persistantes, alternes, éparses ou subopposées, planes, linéaires ou ovales-elliptiques; les unes aciculaires, étalées, les autres squamiformes imbriquées, à une ou plusieurs nervures médianes, ou sans nervures.

Fleurs dioïques, ou le plus souvent monoïques sur des rameaux différents. Graines renversées, à tégument extérieur large, charnu; l'intérieur osseux.

La plupart des Podocarpus provenant des régions chaudes : du Chili, du Brésil, du Pérou, de l'Inde et de la Nouvelle-Zélande, ne peuvent supporter la moindre gelée, et ne seront de plein air que pour les contrées où elle ne peut les atteindre : l'Italie, l'Espagne, l'Algérie, le rivage de la Méditerranée, etc., où ils pourront acquérir de grandes dimensions.

Première tribu : EUPODOCARPUS.

ESPÈCES AMÉRICAINES.

* **Podocarpus Chilina.** *Rich.*

PODOCARPUS DU CHILI.

Syn. : PODOCARPUS SALIGNA. *Lamb.*

Feuilles éparses, rapprochées, linéaires-lancéolées, aiguës, subfalquées, très-entières, planes, lisses, dépourvues de nervure, excepté la médiane, longues de 5—9 centimètres, larges de 4—8 millimètres.

Arbre de 12—16 mètres, très-rameux, à rameaux épars. Habite le Chili.

* **Podocarpus coriacea.** *Rich.*

PODOCARPUS A FEUILLES CORIACES.

Syn. : PODOCARPUS YACCA. *Don.*

Arbre de 13—15 mètres, à branches étalées, alternes, opposées ou verticillées, souvent grêles et dénudées dans une grande partie de leur longueur, tuberculeuses par la chute des feuilles. Feuilles alternes, elliptiques, longues de 20—45 millimètres, larges de 6—7, parcourues sur le milieu par une nervure saillante des deux côtés, mais davantage en dessous, coriaces, luisantes, épaisses, sessiles ou atténuées à la base en un très-court pétiole, rétrécies au sommet et terminées en une pointe obtuse.

Habite dans les Antilles, l'île de Montserrat, dans les montagnes Bleues de la Jamaïque, où les indigènes le nomment Yacca.

Espèce très-distincte, délicate et peu vigoureuse. Introduit vers 1831.

* **Podocarpus curvifolia.** *Carr.*

PODOCARPUS A FEUILLES RÉVOLUTÉES.

Syn. : PODOCARPUS ANTARCTICA.

Arbre vigoureux. Branches grosses ; jeunes bourgeons courts, cylindriques, terminés par un bouton très-gros, obtus, écailleux. Feuilles rapprochées, alternes, révolutées, longues de 5—12 centimètres, ovales-oblongues, non falquées, d'un vert gai, luisantes, convexes, parcourues en dessus, au milieu, par un sillon peu profond, planes ou légèrement concaves en dessous par les bords un peu réfléchis, parcourues par une nervure saillante, très-longuement atténuées à la base en un court pétiole élargi, régulièrement et courtement terminées au sommet en une pointe épaisse, obtuse, jamais aiguë, souvent noirâtre.

Plante distincte, dont la provenance n'est pas certaine ; on la suppose originaire de la Patagonie.

Podocarpus Nubigæna. *Lindl.*

PODOCARPUS DES RÉGIONS NUAGEUSES.

Grand arbre ou parfois arbrisseau, suivant les conditions dans lesquelles il croît. Feuilles linéaires, ovales-elliptiques ou subfalquées, longues de 2—4 centimètres, larges de 3—5 millimètres, planes, épaisses, sessiles, ou atténuées à la base en un court pétiole élargi, acuminées en une pointe courte, aiguë, parcourues par une nervure saillante, vertes en dessus, marquées en dessous de chaque côté de la nervure, d'une large bande glauque.

Habite dans les parties froides des Andes du Chili, les Andes de la Patagonie, ainsi que dans quelques autres parties du Chili. Assez rustique, lorsqu'il est greffé sur le P. Totara. Introduit en 1851.

*Podocarpus oleifolia. *Don.*

PODOCARPUS A FEUILLES D'OLIVIER.

Arbre buissonneux à rameaux nombreux, couverts d'une écorce jaunâtre, lisse. Feuilles lancéolées, elliptiques, aiguës, longues de 3—4 centimètres, larges de 4—7 millimètres, coriaces, glabres sur les deux faces, uninervées, à nervure saillante, atténuées à la base, un peu réfléchies sur les bords.
Habite les montagnes du Chili.

*Podocarpus Purdieana. *Hook.*

PODOCARPUS DE PURDIE.

Feuilles longues de 6—15 centimètres, larges de 15—20 millimètres, épaisses, coriaces, lancéolées, oblongues-elliptiques, d'un vert gai, très-lisses et luisantes, planes, droites, très-rarement falquées, longuement atténuées à la base en un gros et court pétiole, très-courtement et régulièrement rétrécies de chaque côté, jusqu'au sommet, qui porte un gros et court mucron, quelquefois noirâtre, obtus, quelquefois spinescent, surtout sur les jeunes feuilles, scarieux, très-aigu, mais alors plus allongé.
Arbre d'une croissance très-rapide, atteignant 40 mètres et plus de hauteur, sur 1 mètre de diamètre. Habite la Jamaïque orientale près de Durobin-Castle, à une altitude de 800 à 1200 mètres. C'est un des plus beaux arbres de l'île. Introduit vers 1843. Orangerie.

*Podocarpus salicifolia. *Klotsch.*

PODOCARPUS A FEUILLES DE SAULE.

Feuilles longues de 7—15 centimètres, larges de 8—11 millimètres, quelquefois plus, légèrement falquées, courtement rétrécies aux deux bouts, coriaces, raides, d'un vert pâle, luisantes en dessus, parcourues au milieu par une nervure médiane saillante en dessous.
Arbre à rameaux allongés, grêles, canaliculés, à écorce vert-jaunâtre. Habite la Colombie, ainsi que d'autres parties nord-ouest de l'Amérique du sud. Orangerie.

ESPÈCES DE L'AUSTRALIE.

*Podocarpus ensifolia. *R. Br.*

PODOCARPUS ACICULAIRE.

Petit arbre dioïque, atteignant 3—6 mètres de hauteur, pyramidal. Branches subdressées, grêles. Feuilles sessiles, linéaires, éparses, longues de 4—8 centimètres, larges de 3—4 millimètres, atténuées aux deux extrémités, très-longuement acuminées au sommet en une pointe fine, aiguë, parcourues par une nervure médiane saillante.
Habite dans la Nouvelle-Hollande, ainsi que dans l'île des Pins, dans la Nouvelle-Calédonie. Introduit vers 1851.

*Podocarpus læta. *Hooïbr.*

PODOCARPUS A FEUILLAGE AGRÉABLE.

Arbre d'une grande vigueur, à tige droite, élancée, longtemps garnie de feuilles. Branches verticillées, plus rarement alternes, étalées ou déclinées, moins nombreuses et moins ramifiées que dans le P. Totara. Rameaux allongés, grêles, peu nombreux, étalés. opposés ou ternés, plus rarement épars, légèrement cannelés lorsqu'ils sont jeunes, recouverts d'une écorce gris-brunâtre. Feuilles éparses, étalées ou défléchies, de couleur roux-ferrugineux, longues de 3—4 centimètres, larges de 4—5 millimètres, falciformes, mucro-nées, à mucron raide, très-aigu, sessiles ou rétrécies en un court pétiole, légèrement épaissies, convexes en dessus et parcourues par un léger sillon, un peu concaves en dessous et marquées de chaque côté d'une bande roussâtre subglaucescente.

Habite la Nouvelle-Hollande orientale. Orangerie.

* **Podocarpus spinulosa.** *R. Br.*

PODOCARPUS SPINESCENT.

Syn. : PODOCARPUS PUNGENS.

Feuilles alternes, linéaires, étalées, longues de 2—4 centimètres, larges de 2 millimè-tres, rétrécies aux deux extrémités, très-coriaces, mucronées, piquantes, glabres, uniner-vées, épaissies sur les bords, convexes, à peine carénées, d'un vert un peu gris en dessus, planes et d'un vert plus clair en dessous, glaucescentes, avec une bande médiane d'un vert foncé, droites ou légèrement falquées, très-courtement acuminées au sommet en un mucronule spinescent, raide et très-aigu, rétrécies à la base en un très-court pétiole, souvent tordu.

Arbre assez semblable au P. Totara par son port et son aspect général, mais beaucoup plus vert dans toutes ses parties. Branches nombreuses, étalées, grêles, longues et sou-ples. Rameaux étalés, le plus souvent ternés ou opposés, plus rarement épars, à écorce gris-brun un peu rugueuse. Habite la Nouvelle-Hollande orientale.

* **Podocarpus Totara.** *Don.*

PODOCARPUS TOTARA.

Feuilles sessiles, alternes, linéaires, droites, plus rarement falquées, raides, étalées, très-aiguës, coriaces, tordues à la base, longues de 2—4 centimètres, larges de 3 milli-mètres, d'un vert roux-ferrugineux ou cuivré en dessus, glaucescentes en dessous, parcourues par une nervure médiane peu saillante, révolutées sur les bords et terminées au sommet par un mucron spinescent, rougeâtre.

Grand arbre, atteignant jusqu'à 30 mètres et plus de hauteur, sur 1 m. 50 de diamètre, à écorce gris-brun, fibreuse. Branches nombreuses, verticillées, plus rarement éparses, étalées ou défléchies. Ramilles arrondies, striées-jaunâtre, dichotomes, souvent ternées, grêles.

Habite la partie boréale de la Nouvelle-Zélande. Bois de bonne qualité. Orangerie. De pleine terre à Hyères.

ESPÈCES ASIATIQUES.

* **Podocarpus amara.** *Blume.*

PODOCARPUS AMER.

Feuilles alternes, distiques, ou subdistiques, parfois presque opposées, linéaires-lan-céolées, cuspidées, planes sur les bords, longues de 5—12 centimètres, larges de 12—15 millimètres, minces, molles, légèrement ondulées, parcourues par une nervure mé-diane saillante, étroite, presque aiguë à la face supérieure, vertes sur les deux faces, brusquement rétrécies à la base en un court pétiole, courtement atténuées au sommet, puis longuement prolongées en une sorte de cuspide obtuse, souvent sphacélée.

Grand arbre atteignant jusqu'à 60 mètres et plus de hauteur. Branches verticillées, très-étalées, grêles, à rameaux subverticillés, cylindriques. Espèce très-rare et très-distincte; très-délicate.

Habite à Java les montagnes volcaniques les plus élevées de la partie occidentale.

Podocarpus Chinensis. *Wallich.*

PODOCARPUS DE LA CHINE.

Arbre dioïque de petites dimensions, fructifiant promptement dans nos cultures. Branches courtes, nombreuses, éparses, opposées ou subverticillées, tuberculeuses par la chute des feuilles. Rameaux nombreux. Feuilles alternes, linéaires, lancéolées, longues de 4—8 centimètres, larges de 4—6 millimètres, vertes en dessus, glauques en dessous, légèrement réfléchies sur les bords, à nervure médiane, étroite, très-saillante en dessus, longuement rétrécies à la base en un pétiole épais, brusquement terminées au sommet en une pointe obtuse.
Habite la Chine et le Japon. Demi-rustique à bonne exposition.

Podocarpus Chinensis argentea. *Gordon.*

PODOCARPUS DE LA CHINE ARGENTÉ.

Belle variété, différant du type par ses feuilles, les unes striées, rubannées-striées de blanc argenté, les autres moitié blanches et moitié vertes.
Introduit du Japon dans les pépinières royales de Bagshot par M. Fortune en 1861.

Podocarpus Chinensis aurea. *Gordon.*

PODOCARPUS DE LA CHINE DORÉ.

Autre variété, différant par sa panachure d'un beau jaune d'or. Feuilles mi-parties jaune d'or et vert, ou rayées ou rubannées de bandes d'un beau jaune d'or. Même introduction.

Podocarpus Chinensis canaliculata. *Hort.*

PODOCARPUS DE LA CHINE A FEUILLES CANALICULÉES.

Plante buissonneuse. Rameaux courts. Feuilles très-épaisses, fortement révolutées en dessus en forme naviculaire.

Podocarpus Chinensis corrugata. *Gordon.*

PODOCARPUS DE LA CHINE A FEUILLES CRISPÉES.

Feuilles très-étroites, linéaires, lancéolées, aiguës, rétrécies à la base, étalées, alternes, rapprochées, longues de 9—12 centimètres sur 2 millimètres de large, à surface supérieure ridée, marginées sur les bords de petites bandes vert brillant et jaune d'or, parfois rosées.
Joli arbrisseau cultivé au Japon, d'où il a été introduit par M. Fortune en 1861.

* Podocarpus Endlicheriana. *Carr.*

PODOCARPUS D'ENDLICHER.

Feuilles alternes, rapprochées, longues de 10—18 centimètres, droites ou légèrement falquées-ondulées, à bords non épaissis, coriaces, d'un vert pâle, mais plus pâle et presque jaunâtre en dessous, parcourues par une nervure médiane, saillante, étroite, aiguë en dessus, beaucoup plus large et moins saillante en dessous, rétrécies à la base en un pétiole très-court, épaissi, atténuées au sommet en une pointe obtuse, subaiguë dans les jeunes feuilles. Feuilles des ramilles presque ovales-elliptiques, rapprochées en rosette, beaucoup plus courtes et plus brusquement rétrécies que celles des bourgeons vigoureux.

Très-belle espèce, originaire du Népaul, remarquable par sa vigueur et l'ampleur de ses feuilles. Orangerie.

*Podocarpus flagelliformis. *Makoy.*

PODOCARPUS FLAGELLIFORME.

Feuilles sessiles, alternes, linéaires-lancéolées, lisses, planes, entières, molles, rétrécies aux deux extrémités, légèrement canaliculées en dessus, terminées au sommet par une pointe effilée, très-fine, non piquante, légèrement réfléchies en dessous sur les bords, longues de 25—40 centimètres, larges de 6—8 millimètres, à nervure médiane arrondie, peu saillante en dessus, très-prononcée en dessous, d'un beau rouge cuivré dans leur jeunesse, élégamment retombantes, d'un très-bel effet.

Magnifique espèce, très vigoureuse, d'origine japonaise. Introduite en 1864.

*Podocarpus Japonica. *Sieboldt.*

PODOCARPUS DU JAPON.

Feuilles très-rapprochées, lancéolées-allongées, épaisses, raides, coriaces, alternes, longues de 10—12 centimètres, larges d'environ 20 millimètres, planes, uninervées, à nervure saillante, étroite et presque aiguë en dessus, arrondie en dessous, longuement rétrécies aux deux bouts, atténuées au sommet en une pointe souvent obtuse, parfois subaiguë, mais non mucronée, et, à la base, en un pétiole court et épais.

Branches éparses, parfois opposées ou verticillées, souvent défléchies. Habite le Japon. Introduit vers 1851. Orangerie.

* Podocarpus Japonica variegata. *Fortune.*

PODOCARPUS DU JAPON PANACHÉ.

Belle variété très-remarquable par sa riche panachure.

* Podocarpus macrophylla. *Don.*

PODOCARPUS A TRÈS-GRANDES FEUILLES.

Feuilles alternes, linéaires-lancéolées, planes sur les bords, minces, coriaces, longues de 4—10 centimètres, larges de 9—12 millimètres, parcourues sur les deux faces par une nervure médiane saillante, rétrécies à la base en un pétiole court et épais, atténuées au sommet en un court mucron obtus.

Arbre de 12—15 mètres de hauteur. Tronc droit, à écorce gris-cendré, légèrement rugueuse. Branches nombreuses, étalées ou subdressées. Rameaux légèrement anguleux, rugueux et tuberculeux après la chute des feuilles. Habite le Japon. Introduit en 1804. Orangerie.

* Podocarpus Neriifolia. *R. Br.*

PODOCARPUS A FEUILLES DE NÉRIUM.

Feuilles alternes, très-rapprochées, dressées ou étalées, longues de 8—15 centimètres, larges de 6—15 millimètres, lancéolées, acuminées, obtuses au sommet, coriaces, très-épaisses, planes, à bords souvent repliés en dessous, très-longuement atténuées à la base en un pétiole épaissi, falquées, plus rarement droites, d'un vert foncé en dessus, beaucoup plus pâle en dessous, parcourues par une nervure médiane saillante et presque aiguë à la face supérieure, moins saillante et plus large à la face inférieure.

Arbre d'environ 15 mètres de hauteur. Branches éparses, étalées, défléchies, parfois assurgentes, irrégulières, peu ramifiées, à écorce vert-jaunâtre, souvent un peu cannelée, rugueuse par les cicatrices des feuilles.

Habite dans le Népaul, Singapour et Penang. Introduit en 1829. Orangerie.

ESPÈCES DU CAP.

* **Podocarpus elongata.** *Héritier.*

PODOCARPUS ÉLEVÉ.

Feuilles alternes, raides, assez épaisses, planes, un peu amincies sur les bords, longues de 25—35 millimètres, larges de 4, droites, plus rarement falquées, oblongues, lancéolées, d'un vert sombre comme bleuâtre, glaucescentes, parcourues d'une nervure peu saillante, souvent à peine visible en dessus, sessiles ou longuement rétrécies à la base en un court pétiole, très-brusquement arrondies et terminées au sommet en un mucron très court, un peu aigu ou obtus, quelquefois nul.

Grand arbre, à branches étalées, dressées ou défléchies, ordinairement verticillées. Ramules courts, légèrement anguleux. Écorce d'un brun-cendré, glauque sur les jeunes rameaux. Habite le cap de Bonne-Espérance et l'Abyssinie, à environ 2000 mètres d'altitude. Orangerie.

* **Podocarpus Thunbergii.** *Hooker.*

PODOCARPUS DE THUNBERG.

Feuilles oblongues-lancéolées, arrondies, uninervées, sensiblement atténuées à la base en un pétiole très-court, longues de 4—6 centimètres, larges d'environ 1, alternes, sessiles, brusquement rétrécies au sommet en une pointe courte, aiguë ou presque obtuse.

Grand arbre du cap de Bonne-Espérance. Bois jaune d'excellente qualité. Orangerie.

DEUXIÈME TRIBU : STACHYCARPUS. *Endlicher.*

Feuilles alternes, le plus souvent distiques par renversement, linéaires, uninervées, marquées de stomates à la face inférieure, plus rarement très-petites, subsquamiformes, plus ou moins appliquées.

* **Podocarpus Andina.** *Pœppig.*

PODOCARPUS DES ANDES.

Feuilles très-rapprochées, les inférieures alternes, les supérieures distiques, subsessiles, étroitement linéaires, acuminées aux deux bouts, un peu roulées sur les bords, planes en dessus, d'un vert-noir luisant, glauques en dessous, à nervure médiane légèrement proéminente et comme carénée, coriaces, raides, longues d'à peine 3 centimètres, parfois de 15 millimètres, larges d'environ 3 millimètres, un peu révolutées sur les bords.

Petit arbre buissonneux, dépassant rarement 6—7 mètres, à bois dur, jaune. Rameaux vigoureux, étalés, à écorce lisse, brunâtre, épars, inégaux, anguleux au sommet.

Habite le Chili austral. Fruits comestibles. Orangerie.

* **Podocarpus ferruginea.** *Don.*

PODOCARPUS FERRUGINEUX.

Feuilles très-rapprochées, distiques, étroitement linéaires, subfalquées, aiguës, luisantes, longues de 15—20 millimètres, larges de 2, parcourues par une nervure médiane, étroite, saillante, très-visible en dessus, très-peu en dessous, si ce n'est par sa couleur rougeâtre, portées sur un pétiole très-court de même couleur, acuminées au sommet en une pointe, fine, aiguë, plus rarement obtuse.

Arbre de 15—20 mètres de haut, sur 1 mètre de diamètre. Habite la partie septentrionale de la Nouvelle-Zélande. Serre tempérée.

Podocarpus spicata. *R.-Br.*

PODOCARPUS A FLEURS EN ÉPIS.

Syn. : DACRYDIUM MAÏ. *A. Cunningh.*

Très-grand arbre atteignant 60 mètres, parfois plus, croissant dans les terrains tourbeux. Tige robuste, grosse, droite. Rameaux et ramules nombreux, grêles, confus, très-étalés, flexueux, à écorce rouge-brun ou ferrugineux très-souvent dépourvus de feuilles dans une partie de leur longueur. Feuilles, les unes de 6—12, quelquefois de 18—20 millimètres, larges de 2, distiques, elliptiques-oblongues, droites ou falciformes, minces, vertes, quelquefois roussâtres en dessus, marquées en dessous et de chaque côté de la nervure d'une ligne glaucescente, rétrécies à la base en un court pétiole, arrondies au sommet, subspatulées et terminées par un mucron très-fin; celles de l'extrémité des jeunes rameaux, alternes, distantes, très-petites ou presque squamiformes, très-finement mucronulées, brunâtres.

Habite les forêts de la Nouvelle-Zélande boréale. Assez rustique.

* **Podocarpus Taxifolia.** *Humb. et Bompl.*

PODOCARPUS A FEUILLES D'IF.

Syn. : TORREYA HUMBOLDTII. *Knight.*

Branches très-nombreuses, dressées, étalées, quelquefois défléchies, irrégulièrement sinueuses, anguleuses par la décurrence des feuilles. Feuilles très-rapprochées, distiques par renversement, falciformes, longues de 18 —25 millimètres, larges de 4, luisantes et comme vernies, d'un vert gai et légèrement convexes en dessus, d'un vert pâle, blanchâtres en dessous, parcourues au milieu par une nervure plus ou moins saillante en dessus, quelquefois à peine visible en dessous, excepté par sa couleur, très-courtement pétiolées, obtuses et brusquement arrondies au sommet, qui est terminé par un mucronule court, obtus, plus rarement aigu.

Habite au Pérou le Saraguru, à environ 2000 mètres d'altitude. Orangerie.

TROISIÈME TRIBU : DACRYCARPUS. *Endlicher.*

Feuilles polymorphes, parfois subtriquètres, acéreuses ou squamiformes, appliquées sur les branches, la plupart distiques par renversement, subopposées, falquées sur les rameaux.

* **Podocarpus Cupressina.** *R. Br.*

PODOCARPUS A ASPECT DE CYPRÈS.

Syn. : PODOCARPUS HORSFIELDII. *Knight.*

Arbre de 50-60 mètres. Rameaux nombreux, légèrement arrondis. Feuilles opposées, distiques ou insérées sur 5 rangs, imbriquées, appliquées, acéreuses, ou presque triquètres, lancéolées-subulées, spinuloso-mucronées, longues de 6—17 millimètres, linéaires, falquées sur les plus jeunes ramules, sur d'autres encore ; la partie supérieure porte seulement des feuilles linéaires, tandis que la base est entourée de feuilles squamiformes ; dans d'autres enfin toutes les feuilles d'un même rameau sont distiques, étalées ou imbriquées sur 5 rangs, toutes d'un vert gai, luisantes sur les deux faces.

Arbre magnifique et d'une rare élégance. Habite les hautes montagnes de l'île de Java et des Philippines. Il demande pour l'hiver l'abri d'une serre tempérée.

* **Podocarpus Dacrydioïdes.** *Ach. Rich.*

PODOCARPUS A ASPECT DE DACRYDIUM.

Syn. : DACRYDIUM EXCELSUM. *Don.*

Grand arbre résineux, atteignant jusqu'à 60 mètres et plus de hauteur, d'un aspect sombre et triste par la couleur cuivrée-noirâtre que présentent toutes ses parties. Tronc droit, élancé, à écorce gris-brunâtre, à peu près lisse. Branches étalées ou défléchies-ascendantes, plus rarement dressées, longues, grêles, irrégulièrement distantes. Rameaux cylindriques, étalés, pendants, souvent avortés et réduits à des ramules foliifères, courts ; ces derniers quelquefois réunis en très-grand nombre et cachant entièrement les rameaux ; quelquefois au contraire très-distants. Feuilles de la tige et des branches alternes, squamiformes, linéaires, mucronées, adnées à la base, plus ou moins étalées au sommet, aiguës ; celles des rameaux foliifères très-rapprochées, distiques, naviculaires, falciformes, longues de 5—8 millimètres sur à peine 2 de largeur, courbées au sommet vers la partie supérieure du ramule, brusquement terminées par un mucronule court et aigu, toutes de couleur cuivrée, ferrugineuse ou noirâtre.

Habite dans la Nouvelle-Zélande boréale, principalement les sols fangeux, où il forme des forêts. Orangerie.

PRUMNOPITYS. *Philippi.*

PODOCARPÉES.

Feuilles persistantes, subdistiques, droites ou légèrement falquées. Fruits drupacés. Maturité annuelle.

Prumnopitys elegans. *Philippi.*

PRUMNOPITYS ÉLÉGANT.

Syn. : PODOCARPUS VALDIVIANA. *Senilis.*

Feuilles linéaires, planes, épaisses, nombreuses, droites ou légèrement falquées, subdistiques dans les ramules et ramilles, éparses ou opposées sur les branches et les rameaux, d'un beau vert foncé luisant avec une fine nervure médiane en dessus, parcourues en dessous par deux larges bandes glauques, séparées par une nervure verte au milieu, bordées de vert sur les côtés, portées sur un court pétiole longuement décurrent, et terminées au sommet par un court mucron jaunâtre, aigu, non piquant, longues de 25—30 millimètres, sur les branches et de 5—8 sur les ramilles. Tiges droites, raides, élancées, cylindriques. Branches étalées, ramules nombreux, étalés-redressés.

Bel arbre toujours vert atteignant la hauteur de 15—20 mètres, récemment découvert par M. Pearce, au Chili, dans la province de Valdivia à une élévation de 1500 à 2000 mètres; il a presque l'apparence d'un Tsuga Douglasii, son port est pyramidal, élancé. Il porte un fruit drupacé obliquement sphérique, dont la drupe, d'abord d'un vert jaunâtre, acquiert à la maturité une couleur jaune brunâtre; ce fruit de 3 centimètres de long sur 2 de diamètre est d'un goût très-agréable et recherché comme nourriture par les indigènes. Son bois jaune veiné est employé pour l'ébénisterie. Parfaitement rustique. Introduit de graines par M. Veitch en 1860.

SAXE-GOTHÆA. *Lindley*.

PODOCARPÉES.

Fruit charnu, composé d'écailles mucronées, raides, entièrement connées ou libres au sommet, la plupart souvent avortées. Graines adnées seulement à la base de l'écaille, à tégument double, l'extérieur très-court en forme de réceptacle, n'embrassant que la partie inférieure de la gaîne. Feuilles planes, linéaires, étalées, persistantes.

Saxe-Gothæa conspicua. *Lindley*.

SAXE-GOTHÆA REMARQUABLE.

Feuilles alternes, lancéolées-linéaires, oblongues, subfalquées, contournées, coriaces, portées sur un court pétiole rougeâtre, légèrement tordu, terminées brusquement en un court et fin mucron, longues de 2—3 centimètres, larges de 2—3 millimètres, légèrement convexes en dessus, et parcourues par une nervure saillante, d'un vert sombre, faiblement séparées par la carène, vertes sur les bords.

Arbre de moyenne grandeur, avec les fleurs mâles d'un *Podocarpus*, les fleurs femelles d'un *Dammara*, le fruit d'un *Juniperus*, la graine d'un *Dacrydium* et le facies d'un *Taxus*. Branches étalées, souvent réfléchies, plus rarement dressées. Écorce des jeunes rameaux brunâtre, lisse, luisante.

Habite les Andes de la Patagonie, près des neiges éternelles, où il s'élève à 20—30 mètres. Introduit en 1848. Assez rustique.

Saxe-Gothæa conspicua gracilis. *Hort*.

SAXE-GOTHÆA REMARQUABLE A RAMEAUX GRÊLES.

Feuilles plus distantes, plus étroites, plus effilées que dans l'espèce, terminées par un fin mucron très-piquant. Rameaux plus grêles et plus étalés. Même origine.

SCIADOPITYS. *Sieb. et Zucc.*

SÉQUOIÉES-SCIADOPITÉES.

Anthères biloculaires. Feuilles planes, coriaces, linéaires, obtuses, longues, alternes, très-rapprochées, subverticillées au sommet des rameaux. Écailles des strobiles accompagnées d'une bractée soudée dans sa moitié inférieure. Graines, 7 sous chaque écaille.

Sciadopitys verticillata. *Sieb. et Zucc.*

SCIADOPITYS VERTICILLÉ. — SAPIN A PARASOL.

Grand arbre de toute beauté, atteignant jusqu'à 50 mètres de hauteur sur 1 mètre de diamètre, à écorce gris-brun, rugueuse. Branches nombreuses, verticillées, horizontalement étalées, dénudées. Rameaux souvent verticillés, aphylles, excepté vers le sommet où se trouve une sorte de verticille de feuilles, marqués et tuberculés plus tard par les cicatrices résultant des écailles gemmaires, qui forment des sortes de coussinets allongés, très-saillants. Bourgeons écailleux, verticillés. Écailles gemmaires, nombreuses, coriaces, d'abord imbriquées, puis écartées par l'allongement du bourgeon, caduques. Feuilles persistantes, sessiles au sommet des ramules, alternes, mais tellement rapprochées qu'elles paraissent verticillées, allongées, linéaires, droites, entières, épaisses, coriaces, glabres, très-étroitement canaliculées en dessus, concaves en dessous, marquées au milieu d'une ligne roussâtre, glaucescente, longues de 8—9 centimètres, larges de 2—3 millimètres, souvent échancrées au sommet. Les feuilles persistent pendant quatre ans; chaque branche est terminée par 3—4 verticilles superposés et distants.

Habite l'île Nippon et diverses parties du Japon, où on le cultive autour des temples. Espèce très-rare et très-ornementale. Très-rustique. Introduit en 1861.

Sciadopitys verticillata variegata. *Fortune.*

SCIADOPITYS VERTICILLÉ PANACHÉ.

Variété très-distincte. Feuilles panachées de jaune-pâle; cultivée près des temples. Introduite des environs de Yeddo, par M. Fortune.

SEQUOIA. *Endlicher.*

SÉQUOIÉES VRAIES.

Anthères biloculaires. Écailles des strobiles cunéiformes, déprimées, épaisses, tronquées. Bractées aiguës, soudées à l'écaille dans toute sa longueur.

Très-grands arbres à branches souvent verticillées. Feuilles planes, linéaires, distiques, parfois squamiformes, imbriquées. Cotylédons 2, très-rarement 3. Maturation annuelle.

Sequoia sempervirens. *Endl.*

SÉQUOIA TOUJOURS VERT.

Syn. : TAXODIUM SEMPERVIRENS. *Lambert.*

Très-grand arbre atteignant 60—100 mètres, sur un tronc robuste et droit de 3—6 mètres de diamètre, d'un effet admirable dans son ensemble. Tige cylindrique, élancée, recouverte d'une écorce roux brillant, très-épaisse, subéreuse, fendillée longitudinalement et se déta chant en lames fibro-subéreuses. Bois rouge, très-durable, non sujet aux piqûres des insectes, ressemblant à celui du *Mahagoni* (*Encalyptus*).

Branches subverticillées, plus rarement alternes ou éparses, étalées ; celles de la base souvent défléchies, relevées à leur extrémité ; celles du sommet quelquefois diessées. Rameaux et ramules nombreux, distiques. Feuilles linéaires ; celles de la tige et des branches presque aciculaires, squamiformes, appliquées, alternes ; celles des ramilles planes, ordinairement subdistiques par renversement, linéaires, droites ou falquées, très-rapprochées, sessiles ou portées sur un court pétiole, et largement décurrentes à la base, longues de 18—25 millimètres, larges de 2, vertes et légèrement convexes en dessus, portant dans leur milieu un petit sillon longitudinal peu profond, plus ou moins glauque-farinacé en dessous, brusquement terminées au sommet par un mucronule piquant, très-court.

Habite dans l'Amérique nord-ouest, différentes parties de la Californie. Introduit en 1840. Rustique, mais sensible au froid dans sa jeunesse.

Sequoia sempervirens alba. *C. S.*

SÉQUOIA TOUJOURS VERT A FEUILLES BLANCHES.

Arbuste grêle, à rameaux étalés, grêles, retombants. Jeunes ramules, d'un blanc-jaunâtre, passant au blanc pur, puis au vert blanchâtre, conservant toujours leur panachure. Feuilles toutes blanches, alternes, étalées, redressées vers le sommet, sessiles, décurrentes, linéaires, longues de 5—10 millimètres, à peine larges de 1, planes en dessus, légèrement carénées en dessous, terminées au sommet en une pointe aiguë, non piquante.

Variété très-belle et très-distincte, à panachure constante, obtenue dans nos semis.

Sequoia sempervirens glaucescens. *C. S.*

SÉQUOIA TOUJOURS VERT A FEUILLES GLAUQUES.

Variété assez distincte, de forme pyramidale. Tige élancée, droite. Rameaux courts, verticillés, horizontalement étalés. Feuilles plus courtes et plus étroites que dans l'espèce, glauques sur les deux faces.

Plus rustique que l'espèce.

Sequoia sempervirens gracilis. *Carr.*

SÉQUOIA TOUJOURS VERT A PETITES FEUILLES.

Variété à branches grêles. Feuilles plus ténues et plus courtes que celles du type. Plus rustique que l'espèce.

Sequoia sempervirens latifolia. *Hort.*

SÉQUOIA TOUJOURS VERT A LARGES FEUILLES.

Feuilles sessiles ou courtement pétiolées, linéaires, lancéolées, élargies à la base, largement et longuement décurrentes, légèrement subfalquées, longues de 15—22 millimètres, larges de 3—4, terminées au sommet par un court et fin mucron.

Sequoia sempervirens taxifolia. *C. S.*

SÉQUOIA TOUJOURS VERT A FEUILLES D'IF.

Tige droite, élancée. Branches d'abord dressées puis étalées, quelquefois retombantes. Feuilles ayant beaucoup l'aspect de celles d'un *Taxus*, alternes sur les branches et les rameaux, subdistiques sur les ramules et les ramilles, linéaires, arrondies et vert foncé en dessus, d'un vert pâle en dessous, avec une légère nervure au milieu, droites ou légèrement subfalquées, sessiles, largement et longuement décurrentes, longues de 8—12 millimètres, brusquement terminées au sommet en un court mucron aigu.

Belle variété, très-distincte, de forme pyramidale ; obtenue dans nos semis.

TAXODIUM. *Rich.*

CUPRESSINÉES-TAXODINÉES.

Strobiles à écailles libres, imbriquées, dispermes. Feuilles alternes ou distiques. Maturation annuelle.

Grands arbres de l'Amérique boréale, à feuilles caduques, très-rarement bis-annuelles.

Taxodium adscendens. *Brongn.*

TAXODIUM A RAMEAUX ASCENDANTS.

Rameaux étalés. Ramules ascendants, grêles. Ramilles presque filiformes, souvent ascendantes ou dressées. Feuilles caduques ; les ramilaires éparses et subéparses, plus ou moins appliquées et imbriquées sur plusieurs rangs ; les unes aciculaires, les autres squamiformes.

Habite les marais de la Caroline et de la Floride les plus éloignés du littoral. Espèce délicate et sensible au froid.

Taxodium distichum. *Rich.*

CYPRÈS-CHAUVE.

Syn. : SCHUBERTIA DISTICHA. *Mirb.*

Grand arbre à feuilles caduques, atteignant 30—40 mètres de hauteur, sur 1 mètre à 1 mètre cinquante centimètres de diamètre, très-ramifié dans sa jeunesse, plus tard se dénudant par le bas, et portant à son sommet une tête largement étalée. Branches dressées, étalées. Rameaux et ramules effilés, étalés, déclinés ou ascendants. Ramilles foliaires étalées ou pendantes, annuellement caduques, garnies de feuilles distiques, aciculaires. Feuilles aciculaires longues de 8—20 millimètres, pointues, mucronées, droites ou légèrement falquées, très-rapprochées ; feuilles squamiformes, ovales, deltoïdes ou presque linéaires, acuminées, décurrentes. Strobiles de la grosseur d'une petite noix, ordinairement sphériques, parfois ovales-oblongs, composés d'écailles épaisses, striées, chagrinées et mucronées.

Habite dans le nord de l'Amérique boréale, jusqu'à 38° de latitude, dans la Floride, la Géorgie, la Caroline, le Maryland. Commun surtout dans les marais de la Louisiane, et le long des sinuosités fangeuses des rivières. Parvenu à un certain âge, il produit à la surface du sol, par le prolongement de ses racines traçantes, des protubérances coniques, arrondies, obtuses, atteignant jusqu'à 1 mètre de hauteur.

Cet arbre assez sensible aux gelées dans le nord, s'est comme naturalisé dans le centre et le midi de la France, où il produit de bonnes semences ; il est d'un bel effet sur les bords des rivières et des pièces d'eau ; ses racines allongées et les exo-toses qui en proviennent, formeraient une excellente défense pour les berges des rivières, contre le courant des eaux et les inondations. Bois rouge, résineux, agréablement odorant, incorruptible, des plus précieux pour son élasticité. Introduit vers 1640.

Taxodium distichum biforme. *C. S.*

CYPRÈS-CHAUVE BIFORME.

Cette variété se distingue par les formes très-diverses des feuilles et des ramilles foliaires. Feuilles distiques sur les ramu es et ramilles des jeunes rameaux, qui sont étalés horizontalement et retombants, planes, linéaires, presque aciculaires, longues de 7—10 millimètres, d'un beau vert tendre ; celles des ramilles sur le bois ancien, très-petites, éparses, très-rapprochées, très-courtes, presque squamiformes, appliquées, comme imbriquées vers le bas des ramilles ; linéaires, aciculaires vers le milieu ; longues de 3—5 millimètres, très-courtes, très-fines vers le sommet ; toutes d'un vert de mer glaucescent. Obtenue dans nos semis de graines provenant d Amérique.

Taxodium distichum Dacrydioïdes. *C. S.*

CYPRÈS-CHAUVE DISTIQUE A ASPECT DE DACRYDIUM.

Rameaux cylindriques, allongés, étalés, déclinés, couverts d'une écorce rouge-orangé clair, passant au rouge obscur. Ramilles très-nombreuses, très grêles, dressées et presque appliquées contre les rameaux. Feuilles linéaires, droites, très-rarement subfalquées, alternes, dressées-étalées, couvrant presque les ramilles, longues de 5—12 millimètres, à peine larges de 1 ; sessiles, décurrentes, légèrement rétrécies à la base et terminées au sommet en un très-court et très-fin mucron, finement canaliculées en dessus, traversées en dessous par deux bandes subglaucescentes séparées au milieu par une ligne verte à peine visible, toutes d'un beau vert de pré foncé.

Très-belle variété ayant la forme et le coloris du *Dacrydium elatum.* Obtenue dans nos cultures, de graines reçues d'Amérique.

Taxodium distichum denudatum. *Leroy.*

CYPRÈS-CHAUVE A RAMEAUX DÉNUDÉS.

Branches grêles, allongées, étalées, recourbées, déclinées ou pendantes, diffuses, très-irrégulièrement distantes, à écorce d'un rouge-clair glaucescent. Rameaux et ramules effilés, écartés, défléchis. Feuilles éparses, très-distantes, de forme et de longueur très-variables ; les unes à peine longues d'un millimètre, étalées, acuminées au sommet, sessiles, décurrentes ; les supérieures presque squamiformes ; les inférieures linéaires, canaliculées en dessus, longues de 15—20 millimètres, larges de 1, portées sur un court pétiole, dressées-contournées, terminées au sommet par un fin mucron. Variété naine, quoique assez vigoureuse.

Taxodium distichum dependens. *C. S.*

CYPRÈS-CHAUVE DISTIQUE A RAMILLES PENDANTES.

Tige droite, rameaux courts, étalés-déclinés. Écorce rouge obscur, passant au gris ferrugineux. Ramilles allongées, étalées-déclinées, tombantes, groupées très-épais à l'extrémité du rameau de l'année. Feuilles éparses ; celles des rameaux très-distantes, très-petites, presque squamiformes, appliquées, sessiles, élargies à la base, finement acuminées au sommet, de la même couleur rouge que l'écorce ; celles des ramilles, alternes, sessiles, aciculaires, très-rapprochées, planes en dessus et finement canaliculées, arrondies en dessous, atténuées au sommet en une pointe fine ; toutes d'un vert clair jaunâtre.

Variété très-distincte, ayant presque l'aspect du *Taxodium D. pendulum ;* elle provient de nos semis de graines américaines.

Taxodium distichum fastigiatum. *Knight.*

CYPRÈS-CHAUVE PYRAMIDAL.

Arbre pyramidal. Branches longues et grêles, dressées, très-irrégulièrement distantes. Rameaux courts, épars, peu nombreux. Feuilles linéaires, subdistiques, longues de 7—15 centimètres.

Taxodium distichum flavidum. *C. S.*

CYPRÈS-CHAUVE A FEUILLES JAUNATRES.

Rameaux courts, gros, horizontalement étalés. Écorce rouge-cinabre foncé passant au gris de fer. Ramilles très-nombreuses, grêles, allongées, dressées, presque appliquées sur le rameau, qu'elles cachent entièrement, souvent réunies par 2 à la base. Feuilles raméales très-petites, aciculaires, très-distantes, de même couleur que l'écorce ; celles des ramilles très-diverses : ovales-acuminées, obliquement appliquées, épaisses, convexes au bas des ramilles, longues de 3—5 millimètres ; linéaires, presque planes, longues de 8—10 millimètres, larges d'environ 1, vers le milieu ; beaucoup plus petites, beaucoup plus fines vers l'extrémité, très-nombreuses, très-rapprochées, légèrement étalées, d'un beau vert jaunâtre très-distinct.

Variété des plus remarquables, obtenue de graines américaines.

Taxodium distichum intermedium. *Carr.*

CYPRÈS-CHAUVE INTERMÉDIAIRE.

Rameaux étalés, cylindriques, à écorce gris de fer-noirâtre. Ramilles foliifères, entourées à la base d'écailles très-courtes, rudes ; étalées, couvertes de très-petites feuilles squamiformes ou aciculaires, linéaires, alternes, imbriquées, appliquées sur les ramilles, légèrement canaliculées en dessus, arrondies en dessous, étroites, sessiles, décurrentes, longues de 2—3 millimètres, d'un beau vert foncé glaucescent.

Taxodium distichum intermedium pyramidale. *C. S.*

CYPRÈS-CHAUVE INTERMÉDIAIRE PYRAMIDAL.

Cette belle variété obtenue dans nos semis se distingue par ses ramilles plus courtes, plus grêles, dressées contre le rameau, et par ses feuilles plus petites, très-rapprochées et appliquées, ce qui lui donne l'aspect d'un *Casuarina.*

Taxodium distichum Knightii. *Carr.*

CYPRÈS-CHAUVE DE KNIGHT.

Branches peu nombreuses, irrégulièrement distantes, dressées, longues et grêles, peu ramifiées. Ramilles foliaires courtes, très-rapprochées, cachant souvent entièrement le rameau. Feuilles distiques, linéaires, planes, persistant très-tard sur le rameau. Il n'est pas rare qu'elles y persistent pendant deux ans.

Taxodium distichum lanceolatum. *C. S.*

CYPRÈS-CHAUVE A FEUILLES LANCÉOLÉES.

Arbre vigoureux. Rameaux dressés, étalés, à écorce gris de fer. Ramilles foliaires, courtes, très-grêles, étalées, tombantes, entourées à la base d'écailles très-courtes, dures, scarieuses, marcescentes. Feuilles distiques, alternes, linéaires-lancéolées, planes, minces, portées sur un très-court et très-fin pétiole, obtuses au sommet.

Taxodium distichum microphyllum. *Carr.*

CYPRÈS-CHAUVE A PETITES FEUILLES.

Arbrisseau. Tiges dressées. Rameaux étalés, courts. Feuilles raméales linéaires, alternes, éparses, acuminées, longues de 8—12 millimètres, devenant de plus en plus courtes, de sorte que celles de l'extrémité du rameau, ainsi que celles des ramilles, ont à peine 1—2 millimètres de longueur et sont ovales, acuminées, tellement rapprochées, qu'elles se recouvrent mutuellement et paraissent comme imbriquées.

Taxodium distichum nanum. *Carr.*

CYPRÈS-CHAUVE NAIN.

Arbrisseau buissonneux, très-compacte, atteignant 3—6 mètres. Branches nombreuses, étalées, courtes. Ramilles foliaires, très-rapprochées, presque fasciculées. Feuilles distiques, semblables à celles de l'espèce.

Taxodium distichum Nepalense. *C. S.*

CYPRÈS-CHAUVE DU NÉPAUL.

Arbre vigoureux. Tige grêle. Branches très-irrégulièrement étalées ou défléchies. Rameaux grêles, allongés, déclinés, pendants. Ramilles foliaires cylindriques, grêles, très-rapprochées, étalées, déclinées. Feuilles alternes ou éparses, aciculaires, droites, plus rarement falquées, légèrement étalées, larges de 4—5 millimètres, très-fines, sessiles, décurrentes, terminées au sommet en une pointe aiguë, rarement obtuse, scarieuse, toutes d'un beau vert glaucescent.

Taxodium distichum nigrum. *Carr.*

CYPRÈS-CHAUVE NIGRESCENT.

Branches grêles, nombreuses, divariquées. Rameaux allongés, parfois flexueux, défléchis. Feuilles étroites, très-ténues, d'un vert sombre ou brunâtre.

Taxodium distichum nutans. *Ait.*

CYPRÈS-CHAUVE ÉTALÉ.

Branches longuement étalées ou défléchies. Ramilles distantes, recouvertes, ainsi que les rameaux, d'une poussière glauque. Feuilles distantes, d'un vert blond ou glaucescent.

Taxodium distichum pendulum. *Carr.*

CYPRÈS-CHAUVE PENDANT.

Syn. : GLYPTOSTROBUS PENDULUS. *Endl.* — TAXODIUM SINENSE PENDULUM. *Loudon.*

Arbre assez délicat, d'une croissance lente, ne dépassant guère 8—12 mètres de hauteur. Branches irrégulières, étalées ou défléchies. Rameaux grêles, allongés, pendants, cylindriques, parfois flagelliformes, couverts d'une écorce gris-brun, glaucescente. Ramilles foliifères cylindriques, très-rapprochées, caduques, étalées, pendantes. Feuilles éparses, dressées-étalées, presque imbriquées, appliquées sur les ramilles, linéaires, planes, droites ou falciformes, longues de 6—10 millimètres, élargies à la base, légèrement canaliculées en dessus, arrondies en dessous, brusquement acuminées au sommet en une pointe scarieuse; celles de l'extrémité des ramilles, petites, squamiformes, couchées-appliquées.

Taxodium distichum pyramidatum. *Carr.*

CYPRÈS-CHAUVE PYRAMIDAL.

Tige droite, branches très-nombreuses, subdressées, courtes, excessivement ramifiées, formant une pyramide très-régulièrement conique. Feuilles linéaires, distiques, comme celles de l'espèce.

Taxodium distichum virgatum. *C. S.*

CYPRÈS-CHAUVE A RAMEAUX EFFILÉS.

Tige droite, élancée. Rameaux cylindriques, nombreux, allongés, dressés. Écorce d'un beau rouge-cinabre passant au brun clair. Ramules et ramilles très-allongés, droits. Ramilles foliifères longues, droites, légèrement étalées-dressées. Feuilles : les raméales excessivement petites, acuminées, de la couleur de l'écorce, appliquées, quelquefois pareilles à celles des ramilles; ces dernières, sessiles, décurrentes, linéaires-lancéolées, éparses, jamais distiques, très-légèrement canaliculées en dessus, longues de 8—10 millimètres, larges de 1 ½; beaucoup plus courtes au bas des ramilles, presque ovales; devenant de plus en plus courtes et presque aciculaires vers l'extrémité, brusquement terminées au sommet en un très-court et très-fin mucron, d'un beau vert de pré foncé de la plus belle nuance.

Variété vigoureuse et des plus remarquables par la couleur de ses feuilles et de l'écorce; obtenue dans nos cultures de graines provenant d'Amérique.

Taxodium Mexicanum. *Carr.*

CYPRÈS DE MONTÉZUMA.

Syn. : TAXODIUM PINNATUM. *Hort.*

Arbre colossal, atteignant dans certaines parties du Mexique jusqu'à 40 mètres de hauteur sur 5—10 mètres de diamètre, mais assez délicat dans nos cultures et d'une croissance lente, assez semblable par son port et son facies au *T. distichum*, avec lequel on a tort de le confondre. Ses feuilles persistent pendant deux ans, et lorsqu'elles tombent, c'est qu'elles ont été frappées par la gelée. Tige droite. Rameaux cylindriques, grêles, presque horizontalement étalés, couverts d'une écorce rouge cuivré, glaucescente, devenant gris-brun en vieillissant. Ramilles foliaires étalées, courtes. Feuilles distiques, linéaires, étroites, acuminées au sommet, longtemps persistantes, planes ou légèrement arrondies, vertes, finement canaliculées en dessus, glaucescentes et traversées au milieu par une fine carène en dessous, longues de 10—18 millimètres, sessiles, décurrentes ou portées sur un très-court pétiole rougeâtre, acuminées au sommet.

Taxodium mucronatum. *Tengre.*

TAXODIUM MUCRONÉ.

Rameaux étalés, courts, relativement gros, couverts d'une écorce gris de fer, ridée. Ramilles foliifères, très-courtes, grêles, étalées, souvent tombantes. Feuilles subdistiques, linéaires, très-rapprochées, très-petites, planes en dessus, arrondies et glaucescentes en dessous, traversées par une carène peu saillante, longues de 2-5 millimètres, terminées brusquement au sommet par un mucron court, recourbé, jaunâtre.

TAXUS. *Tournefort.* IF.

TAXINÉES.

Arbres ou arbustes toujours verts des régions tempérées et froides de l'hémisphère boréal, à rameaux épars et opposés, à feui les persistantes, décurrentes, anguleuses. Bourgeons écailleux, à écailles étroitement décussées, imbriquées. Feuilles linéaires-aiguës, alternes ou subdistiques, courtement péiiolées, uninervées, Graines nucamenteuses, subglobuleuses, au centre d'une enveloppe charnue. Maturation annuelle.

Taxus baccata. *L.*

IF COMMUN.

Feuilles linéaires, acuminées, subdistiques, coriaces, épaisses, luisantes, à peine réfléchies sur les bords, longues de 15—30 millimètres, larges de 2—3, d'un vert foncé en dessus, plus pâles en dessous et traversées par deux bandes glauques, droites ou légèrement falquées, subsessiles, courtement et brusquement acuminées au sommet en un mucronule obtus, plus rarement aigu.

Arbre atteignant quelquefois 12—20 mètres de hauteur sur 1 mètre et plus de diamètre, formant une pyramide conique, arrondie au sommet. Habite à peu près toutes les parties de l'Europe centrale, très-répandu dans les îles Britanniques. Espèce des plus rustiques, venant dans toute espèce de terrain. Bois excellent, très-dur, tenace, élastique, brun roux ou jaunâtre, recevant un beau poli.

Taxus baccata adpressa. *Carr.*

IF A FEUILLES PLANES.

Branches nombreuses, courtes, verticillées ou éparses. Rameaux et ramules rapprochés, souvent confus. Feuilles distiques, longues de 5—8 millimètres, larges d'environ 3—4, planes, obovales-obtuses, arrondies aux deux bouts, luisantes, très-courtement pétiolées, mutiques, ou courtement mucronulées. Fruits absolument semblables à ceux du type, reproduisant l'if commun.

Taxus adpressa stricta. *Hort.*

IF DRESSÉ A FEUILLES PLANES.

Branches courtes, subdressées. Feuilles à peu près semblables à celles du *T. baccata adpressa.* Cette sous-variété diffère de la variété typique, non-seulement par la position de

ses branches, mais encore par la propriété qu'ont celles-ci de pouvoir s'élever verticalement : de plus, elle s'élance très-vite, en formant une sorte de colonne pyramidale,
étroite.

Taxus baccata argentea. *Loud.*

IF A FEUILLES ARGENTÉES.

Branches subdressées, nombreuses. Feuilles très-rapprochées, panachées de blanc,
quelquefois toutes blanches.

Taxus baccata aurea. *Carr.*

IF A FEUILLES DORÉES.

Plante buissonneuse. Jeunes rameaux à écorce striée de jaune. Feuilles relativement
étroites, très-rapprochées, plus falciformes que dans l'espèce, panachées, marginées,
striées de jaune. Panachure constante.

Taxus baccata Cheshuntensis. *Gord.*

IF DE CHESHUNT.

Variété issue de l'if commun, ayant quelques rapports avec la variété *erecta ;* elle en
diffère par ses rameaux plus ténus, plus réguliers, en un mot par son ensemble, qui est
moins raide ; ses feuilles sont aussi plus serrées autour des branches.

Taxus baccata cuspidata. *Carr.*

IF A FEUILLES CUSPIDÉES.

Feuilles linéaires, falciformes, épaisses, coriaces, d'un vert sombre, comme canaliculées
en dessus, concaves en dessous et d'un vert clair, bien qu'intense, épaissies, réfléchies
sur les bords, qui sont d'un vert foncé, très-brusquement et courtement terminées au
sommet par un mucron aigu, raide, très-piquant, noirâtre. Cette variété habite le
Japon.

Taxus baccata columnaris aurea. *Carr.*

IF PYRAMIDAL DORÉ.

Branches très-nombreuses, allongées, dressées. Feuilles étroites, souvent subfalquées,
marginées de jaune d'or. Cette variété diffère par sa forme en colonne très-étroite et
compacte de la variété dorée.

Taxus baccata Dovastonii. *Loud.*

IF PARASOL.

Syn. : CEPHALOTAXUS UMBRACULIFERA. *Sieb.*

Feuilles éparses ou subdistiques, subfalquées, nombreuses, portées sur un très-court
pétiole à peine décurrent, longues de 20—35 millimètres, larges d'environ 3, d'un vert
foncé en dessus, traversées longitudinalement par une nervure saillante et étroite, d'un
vert pâle en dessous, glaucescentes, brusquement terminées par un mucron court, aigu
ou obtus.
Tige dressée. Branches verticillées, horizontalement étalées, réfléchies à l'extrémité.

Cette jolie variété pouvant atteindre 5 à 10 mètres, est la plus gracieuse et la plus élégante du genre.

Habite le nord de la Chine et le Japon. Très-rustique.

Taxus Dovastonii aurea. *Hort.*

IF PARASOL DORÉ.

Cette jolie variété dont les feuilles sont panachées comme celles de la variété *T. baccata aurea*, en est cependant tout à fait distincte par la forme de ses rameaux, pendants comme ceux du *T. Dovastonii.*

Taxus baccata elegantissima. *Hort.*

IF ÉLÉGANT.

Arbrisseau pyramidal, de forme conique, large, compacte. Branches et rameaux dressés. Feuilles très-rapprochées, dressées, subfalquées, toutes bordées d'un jaune pâle.

Taxus baccata erecta. *Loud.*

IF A RAMEAUX DRESSÉS.

Arbre ou arbrisseau de forme pyramidale. Branches nombreuses, obliquement dressées, à rameaux effilés, dressés. Feuilles nombreuses, moins longues et moins larges que celles de l'espèce, d'un vert très-foncé, ordinairement éparses.

Taxus baccata ericoides. *Corr.*

IF A FEUILLES DE BRUYÈRE.

Arbuste nain, très-touffu. Rameaux grêles, courts, dressés. Feuilles en général falquées, assez longues, très-étroites, longuement acuminées, pointues au sommet.

Taxus baccata fastigiata. *Loud.*

IF FASTIGIÉ.

Syn. : TAXUS HYBERNICA. *Hook.*

Branches très-nombreuses, très-rapprochées, strictement et verticalement dressées, peu ramifiées, courtes, formant une pyramide ou plutôt une colonne très-étroite, et compacte. Feuilles éparses, jamais distiques, longues de 15—25 millimètres, larges de 2—4, droites ou légèrement falquées, révolutées, courtement pétiolées, d'un vert sombre en dessus, atténuées, obtuses au sommet.

Arbre s'élevant à 5—7 mètres, très-remarquable par sa forme. Très-rustique.

Taxus baccata fastigiata argentea. *Hort.*

IF PYRAMIDAL ARGENTÉ.

Très-belle variété pyramidale, à feuilles panachées de blanc, moins vigoureuse et plus délicate que la précédente.

Taxus baccata fastigiata aurea. *C. S.*

IF PYRAMIDAL DORÉ.

Feuilles bordées d'un beau jaune d'or; panachure très-constante. Rameaux dressés. Ramules courts, étalés, divergents; le tout dressé en une pyramide irrégulière très-touffue.

Taxus baccata fructu luteo. *Loud.*

IF A FRUIT JAUNE.

Semblable à l'espèce par le port, cette variété s'en distingue nettement par ses fruits d'un beau jaune clair, transparent.

Taxus baccata horizontalis. *Knight.*

IF HORIZONTAL.

Branches verticillées, horizontalement étalées, à verticilles distants. Feuilles distiques, distantes, longues de 2 – 3 centimètres, larges d'environ 4 millimètres, falquées, révolutées, coriaces, carénées en des-us.
Variété très-remarquable, et bien distincte du *T. Dovastonii.*

Taxus baccata imperialis. *Hort.*

IF IMPÉRIAL.

Variété vigoureuse, à rameaux dressés. Feuilles distantes, falquées, plus longues que dans l'espèce.

Taxus baccata linearis. *Hort.*

IF A FEUILLES LINÉAIRES.

Feuilles linéaires, subfalquées, longues de 20—35 millimètres, larges de 2, portées sur un fin pétiole, longuement décurrentes, d'un vert foncé en dessus, parcourues d'une nervure saillante au milieu d'un léger sillon, révolutées sur les bords, concaves en dessous, d'un vert jaunâtre, traversées par une légère nervure, terminées au sommet par un fin mucron aigu. Branches allongées, ténues, étalées.

Taxus baccata macrocarpa. *Baum.*

IF A GROS FRUITS.

Variété ressemblant à l'espèce, mais distincte par ses fruits beaucoup plus gros.

Taxus baccata monstrosa. *Hort.*

IF MONSTRUEUX.

Arbuste nain. Branches assez fortes, courtes, dressées, d'inégale longueur, disposées en flèches verticales. Feuilles très-petites.

Taxus baccata nana. *Knight.*

IF NAIN.

Arbrisseau très-nain, buissonneux. Feuilles très-petites, très-courtes, parfois subovales-elliptiques, droites, très-rarement falquées.

Taxus baccata Nassiniana. *Hort.*

IF DE NASSINI.

Feuilles linéaires, subfalquées, subdistiques, portées sur un très-court pétiole, à peine décurrentes, longues de 15—20 millimètres, larges d'environ 3, traversées en dessus d'une légère nervure médiane, d'un vert foncé glaucescent, légèrement révolutées, planes ou faiblement concaves en dessous, glauques et partagées par une très-fine nervure.

Taxus baccata pyramidalis. *Carr.*

IF PYRAMIDAL.

Branches dressées, nombreuses, formant une pyramide compacte, conique.

Taxus baccata recurvata. *Carr.*

IF A FEUILLES RÉCURVÉES.

Branches étalées, divariquées, allongées, peu ramifiées. Feuilles longuement récurvées, longues et étroites, falquées, contournées, révolutées.

Taxus Boursierii. *Carr.*

IF DE BOURSIER.

Syn. : TAXUS LINDLEYANA. *Lawson.*

Feuilles distiques, planes, étroites, longues de 15—20 millimètres, larges de 2—3, linéaires, droites ou très-légèrement falquées, d'un vert foncé en dessus, traversées par une nervure saillante, un peu révolutées, concaves et d'un vert jaunâtre glaucescent en dessous, avec une fine nervure verte au milieu, très-étalées et même parfois un peu défléchies, portées sur un fin pétiole décurrent, long de 2 millimètres, brusquement terminées au sommet par un court mucron aigu. Tige élancée, droite. Branches verticillées, horizontales, relativement grêles.

Bel arbre atteignant 10—15 mètres de hauteur et 50—80 centimètres de diamètre, d'une croissance rapide et de dimensions plus grandes que ses congénères européens ; il naît à l'ombre d'arbres très-élevés, même dans les sols les plus stériles, là où aucun autre arbre ne pourrait prospérer. Découvert en 1854 par M. Boursier de la Rivière, dans la haute Californie, et introduit vers 1860. Rustique. Bois d'excellente qualité, très-élastique.

Taxus Canadensis. *Willdenow.*

IF DU CANADA.

Feuilles linéaires, légèrement falquées, cuspidées, lâches, un peu révolutées sur les bords, étalées, très-distantes, éparses, subdistiques par renversement, légèrement recourbées, longues de 15—25 millimètres, larges de 3, d'un vert pâle, très-courtement pétiolées, très-brusquement rétrécies au sommet et terminées par un très-petit mucronule aigu. Branches et rameaux grêles, lâches, peu nombreux, épars, étalés, subdressés, un peu réfléchis à l'extrémité. Fruit beaucoup plus petit que celui du *T. Baccata* et d'un rouge plus pâle.

Arbuste buissonneux, un peu grêle, s'élevant à 1 mètre 1 mètre 50 centimètres. Habite dans l'Amérique boréale, depuis le Canada, jusqu'au fleuve Columbia. Introduit en 1818. Rustique.

Taxus Canadensis aurea. *C. S.*

IF DU CANADA A FEUILLES DORÉES.

Très-joli arbrisseau, très-nain, de forme conique, obtenu dans nos cultures de graines d'un *T. Canadensis*, fécondées par le *T. Baccata aurea*. Rameaux très-nombreux, érigés, courts, effilés. Ramilles étalées, très-courtes. Feuilles très-petites, très-rapprochées, bordées d'un jaune d'or passant au jaune pâle.

Taxus Canadensis carnea. *Hort.*

IF DU CANADA A FRUITS COULEUR DE CHAIR.

Variété ressemblant au type, mais dont les fruits sont d'un jaune-rosé pâle.

Taxus Canadensis variegata. *Carr.*

IF DU CANADA PANACHÉ.

Variété distincte par ses feuilles panachées de jaune.

THUIA. *L.*

CUPRESSINÉES-THUIOPSIDÉES.

Strobiles à écailles coriaces. Graines 2, comprimées, à deux ailes. Feuilles squamiformes, persistantes. Maturation annuelle.

Arbres ou arbrisseaux originaires de l'Amérique septentrionale. Rameaux et ramules distiques, anguleux, articulés.

Thuia Antarctica. *J. E. Nelson.*

THUIA ANTARCTIQUE.

Buisson étalé, touffu, épais, de 70 centimètres à 1 mètre 50 centimètres. Rameaux courts, tortueux, scabres par la persistance des feuilles raméales marcescentes. Ramules et ramilles distiques, très-nombreux, comprimés, très-courts. Feuilles imbriquées sur 4 rangs, squamiformes, comprimées, plus ou moins appliquées ; les faciales plus courtes. plus étroites ; les latérales plus longues, naviculaires, carénées, accuminées-aiguës au sommet ; toutes d'un vert glaucescent.

Espèce très-ornementale et très-rustique. Habite les régions antarctiques.

Thuia Californica *C. S.*

THUIA DE CALIFORNIE.

Feuilles raméales distantes, décussées, épaisses, coriaces, adnées, promptement marcescentes, longues de 6—7 millimètres; les faciales plus courtes, munies près du sommet, d'une grosse glande transparente, arrondie, jaunâtre, larges de la base au sommet; les latérales fortement carénées-aiguës sur le dos, brusquement rétrécies à l'extrémité et terminées par un mucron aigu, piquant; celles des ramilles squamiformes, courtement ovales, adnées, apprimées, strictement imbriquées-décussées; les faciales plus courtes, plus petites; les latérales fortement carénées, obtuses, d'un beau vert velouté glaucescent en dessous; ramules et ramilles distiques, étalés, comprimés. Rameaux très-nombreux, dressés en pyramide conique, touffue et très-compacte. Strobiles ovoïdes, allongés, d'un jaune-pâle, longs de 10—12 millimètres, larges de 5, disposés sur de très-courtes ramilles, composés de 6—8 écailles valvaires, dont 2—3 centrales plus étroites, toutes fortement soudées entre elles, coriaces, largement concaves et contenant chacune 1—2 graines, les centrales et les 2 extérieures vides. Graines longues de 4—5 millimètres, ovales-allongées, roux-clair, entourées d'une aile mince échancrée aux deux bouts.

Arbre très-vigoureux et très-rustique, très-distinct par son port pyramidal, et ses formes, des autres espèces. Introduit directement de Californie dans notre établissement, en 1847.

Thuia Caucasica. *Hort.*

THUIA DU CAUCASE.

Arbre de 7—10 mètres, de forme conique très-dense. Rameaux courts, assez gros, robustes, étalés, à écorce rousse ou roussâtre. Ramilles courtes, distiques, un peu comprimées. Feuilles squamiformes, imbriquées-décussées, d'un très-beau vert.

Thuia gigantea. *Nuttal.*

THUIA GIGANTESQUE.

Très-grand arbre atteignant 30-40 mètres et plus de hauteur, sur 3—4 de diamètre. Branches dressées-étalées, rapprochées, éparses. Ramules et ramilles nombreux, très-comprimés. Feuilles fortement appliquées; les raméales très-petites, distantes, opposées, aciculaires, longues de 3—5 millimètres, rougeâtres, largement décurrentes; celles des ramilles, acuminées, opposées-décussées, strictement imbriquées, d'un beau vert parfois glaucescent. Strobiles solitaires à l'extrémité de courtes ramilles, longs de 20—25 millimètres, larges de 5—6, renflés à la base, comprimés et recourbés vers le sommet, composés de deux sortes d'écailles valvaires : les inférieures, placées à la base du cône où elles forment une sorte d'involucre caliciforme avec celles de l'extrémité des ramilles fructifères, sont très-petites, larges à la base, épaisses, dures, étalées, mucronées au sommet, aiguës; les supérieures, au nombre de 3—5, formant pour ainsi dire tout le strobile, sont de deux sortes; les deux extérieures, de toute la longueur du strobile, arrondies en dehors, concaves en dedans, charnues, épaisses, coriaces, fortement appliquées sur les bords, d'un bronze orangé, finement rayées et granulées, terminées au sommet par un court mucron réfléchi, piquant; les valves extérieures contenant chacune 5 graines; les valves intérieures étroitement soudées, adhérentes, établissant dans toute la largeur du strobile une sorte de cloison solide, paraissant formée d'une seule pièce. Graines molles, comprimées, longues de 20—25 millimètres y compris l'aile, larges de 8—10, à aile ellipsoïde, jaune pâle ou blanchâtre, opaque, élargie vers le sommet, où elle est presque transparente, entourant la graine, excepté à sa partie inférieure, où elle est soudée à l'écaille.

Habite diverses parties de l'Amérique boréale. Il croît abondamment sur les bords de la rivière Columbia et du détroit de Nootka, sur les hautes montagnes de la Californie, à une altitude de 1500 mètres, sur des terrains sablonneux. Bois blanc et dur, d'excellente qualité.

Introduit en 1854. Très-rustique.

Thuia Lobbii. *Hort.*

THUIA DE LOBB.

Syn. : THUIA MENZIESII. *Carr.*

Tige droite, élancée. Branches éparses, horizontalement étalées, quelquefois un peu dressées. Ramules et ramilles distiques, étalées-dressées, comprimées. Feuilles raméales, opposées-décussées, distantes, élargies par le bas, longuement décurrentes, portant sur le dos une glande peu saillante, fortement appliquées, acuminées-aiguës au sommet ; celles des ramules et des ramilles très-rapprochées, opposées-décussées, imbriquées, adnées-décurrentes, ovales-arrondies, comprimées, courtement acuminées au sommet, en général dépourvues de glandes, d'un beau vert glacé et luisant. Strobiles petits, ovoïdes, atténués aux deux extrémités, longs de 10—12 millimètres, larges de 4—5, à écailles valvaires ovales, jaunâtres, imbriquées-opposées, fortement appliquées et comme soudées, brusquement terminées au sommet par un court mucron marcescent, recourbé. Graines petites, ovales, comprimées, 1 sous chaque écaille.

Grand arbre très-vigoureux, d'un port gracieux, s'élevant à 20—30 mètres et plus en forme de large pyramide. Habite les côtes de l'Amérique nord-ouest et de la Californie où il a été découvert par Douglas.

Bois d'excellente qualité, prenant un beau poli, fortement odorant. Espèce très-rustique. Nous l'avons apportée d'Angleterre en 1855.

Thuia Lobbii aurea. *C. S.*

THUIA DE LOBB DORÉ.

Plante touffue, compacte, très-remarquable par ses feuilles panachées et bordées d'un beau jaune d'or.
Obtenue dans nos semis.

Thuia Lobbii fastigiata. *C. S.*

THUIA DE LOBB PYRAMIDAL.

Belle variété de forme pyramidale. Branches érigées. Rameaux gros, dressés. Aussi vigoureuse que l'espèce.

Thuia Occidentalis. *L.*

THUIA D'OCCIDENT.

Feuilles squamiformes, comprimées, courtement ovales, larges, obtuses, fortement imbriquées ; les faciales plus courtes, munies d'une glande ovale ; les marginales arrondies-carénées sur le dos, toutes d'un beau vert-jaunâtre, luisant. Branches nombreuses, dressées ou subdressées, courtes. Ramules et ramilles très-rapprochés, comprimés. Strobiles dressés à l'extrémité de très-courtes ramilles, longs de 10—15 millimètres, larges de 5—6, fusiformes, élargis au milieu, un peu recourbés, atténués aux deux bouts, surtout au sommet, qui est obtus, composés de 8—10 écailles valvaires, dont 4 centrales très-étroites. Graines longues d'environ 6 millimètres, à peine larges de 2, très-comprimées, légèrement bombées au milieu, entourées d'une aile très-mince, scarieuse, échancrée aux deux extrémités.

Thuia Occidentalis albo-variegata. *C. S.*

THUIA D'OCCIDENT PANACHÉ DE BLANC.

Superbe variété très-vigoureuse, à larges panachures d'un blanc jaunâtre, très-constantes et très-remarquables. Obtenue dans nos semis.

Thuia Occidentalis argentea. *Carr.*

THUIA D'OCCIDENT ARGENTÉ.

Plante très-délicate atteignant à peine 1 mètre de hauteur, très-remarquable par la panachure argentée de ses feuilles.

Thuia Occidentalis asplenifolia. *Hort.*

THUIA D'OCCIDENT A FEUILLES DE FOUGÈRE.

Arbre vigoureux. Tronc droit. Rameaux distants, allongés, très-étalés, retombants en larges palmes verticalement étalées. Ramules et ramilles distiques, alternes, élargis, fortement comprimés, promptement caduques et laissant ainsi la partie inférieure des rameaux dénudée, ce qui lui donne un aspect singulier.

Feuilles squamiformes, ovales, imbriquées-décussées, adnées, faiblement acuminées an sommet; les faciales très-petites; les marginales fortement carénées-obtuses en dehors, toutes d'un vert pâle.

Cette variété très-remarquable est très-distincte du *T. Occ. pendula,* par la forme et la disposition de ses rameaux pendants.

Thuia Occidentalis aurea. *Hort.*

THUIA D'OCCIDENT DORÉ.

Variété naine et délicate. Rameaux rares et étalés. Ramilles et feuilles panachées d'un beau jaune d'or.

Thuia Occidentalis compacta. *Carr.*

THUIA D'OCCIDENT NAIN.

Arbuste pyramidal dépassant à peine 1 mètre de hauteur en colonne compacte, arrondie. Tige droite. Branches étalées, très-rapprochées, courtes. Ramilles flabelliformes, assez grosses, courtes, diffuses.

Thuia Occidentalis cristata. *Hort.*

THUIA D'OCCIDENT A RAMEAUX CRISPÉS.

Rameaux horizontalement étalés, courts, retombants, disposés en zigzags, d'une articulation à l'autre. Ramules et ramilles distiques, déliés, comprimés, recourbés, courtement flabelliformes. Feuilles squamiformes acuminées, obtuses, opposées, étroitement imbriquées, adnées, d'un vert foncé brillant en dessus, d'un vert jaunâtre mat en dessous. Variété naine, un peu pyramidale.

Thuia Occidentalis ensata. *C. S.*

THUIA D'OCCIDENT HÉTÉROPHYLLE.

Variété des plus étranges et des plus remarquables, assez vigoureuse, obtenue dans nos semis de *T. Occidentalis,* ayant beaucoup de ressemblance au premier aspect avec le *Biota Arthrotaxoïdes, Carr.* Branches et rameaux dressés, sinueux, en forme *d'épée flamboyante.* Ramules et ramilles diffus, allongés, étalés, retombants, sinueux, arrondis ou déprimés. Feuilles squamiformes, ovales, strictement imbriquées, décussées, très-élargies ou très-étroites, obtuses, souvent très-largement carénées en dehors. Des plus rustiques.

Thuia Occidentalis fastigiata. *C. S.*

THUIA D'OCCIDENT PYRAMIDAL.

Branches très-nombreuses, dressées en pyramide conique, compacte et très-touffue. Ramules et ramilles dressés. Variété vigoureuse, obtenue dans nos semis.

Thuia Occidentalis nana. *Carr.*

THUIA D'OCCIDENT NAIN.

Variété très-naine, disposée en buisson, étalé, touffu, très-compacte.

Thuia Occidentalis nana monstrosa. *David.*

THUIA D'OCCIDENT MONSTRUEUX.

Rameaux dressés, courts, comprimés, rudes par la persistance des feuilles raméales marcescentes. Ramules et ramilles courts, étalés, divariqués, contournés. Feuilles squamiformes, ovales, strictement imbriquées, décussées, largement décurrentes, anguleuses; les marginales carénées, obtuses; les faciales plus courtes, acuminées au sommet. Arbrisseau nain, très-touffu.

Thuia Occidentalis pendula. *David.*

THUIA D'OCCIDENT PENDANT.

Rameaux dressés, allongés, puis réclinés et franchement pendants. Ramules et ramilles distiques, pendants.
Variété nouvelle, des plus remarquables.

Thuia Occidentalis tota aurea. *Veitch,*

THUIA D'OCCIDENT TOUT DORÉ.

Le plus beau des Thuias panachés. Ramules et ramilles tout couverts, d'un très-beau jaune d'or. Cette jolie plante est assez délicate; elle craint un peu le froid et l'exposition en plein soleil.

Thuia Occidentalis variegata. *Hort.*

THUIA D'OCCIDENT PANACHÉ.

Variété plus petite et plus délicate que l'espèce, dont elle se distingue par la panachure jaune pâle de ses feuilles et de ses jeunes rameaux.

Thuia Occidentalis Vervæneana. *Hort.*

THUIA D'OCCIDENT DE VERVAÈNE.

Cette variété a le port, la forme et la vigueur de l'espèce, dont elle se distingue seulement par la teinte jaune doré de ses ramules et de ses feuilles dans leur partie supérieure; la partie inférieure est d'un vert pâle ou glaucescent. Panachure très-constante.

Thuia plicata. *Don.*

THUIA A RAMEAUX EN ÉVENTAIL.

Feuilles squamiformes, opposées, décussées, imbriquées sur 4 rangs, les faciales planes, obtuses, presque toutes munies d'une glande très-visible ; les marginales naviculaires, carénées, fortement appliquées-décurrentes, largement ovales-aiguës, toutes d'un beau vert foncé, luisant en dessus, d'un vert pâle mat en dessous. Arbre de moyenne grandeur, s'élevant à 8—10 mètres. Branches éparses, étalées, parfois subdressées. Rameaux comprimés, disposés en large éventail, formant ensemble une pyramide étalée à la base.
Habite le nord-ouest de l'Amérique boréale. Introduit en 1796. Très-rustique.

Thuia plicata nana. *David.*

THUIA EN ÉVENTAIL NAIN.

Variété du *T. Plicata* tout à fait naine. Ramules très-comprimés, très-étalés, d'un vert foncé brillant. Glandes dorsales très-visibles.

Thuia prostrata. *Veitch.*

THUIA COUCHÉ.

Rameaux grêles, très-étalés. Ramules fortement comprimés, étalés, recourbés. Feuilles étroitement imbriquées-décussées, acuminées, apprimées, décurrentes, concaves en dedans, fortement carénées en dehors, longues de 3—4 millimètres, recourbées et aiguës au sommet, beaucoup plus petites à l'extrémité des ramilles, d'un beau vert d'œillet glaucescent. Petit arbrisseau récemment introduit du Japon par M. Veitch. Rustique.

Thuia pygmæa. *Veitch.*

THUIA PYGMÉE.

Arbuste très-nain, ressemblant beaucoup, au premier abord, au Retinospora obtusa nana ; mais il en diffère beaucoup par ses ramules plus érigés, plus grêles et par ses feuilles adnées, largement décurrentes, assez distantes, opposées, décussées, terminées au sommet par un mucron obtus, arrondies sur les bords, d'un vert foncé luisant. Du Japon. Introduit récemment par M. Veitch. Rustique.

Thuia recurva nana. *Hort. Belg.*

THUIA RECOURBÉ NAIN.

Arbrisseau nain, arrondi. Rameaux distants, étalés. Ramules et ramilles étroits, comprimés, étalés, recourbés en dedans. Feuilles très-petites, squamiformes, apprimées, ovales, opposées, strictement imbriquées, acuminées, décurrentes, les faciales arrondies, les marginales carénées sur le dos.

Thuia Sibirica. *L.*

THUIA DE SIBÉRIE.

Syn. : THUIA WAREANA. *Hort.*

Arbre de 8—10 mètres de hauteur, dressé en pyramide élargie à la base. Ramules et ramilles fortement comprimés, horizontalement étalés. Feuilles squamiformes, opposées,

décussées, adnées, imbriquées sur 4 rangs; les faciales presque rhomboïdales, légèrement carénées, portant une glande au sommet; les marginales très-larges, ovales-arrondies, fortement carénées, terminées au sommet par une petite pointe.

Habite la Sibérie. Espèce très-rustique et très-belle, ayant beaucoup de rapports avec
le *T. Plicata.*

THUIOPSIS. *Sieboldt et Zuccarini.*

Strobiles à écailles imbriquées, ligneuses. Graines 5, comprimées à 2 ailes.
Feuilles persistantes, squamiformes, opposées, plus rarement ternées.

Thuiopsis dolabrata. *Sieb. et Zucc.*

THUIOPSIS DOLABRIFORME.

Arbre élevé à tronc épais. Branches verticillées, très-étalées, plus rarement dressées,
parfois déclinées, éparses. Ramules et ramilles distiques, comprimés, largement ailés
par la disposition des feuilles. Feuilles squamiformes, décussées, densément imbriquées
sur 4 rangs, adnées-décurrentes, élargies à la base, de forme variable ; celles des côtés,
naviculaires, écartées, pointues au sommet, fortement appliquées, ovales, obtuses à la
partie supérieure du rameau, de là apprimées et à peine visibles à la face inférieure qui
est marquée de deux sillons creux, glauques.

Strobiles subglobuleux, à 8—10 valves ligneuses, brunes, larges, cunéiformes, concaves, suborbiculaires, réfléchies au sommet. Graines 5, orbiculaires, comprimées, ailées,
marginées.

Arbre de la plus grande élégance, atteignant 20—30 mètres de hauteur, sur 1 mètre à
1 mètre 50 centimètres de diamètre, à branches longuement étalées. Habite diverses
parties du Japon, principalement l'île Nippon, les vallées humides de la chaîne Hakone.
Introduit à Leyde, en 1853. Bois rougeâtre et très-dur. Espèce très-rustique.

Thuiopsis dolabrata latifolia. *Veitch.*

THUIOPSIS DOLABRIFORME A LARGES FEUILLES.

Belle variété du précédent à ramilles et feuilles beaucoup plus larges et plus épaisses;
très-vigoureuse et très-rustique.

Thuiopsis dolabrata variegata. *Fortune.*

THUIOPSIS DOLABRIFORME PANACHÉ.

Cette variété se distingue par la panachure blanche ou jaunâtre de ses rameaux et de
ses feuilles ; elle est très-vigoureuse et très-rustique. Panachure très-constante. Introduit
des jardins de Yeddo, en 1861, par M. Fortune.

Thuiopsis læte-virens. *Lindley.*

THUIOPSIS D'UN VERT GAI.

Tige droite. Branches étalées, subdressées, courtes. Rameaux et ramules distiques,
nombreux, très-comprimés. Feuilles squamiformes, petites ; les faciales supérieures ovales, les latérales pliées, embrassantes ; toutes obtuses, convexes en dessous, et marquées

dans la concavité d'une ligne glauque-argentée, très-denses sur les ramilles, et d'un beau vert brillant.

Plante charmante et des plus élégantes, très-ramifiée, à peu près semblable au *Th. dolabrata*, mais avec des dimensions moindres. Habite la Chine, d'où il a été introduit en 1861. Très-rustique.

Thuiopsis Standishi. *Gordon.*

THUIOPSIS DE STANDISH.

Feuilles squamiformes, ovales, acuminées, obtuses, épaisses, strictement imbriquées sur 4 rangs, couvrant les ramules et les ramilles dans toute leur longueur; les marginales strictement apprimées, carénées, adnées, décurrentes; les faciales un peu arrondies, légèrement recourbées et pointues au sommet, d'un beau vert lustré en dessus; planes, subcarénées et d'un beau vert pâle en dessous. Rameaux alternes, distants, étalés, réclinés, retombants. Ramilles très-nombreuses, pendantes.

Bel arbre du Japon, ressemblant au premier aspect à un *T. dolabrata*, dont il diffère entièrement par ses rameaux plus ténus, allongés, pendants et par la forme de ses feuilles. Introduit en 1861, par M. Fortune, en Angleterre.

Espèce vigoureuse et très-rustique.

TORREYA. *Arnott.*

TAXINÉES.

Feuilles linéaires, persistantes. Graines drupacées, légèrement ovoïdes, accompagnées à la base d'une sorte de cupule formée d'écailles épaisses, imbriquées. Albumen ruminé.

Torreya grandis. *Fortune.*

TORREYA ÉLEVÉ.

Feuilles lancéolées-linéaires-aciculaires, alternes sur la tige, subopposées sur les ramules et les ramilles, raides, épaisses, coriaces, droites, longues de 25—30 millimètres, larges de 3—4, sessiles ou portées sur un très-court pétiole tordu, rougeâtre, longuement décurrent, atténuées au sommet en une pointe filiforme, rougeâtre, scarieuse, très-piquante, arrondies et subcarénées, vertes en dessus, parcourues en dessous de chaque côté d'une étroite carène de larges bandes glaucescentes, jaunâtres, bordées d'une ligne verte.

Arbre de moyenne grandeur. Tige droite, courte, raide. Branches verticillées, étalées. Habite les montagnes du nord de la Chine. Bois jaunâtre. Introduit vers 1858. Très-rustique.

Torreya myristica. *Hooker fils.*

MUSCADIER DE CALIFORNIE.

Feuilles longues de 3—5 centimètres ou plus, distiques ou subdistiques, planes ou très-légèrement convexes, lancéolées-linéaires, légèrement falquées, coriaces, d'un vert gai à la face supérieure, un peu plus pâle à la face inférieure, et un peu concaves de chaque côté de la carène, subsessiles, ou très-courtement pétiolées, acuminées au sommet en nn mucron court, aigu. Fruits drupacés, elliptiques, arrondis aux deux bouts, longs de 3—4 centimètres, lisses, d'un vert herbacé, puis un peu jaunâtres.

Arbre atteignant 8—15 mètres de hauteur, à écorce gris-brun-cendré, fendillée, recouverte d'une pellicule jaunâtre qui se détache en lames très-minces. Bois jaunâtre. Branches verticillées, étalées, plus rarement ascendantes. Rameaux et ramules distiques.

Habite, dans la Californie, les montagnes de la Sierra-Nevada. Introduit en 1831. Espèce très-belle, vigoureuse et très-rustique.

Torreya nucifera. *Sieb. et Zucc.*

TORREYA NUCIFÈRE.

Feuilles subopposées, distiques, souvent légèrement récurvées, droites ou subfalquées, linéaires, cuspidées, raides, coriaces, épaisses, convexes en dessus, portant près des bords et de chaque côté de la convexité un sillon peu profond, qui disparait en partie vers la moitié ou les deux tiers de la feuille, luisantes et d'un vert foncé, plus pâles en dessous, planes ou à peine épaissies vers le milieu, qui est vert ainsi que les bords, et marquées de chaque côté d'une bande glaucescente, très-courtement rétrécies à la base en un pétiole d'à peine 2 millimètres, cylindrique, puis longuement décurrent et élargi sur les rameaux, brusquement rétrécies au sommet et terminées par un mucron court, aigu, plus rarement obtus. Écorce verte, luisante, chagrinée, devenant ensuite rouge cuivré. Fruits ovoïdes ou ovales-oblongs à tissu charnu, d'un vert herbacé, très-lisses, luisants, longs de 15—18 millimètres, larges de 12, légèrement atténués, apiculés au sommet.

Arbre de 8—10 mètres de hauteur. Branches très-nombreuses, verticillées, dressées, les plus petites parfois alternes ou éparses. Ramules distiques, étalés.

Habite au Japon, dans les montagnes des îles Nippon et Sikok. Cultivé presque partout pour ses noix comestibles. Nous possédons un pied déjà assez fort qui, cette année (1867), a porté des fleurs mâles et des fleurs femelles; ces dernières ont fructifié, et nous font espérer d'obtenir des semences fertiles.

Introduit en 1818. Très-rustique.

Torreya Taxifolia. *Arnott.*

TORREYA A FEUILLES D'IF.

Feuilles distiques par renversement, subopposées sur les ramules et les ramilles distiques; les caulinaires alternes, étalées ou réfléchies, longues de 25—35 millimètres, larges d'environ 3, souvent légèrement falquées, épaisses, coriaces, raides, d'un beau vert herbacé luisant, arrondies, convexes en dessus sur le milieu, à peine sillonnées sur les bords, un peu concaves en dessous et d'un vert pâle, marquées de chaque côté du milieu d'une ligne, étroite glaucescente, brusquement rétrécies à la base en un pétiole d'environ 1 millimètre, cylindrique, puis dilaté et longuement décurrent; acuminées et terminées au sommet en un mucron scarieux, très-aigu, plus fin et plus allongé que dans les autres espèces. Fruit drupacé, ovale-elliptique ou subovale, long de 25 millimètres, large d'environ 18, sensiblement atténué à la base, arrondi et rétréci vers le sommet en une sorte d'apicule court, obtus.

Arbre de 14—16 mètres de hauteur et de 50 centimètres de diamètre, à écorce fendillée, brunâtre. Branches nombreuses, verticillées-étalées. Rameaux et ramules étalés, subdistiques.

Habite dans la partie centrale de la Floride entre les rochers calcaires, sur le rivage oriental des Apalaches, vers le confluent des fleuves Flint et Chatahuchi, et près de Flat-Creek. Introduit vers 1840. Très-rustique.

WELLINGTONIA. *Lindley*.

SÉQUOIÉES VRAIES.

Feuilles persistantes, éparses, acinaciformes, *jamais planes ni distiques*, charnues, raides, un peu comprimées latéralement, aciculaires, acuminées au sommet en une pointe grosse, obtuse. Maturation bisannuelle.

Wellingtonia gigantea. *Lindley.*

WELLINGTONIA GIGANTESQUE.

Syn. : SEQUOIA GIGANTEA. *Endl.* — WASINGTONIA GIGANTEA. *Winslow.* — GIGANTABIES WELLINGTONIANA, *J. E. Nelson.*

ARBRE MAMMOUTH (AMÉRIQUE).

Feuilles alternes, charnues, aciculaires, sessiles, élargies à la base et longuement décurrentes, raides, coriaces, étalées et terminées au sommet en une pointe aiguë, très-piquante ; celles des branches et des rameaux, appliquées, épaisses, arrondies en dehors, à peine concaves en dedans, d'un beau vert foncé glaucescent sur toutes les faces, longues de 7—10 centimètres ; celles des ramilles beaucoup plus courtes, presque subulées, très-rapprochées et étroitement imbriquées. Cônes solitaires au sommet des ramilles, souvent réunis en quantité plus ou moins grande sur un gros rameau court, dressés la première année, pendants la deuxième, atteignant 4—5 centimètres de longueur sur environ 3 de largeur, ovales, légèrement atténués aux deux extrémités, mais principalement au sommet, qui est très-largement obtus et comme tronqué-déprimé.

Écailles cunéiformes, insérées presque à angle droit sur l'axe du strobile. Graines 3—5 sous chaque écaille, comprimées, semblables à celles du *Sequoia sempervirens*, mais de dimensions plus grosses, et différant surtout par leur maturation bisannuelle.

Arbre toujours vert, vraiment majestueux et gigantesque, atteignant 100 mètres et plus de hauteur sur un diamètre de 12—15 mètres. Branches éparses, horizontalement étalées. Ramules et ramilles cylindriques. Bois blanc, à écorce solide, très-épaisse. Le tronc des Wellingtonia, parvenu à leur entier accroissement, présente une tige dépourvue de branches, jusqu'à 70 mètres de haut, formant une colonne très-droite, couronnée au sommet par une immense pyramide très-touffue, d'un aspect saisissant.

Aucun autre arbre résineux ne peut entrer en comparaison avec ce colosse végétal. Il supporte facilement la rigueur de nos hivers, planté sur nos montagnes à plus de 1100 mètres d'altitude supra-marine ; il réussit également dans les sols secs et sablonneux suffisamment profonds et dans les terrains frais et légèrement humides, mais il se refuse entièrement aux terres calcaires et à l'humidité stagnante.

Il forme une large pyramide terminée par une flèche vigoureuse atteignant souvent la longueur d'un mètre. Nous croyons donc avec certitude que le Wellingtonia pourra entrer avantageusement dans les boisements forestiers, comme dans nos parcs, dont il est déjà un des principaux ornements.

Découvert récemment sur les cimes élevées des montagnes neigeuses de la Californie, par 38 degrés de latitude boréale, et environ 1500 mètres d'élévation supra-marine. Introduit en 1853. Très-rustique.

Wellingtonia gigantea aurea. *C. S.*

WELLINGTONIA GIGANTESQUE PANACHÉ DORÉ.

Belle variété trouvée dans nos cultures et fixée par la greffe. Feuilles très-courtes, distantes, panachées d'un beau jaune d'or.

Wellingtonia gigantea glauca. *C. S.*

WELLINGTONIA GIGANTESQUE GLAUQUE.

Variété très-remarquable par la couleur de ses feuilles recouvertes d'une poussière glauque cendrée, très-courtes et presque appliquées.

Wellingtonia gigantea stricta. *C. S.*

WELLINGTONIA GIGANTESQUE DRESSÉ.

Tige très-grosse, droite. Rameaux très-courts, épais. Feuilles très-courtes, très-grosses ; variété très-belle, parfaitement distincte. Obtenue dans nos semis.

WIDDRINGTONIA. *Endlicher.*

CUPRESSINÉES-ACTINOSTROBÉES.

Feuilles alternes, persistantes. Strobiles à 4 valves égales, à 5—10 graines à 2 ailes.

* **Widdringtonia cupressoïdes.** *Endl.*

WIDDRINGTONIA A ASPECT DE CYPRÈS.

Feuilles éparses ; les caulinaires assez longuement linéaires, droites, étalées, défléchies ; celles des branches et des rameaux très-inégales, sensiblement nervées, les unes longues de 12—22 millimètres, planes, linéaires, distantes, étalées, minces, très-brusquement atténuées et arrondies au sommet, obtuses ; les autres courtes, squamiformes, obtuses ou plus rarement aiguës, imbriquées, plus ou moins appliquées, adnées. Strobiles coniques, à valves mucronées en dehors et en dessous du sommet.

Petit arbre pouvant atteindre 10—15 mètres de hauteur. Branches étalées, parfois sub dressées, grêles. Rameaux cylindriques, ténus, défléchis ou pendants. Habite les parties basses du cap de Bonne-Espérance, à une altitude d'environ 400 à 1000 mètres. Introduit vers 1760. Orangerie ; de pleine terre dans le Midi.

* **Widdringtonia glauca.** *Carr.*

WIDDRINGTONIA GLAUQUE.

Syn. : CHAMÆCYPARIS GLAUCA. *Hort.*

Feuilles alternes, rapprochées, étalées, planes, épaisses, linéaires, longues de 4—10 millimètres, larges de plus de 1, sessiles, légèrement décurrentes, brusquement rétrécies au sommet, obtuses ou plus rarement pointues, glaucescentes, parcourues en dessus et dans le milieu par une petite nervure peu saillante et à peine visible en dessous ; celles des parties adultes plus courtes, squamiformes, imbriquées, glauques, épaisses, courtement obtuses.

Tige dressée, branches dressées, étalées, souvent défléchies ou assurgentes. Arbuste très-nain, buissonneux, compacte.

Habite au cap de Bonne-Espérance. Introduit vers 1852. Orangerie ; de pleine terre dans le Midi.

* **Widdringtonia juniperoïdes.** *Endl.*

WIDDRINGTONIA A ASPECT DE GENÉVRIER.

Feuilles très-rapprochées, alternes, sessiles, élargies, décurrentes à la base, souvent dressées, raides, coriaces, épaissies au milieu, d'un vert glauque : celles des jeunes sujets linéaires, planes, presque trinervées, étalées ou un peu défléchies, opposées, ternées ou verticillées, longues de 15—32 millimètres sur environ 2 de largeur ; sur les arbres adultes les feuilles sont éparses ; celles du sommet des ramules, quelquefois ovales ou ovales-lancéolées, presque rhomboïdales, sont obtuses ou aiguës, parfois mucronées étroitement ou lâchement imbriquées, munies sur le dos d'une glande légèrement déprimée. Strobiles réunis par trois ou quatre en forme d'épis, déprimés, globuleux.

Arbre atteignant rarement 10—12 mètres, formant une pyramide conique, pointue, relativement très-étroite. Branches dressées. Rameaux courts, plus ou moins étalés ou ascendants, anguleux. Ramules nombreux, anguleux.

Habite au cap de Bonne-Espérance dans la région inférieure occidentale, nommée Cerdenberg, à cause de l'abondance de ces arbres ainsi que les monts Blanwberg de 1000 à 1300 mètres d'altitude. Introduit en 1756. Orangerie.

FIN.

CONCLUSION.

—

Cette première partie de notre ouvrage sur les Conifères est une monographie générale et descriptive de la belle collection que nous possédons actuellement, à l'exception de quelques variétés très-nouvelles et inédites, encore peu caractérisées, dont nous ne pouvons encore apprécier suffisamment les formes distinctives. Pour la compléter, nous publierons annuellement, en supplément, la description des importations nouvelles et des variétés qui nous paraîtront offrir le plus d'intérêt pour les amateurs de cette précieuse famille.

La deuxième partie, essentiellement pratique, — que nous publierons aussitôt que nos occupations nous en laisseront le loisir, — sera principalement destinée à faire connaître les arbres résineux les plus propres aux plantations forestières. Elle traitera de l'urgence du reboisement général et des avantages qu'offrent dans ce but les arbres résineux.

Elle indiquera : la destination et le classement de chaque espèce sous le rapport forestier ou pour l'ornementation ; — leur distribution suivant les exigences et les qualités du sol et la température ou l'altitude des localités ; — le choix des semences et des sujets *porte-graines ;* — les semis en pépinière ou à demeure ; — la multiplication, quelquefois nécessaire, par la greffe ou par la bouture ; — l'utilité du repiquage ou du rempotage ; — la plantation à demeure sur des terrains neufs ou dans les clairières ; — la nécessité, dans certains cas, de changer l'assolement des forêts ; — et, enfin, l'aménagement et la coupe des bois résineux, et les qualités respectives des productions ligneuses de chaque essence.

Pour bien apprécier les végétaux et les cultiver avec succès, il est nécessaire d'étudier attentivement leurs caractères et les variétés innombrables de leurs formes et de leur croissance. C'est ce que nous avons fait pour nous-même, et c'est ce que nous tentons de faire pour nos lecteurs en les initiant à nos travaux.

NOMS DES AUTEURS CITÉS EN ABRÉVIATION.

Ait.	Aiton.	Kunze.	Kunze.
Ant.	•Antoine.	L.	Linné.
Ant. et Kotsch.	Antoine et Kotsch.	Labill.	Labillardière.
Arntt.	Arnott.	Lamb.	Lambert.
A. Rich.	A. Richard.	Lapeyr.	De Lapeyrouse.
Aud. fr.	Audibert frères.	Laws.	Lawson.
Balf.	Balfour.	L. C. Rich.	Louis Claude Richard.
Barrel.	Barrelier.	Ledeb.	Ledebour.
Barrill.	Barrillet.	Leroy.	André Leroy.
Baum.	Baumann.	Linden.	Linden.
Benth.	Bentham.	Lindl.	Lindley.
Bieb.	Bieberstein.	Link.	Link.
Blum.	Blume.	Lodd.	Loddiges.
Boiss.	Boissier.	Loisel.	Loiseleur de Longchamps.
Bonam. fr.	Bonamy frères.	Longone.	Longone.
Booth.	Booth.	Loud.	Loudon.
Bosc.	Bosc.	Makoy.	L. J. Makoy.
Boursier.	Boursier de la Rivière.	Manetti.	Manetti.
Brongn.	Brongniart.	Mich.	Michaud.
C. A. Mey.	Charles Antoine Meyer.	Mill.	Miller.
Carr.	Carrière.	Miq.	Miquel.
Cham. et Schlecht.	Chamisso et Schlechtendal.	Mirb.	Mirbel.
Ch. Smith.	Christophe Smith.	Murr.	Andrew Murray.
Clus.	L'Ecluse.	Nutt.	Nuttal.
C. S.	Collection Sénéclauze.	Orph.	Orphanides.
Cte de Dijon.	Comte de Dijon.	Orph. et Held.	Orphanides et Heldreich.
Cunningh.	Allan Cunningham.	Parry.	Docteur Parry.
David.	David d'Auch.	Pav.	Pavon.
D. C.	De Candolle.	Perry.	Perry.
Dcne.	Decaisne.	Pers.	Persoon.
Delannoy.	Delannoy.	Philippi.	Philippi.
Desf.	Desfontaines.	Pæpp.	Pæppig.
Don.	Don.	Poir.	Poiret.
Dougl.	Douglas.	Ram.	Ramond.
Dunal.	Dunal.	Rauch.	Rauch.
E. Boiss.	Edmond Boissier.	Reev.	Reeves.
Ehrenb.	Ehrenberg.	Reg.	Regel.
Endl.	Endlicher.	Reynier.	Reynier d'Avignon.
Engelm.	Engelmann.	Renou.	Renou.
Fisch.	Fischer.	Rhumph.	Rhumphius.
Fisch. et Rey.	Fischer et Meyer.	Rinz.	Rinz.
Forb.	Forbes.	R. B.	Robert Brown.
Gœrtn.	Gœrtner.	Rob. Neumann.	Robert Neumann.
Gord.	Gordon.	Roezl.	Roezl.
Govan.	Govan.	Roxb.	Roxburg.
Grisb.	Grisebach.	Royle.	Royle.
Hamilt.	Hamilton.	Ruppr.	Rupprecht.
Hænke.	Hænke.	Salisb.	Salisbury.
Hartw.	Hartweg.	Schied. et Depp.	Schiede et Deppe.
Her.	Lhéritier.	Schlecht.	Schlecthendal.
Holbr.	Holbrenk.	Schrank.	Schrank.
Hook.	Hoocker.	Scott.	Scott.
Hook. et Arntt.	Hooker et Arnott.	Sibth.	Sibthorp.
Hooker fils.	Hooker fils.	Sieb.	Sieboldt.
Host.	Host.	Sieb. et Zucc.	Sieboldt et Zuccarini.
Hort. angl.	Hortus anglicus.	Sim. Louis.	Simon-Louis.
Hort. belg.	Hortus belgicus.	Smith.	Smith.
Host.	Host.	Soland.	Solander.
Humb. Bonpl.	Humboldt et Bonpland.	Spach.	Spach.
Jeff.	Jeffrey.	Standish.	Standish.
J. B. Nelson.	John Nelson.	Stew.	Stewen.
Juss.	De Jussieu.	Strangw.	Strangways.
Klotzch.	Klotzch.		

TABLE DES MATIÈRES

DES FAMILLES, DES GENRES ET SOUS-GENRES.

FIN DE LA TABLE.

9526. — Imprimerie générale de Ch. Lahure, rue de Fleurus, 9, à Paris.

www.ingramcontent.com/pod-product-compliance
Lightning Source LLC
LaVergne TN
LVHW021441170726
843501LV00005B/1437